高等院校物理类规划教材

新编大学物理

下册

- 主　　　编　桑建平　丁么明　丁世学
- 本 册 主 编　张增常
- 本册副主编　杨正波　王军延　柯　璇

武汉大学出版社

图书在版编目(CIP)数据

新编大学物理.下册/张增常本册主编;杨正波,王军延,柯璇本册副主编.—武汉:武汉大学出版社,2012.1(2017.12重印)
高等院校物理类规划教材
ISBN 978-7-307-09334-8

Ⅰ.新… Ⅱ.①张… ②杨… ③王… ④柯… Ⅲ.物理学—高等学校—教材 Ⅳ.O4

中国版本图书馆 CIP 数据核字(2011)第 238498 号

责任编辑:任仕元　　责任校对:黄添生　　版式设计:马　佳

出版发行:武汉大学出版社　(430072　武昌　珞珈山)
（电子邮件:cbs22@whu.edu.cn　网址:www.wdp.com.cn）
印刷:湖北民政印刷厂
开本:720×1000　1/16　印张:16.75　字数:336 千字　插页:1
版次:2012 年 1 月第 1 版　2017 年 12 月第 5 次印刷
ISBN 978-7-307-09334-8/O·465　　定价:29.00 元

版权所有,不得翻印;凡购我社的图书,如有质量问题,请与当地图书销售部门联系调换。

前　言

物理学是研究物质的基本结构、基本运动形式、相互作用及其转化规律的自然科学。它的基本理论渗透在自然科学的各个领域,应用于生产技术的各个方面,是其他自然科学和工程技术的基础。

在人类追求真理、探索未知世界的过程中,物理学展现了一系列科学的世界观和方法论,深刻影响着人类对世界的基本认识、人类的思维方式和社会生活,是人类文明发展的基石,在人才的科学素养培养中具有重要的地位。

以物理学基础为内容的大学物理课程,是高等学校理工科各专业学生一门重要的通识性必修基础课。该课程所教授的基本概念、基本理论和基本方法是构成学生科学素养的重要组成部分,是一个科学工作者和工程技术人员所必备的。

大学物理课程在为学生系统地打好必要的物理基础,培养学生树立科学的世界观,增强学生分析问题和解决问题的能力,培养学生的探索精神和创新意识等方面,具有其他课程不能替代的重要作用。

本教材根据教育部高等学校物理学与天文学教学指导委员会物理基础课程教学指导分委员会制定的"理工科类大学物理课程教学基本要求"编写。教材注重陈述物理学的基本知识、基本概念、基本原理和定律,突出物理学的主要框架,在讲解经典物理和近代物理基础知识的同时,加强对物理原理在现代工程技术中应用的介绍;同时适度控制篇幅及内容的深度,以适应不同学校和专业在高等教育大众化的新形势下对大学物理课程改革的需要,为普通高等院校提供一套符合当前教学需求和便于实际教学的教材。

全书在编写过程中,主要突出了以下几个方面：

1.表述力求简明易懂,并辅以生动有趣的事例及图表,尽量避免繁琐的数学推导,以便激发学生的学习兴趣,提高学习效率。

2.增加"物理沙龙"板块,主要介绍经典物理知识在工程技术中的最新应用以及近代物理发展前沿。

3.例题和习题的选择以达到基本训练要求为度,避免难题和偏题,在例题选择上,加强了工程应用类及生活类题型的配置,以求加强应用能力的培养。

全书分上、下两册,共计17章。上册包括力学、热学、振动与波、狭义相对论,下册包括电磁学、光学、量子物理初步。

参加本教材编写工作的有吴铁山、张增常、卢金军、杨正波、柯璇、王军延、涂亚芳,全书的统稿工作由桑建平、丁么明和丁世学完成,武汉大学出版社任仕元同志对全书进行编审并付出了辛勤劳动。

由于编者水平有限,加之时间紧迫,书中的疏漏和不当之处在所难免,恳请读者批评指正。

编者
2011 年 12 月
于武昌珞珈山

目 录

第4篇 电磁学

第9章 静电场 (3)
- 9.1 库仑定律 (3)
- 9.2 电场 电场强度 (6)
- 9.3 静电场中的高斯定理 (12)
- 9.4 静电场的环路定理 (20)
- 9.5 电势 电势梯度 (23)
- 9.6 静电场中的导体 (28)
- 9.7 静电场中的电介质 (33)
- 9.8 电容 电容器 电场的能量 (38)
- 习题 (44)

第10章 稳恒电流的磁场 (48)
- 10.1 稳恒电流 (48)
- 10.2 磁场 磁感应强度 (51)
- 10.3 毕奥-萨伐尔定律 (54)
- 10.4 磁场中的高斯定理 (59)
- 10.5 磁场中的安培环路定理 (60)
- 10.6 磁场对运动电荷的作用 (65)
- 10.7 磁场对载流导线的作用 (72)
- 10.8 磁场中的磁介质 (75)
- 习题 (85)

第11章 电磁感应 (89)
- 11.1 法拉第电磁感应定律 (89)
- 11.2 动生电动势 (93)
- 11.3 感生电动势 (97)

11.4 自感与互感 ……………………………………………………… (99)
11.5 磁场能量 ………………………………………………………… (103)
11.6 位移电流　麦克斯韦方程组 ………………………………… (105)
11.7 电磁波 …………………………………………………………… (108)
习题 ………………………………………………………………… (115)

第5篇　光学

第12章　光的干涉 ……………………………………………… (121)
12.1 光源　相干光 ………………………………………………… (121)
12.2 光程　光程差 ………………………………………………… (124)
12.3 分波阵面干涉 ………………………………………………… (125)
12.4 薄膜干涉 ……………………………………………………… (129)
12.5 迈克耳逊干涉仪 ……………………………………………… (136)
习题 ………………………………………………………………… (138)

第13章　光的衍射 ……………………………………………… (143)
13.1 光的衍射 ……………………………………………………… (143)
13.2 单缝的夫琅禾费衍射 ………………………………………… (145)
13.3 衍射光栅 ……………………………………………………… (149)
13.4 圆孔的夫琅禾费衍射　光学仪器的分辨本领 ……………… (152)
*13.5 X射线在晶体中的衍射 ……………………………………… (155)
习题 ………………………………………………………………… (160)

第14章　光的偏振 ……………………………………………… (162)
14.1 光的偏振性　马吕斯定律 …………………………………… (162)
14.2 反射光和折射光的偏振 ……………………………………… (165)
14.3 光的双折射 …………………………………………………… (167)
14.4 偏振光的干涉　人为双折射 ………………………………… (170)
14.5 旋光现象 ……………………………………………………… (172)
习题 ………………………………………………………………… (174)

第15章　几何光学 ……………………………………………… (176)
15.1 几何光学的基本定律 ………………………………………… (176)
15.2 光在球面上的折射和反射 …………………………………… (179)
15.3 薄透镜 ………………………………………………………… (186)

*15.4 成像光学仪器的基本原理 ·· (188)
习题 ·· (193)

第6篇 量子物理初步

第16章 早期量子论 ·· (199)
16.1 热辐射 普朗克的量子假说 ······································ (199)
16.2 光电效应 爱因斯坦的光子理论 ··································· (206)
16.3 康普顿效应 ·· (210)
16.4 氢原子光谱 玻尔的氢原子理论 ··································· (215)
习题 ·· (222)

第17章 量子力学初步 ·· (224)
17.1 德布罗意假设 ·· (224)
17.2 不确定性关系 ·· (228)
17.3 几率波 薛定谔方程 ··· (230)
17.4 势阱中的粒子 ·· (234)
*17.5 谐振子 ··· (237)
17.6 氢原子 ··· (238)
习题 ·· (242)

习题参考答案 ··· (244)

附录一 ··· (252)
(一)常用单位的换算因子和常用的物理常数 ···························· (252)
(二)电磁学国际制(SI)单位 ··· (256)

附录二 ··· (257)
附表1 基本物理常量 ·· (257)
附表2 保留单位和标准值 ·· (257)
附表3 太阳系的基本数据(Ⅰ) ··· (258)
附表4 太阳系的基本数据(Ⅱ) ··· (258)

参考书目 ··· (259)

第 4 篇　电磁学

　　电磁学作为物理学的一个重要分支，其理论发展大大推动了社会的进步。今天，电视、广播以及无线电通信在人们的生活中日益普及；电灯照明、家用电器等也早已进入寻常百姓家；在一切高科技及智能化领域中，计算机扮演了极其重要的角色……所有这些，无不以电磁学基本原理为核心。

　　人类有关电磁现象的认识可追溯到远古时期。早在公元前 6 世纪，希腊哲学家泰勒斯(Thales)就观察到摩擦过的琥珀能够吸引碎草等轻小物体的现象。在我国，春秋战国时期(公元前 770— 前 221)，已有"山上有慈石(即磁石)者，其下有铜金"，"慈石名铁，或引之也"等磁石吸引铁的记载。东汉已有指南针的前身司南。但在相当长的一个历史阶段，电和磁被看做两种完全不同的现象。直到 1820 年，丹麦物理学家奥斯特(H. C. Oerstde,1777—1851)发现了电流的磁效应。很快，毕奥、萨伐尔、安培、拉普拉斯等人做了进一步的定量研究，人们这才认识到电和磁的相关性。1831 年，法拉第(H. Faraday,1791—1867)发现了电磁感应现象，并提出了场和力线的概念，进一步揭示了电和磁的内在联系。在历史上，法拉第还首先认为电场力和磁力都是通过"场"作为中间媒介来实现相互作用的。1865 年，麦克斯韦(J. C. Maxwell,1831—1879)在前人工作的基础上，提出了感应电场和位移电流假说，总结出一套完整的电磁场理论，是继牛顿力学之后物理学理论的又一重要成果。

　　本篇分为三章，第 9 章学习静止电荷相互作用的规律以及静电场在有导体和电介质存在情况下的应用；第 10 章学习恒定电流产生的磁场的现象和规律；第 11 章学习电磁感应的现象和规律，并简要介绍电磁波的基本概念。

第9章 静电场

用塑料梳子梳头,为什么会越梳越乱呢?为什么冬天晚上脱毛衣时会出现火花?为什么在现代建筑物中,手机信号指示会减弱?为什么油罐车的尾部要拖着一根与地面接触的铁链?雷电是怎么发生的,为什么在高层建筑物上要安装避雷针?等等。要解决这些与生活有关的电学问题,就必须学好本章的内容。

本章主要讲解静止电荷相互作用的规律以及静电场在有导体和电介质存在情况下的应用。在简要地说明电荷的性质之后,介绍静电场的基本定律——库仑定律,静电场的两个基本定理——高斯定理和环路定理,以及描述静电场的两个基本物理量——电场强度和电势。

9.1 库仑定律

9.1.1 电荷

1. 电荷的种类

早在公元前 585 年,人们就发现了用毛皮摩擦过的琥珀能够吸引碎草等轻小物体的现象。后来发现许多物质(如玻璃、硬橡胶、金刚石、蓝宝石和明矾等)经过毛皮或丝绸等摩擦后,都能吸引轻小物体,于是人们就说它们带了电,或者说它们有了电荷。

自然界中只有两种电荷,同种电荷相互排斥,异种电荷相互吸引。1750 年,美国物理学家富兰克林(Benjamin Franklin,1706—1790)首先以正电荷、负电荷的名称来区分这两种电荷,这种命名方法一直延续到现在。人们把用丝绸摩擦过的玻璃棒所带的电荷称为**正电荷**,把用毛皮摩擦过的橡胶棒所带的电荷称为**负电荷**。

2. 电荷的量子化

物体所带电荷的多少称为电量或电荷量,常用 Q 或者 q 表示。正电荷的电量取正值,负电荷的电量取负值。电量的国际单位是库仑,简称库,用符号 C 表示。如图 9.1 所示的验电器,是检测电荷和电量的最简单的一种仪器。在玻璃瓶的外壳上绝缘地安装一根金属杆,杆的上端有一金属球,下端有一对悬挂着的金属箔。一旦它们带电,根据"同种电荷互相排斥"的性质,就会使金属箔张开。所带的电量越大,张角就越大。

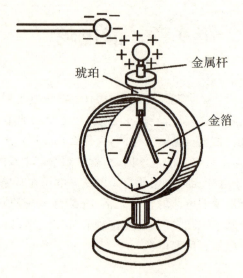

图 9.1 验电器

1909 年,密立根(R. A. Millikan, 1868—1953)通过油滴实验发现,微小粒子所带电量是不连续的,总是以一个基本单元的整数倍出现。这个电量的基本单元就是电子所带电荷量的绝对值,用 e 表示,称为基本电荷,其值为

$$e = 1.60217653(14) \times 10^{-19} \text{C}$$

在通常的计算中,取它的近似值 $e = 1.602 \times 10^{-19}$ C。物体由于失去电子而带正电,或得到额外的电子而带负电,其带电量必然是基本电荷的整数倍。物体所带电量的这种不连续性称为**电荷的量子化**。

尽管在 1964 年盖尔曼等人提出的夸克模型中,认为质子和中子等强子分别是由带电量为 $-\frac{1}{3}e$ 和 $\frac{2}{3}e$ 的夸克组成的,但这并不破坏电荷量子化的规律。况且,迄今实验上还没有发现处于自由状态的夸克。

3. 电荷守恒定律

两种不同材料的物体互相摩擦后之所以会带电,是因为通过摩擦,每个物体中都有一些电子脱离了原子束缚而转移到另一个物体上。一个物体失去了电子而带正电,另一个物体就得到了电子而带负电,这就是摩擦起电的原因。

当带负电的物体移近导体时,导体中的自由电子在负电荷的排斥力作用下向远离带电体一端移动,结果导体的这一端因电子过少而带正电,另一端则因电子过多而带负电,这就是**静电感应现象**。因静电感应而在导体两侧表面上出现的电荷称为**感应电荷**。

摩擦起电和静电感应现象中的起电过程,都是电荷从一个物体转移到另一个物体,或从物体的一部分转移到另一部分的过程。在一个与外界没有电荷交换的系统内,正负电荷的代数和在任何物理过程中都保持不变,这就是**电荷守恒定律**。

近代科学实验证明,电荷守恒定律不仅在一切宏观过程中成立,而且被一切微观过程(例如核反应和基本粒子过程)所普遍遵守,是物理学中的普遍基本定律之一。

9.1.2 库仑定律

在发现电现象后的两千多年里,人们对电的认识一直停留在定性阶段。从18世纪中叶开始,许多科学家有目的地进行了一些实验性的研究,以便找出静止电荷之间的相互作用力的规律。实验表明,对于任意两个带电体,它们之间的相互作用力的大小和方向不仅与它们所带的电量以及他们之间的距离有关,而且还与它们的大小、形状和电荷在它们上面的分布情况有关。1785 年库仑(C. A. de Coulomb,1736—1806)首先提出了点电荷的理想模型,认为当带电体的线度比起它与其他带电体之间的距离来充分小时,可以忽略其形状和大小,把它看做一个带电几何点,称为**点电荷**。库仑通过扭秤实验测定了两个带电体之间的相互作用力,并经过定量分析总结出了两个点电荷之间的相互作用的规律,即**库仑定律**。库仑定律可表述为:

在真空中,两个静止的点电荷之间的相互作用力的大小,与它们的电量的乘积成正比,与它们之间距离的平方成反比;作用力的方向沿着两点电荷的连线,同号电荷相斥,异号电荷相吸。

如图 9.2 所示,用 $\boldsymbol{F}$ 表示 q_2 对 q_1 的作用力,$\boldsymbol{r}$ 表示由 q_2 指向 q_1 的矢量,$\boldsymbol{e}_r$ 表示其单位矢量,则库仑定律可以表示为

$$\boldsymbol{F} = k\frac{q_1 q_2}{r^2}\boldsymbol{e}_r \qquad (9.1)$$

在国际单位制中,式(9.1)中的比例系数 k 的量值为

$$k = 8.98755 \times 10^9 \text{N} \cdot \text{m}^2 \cdot \text{C}^{-2}$$
$$\approx 9.0 \times 10^9 \text{N} \cdot \text{m}^2 \cdot \text{C}^{-2}$$

通常引入另一个常量 ε_0 来代替 k,使

$$k = \frac{1}{4\pi\varepsilon_0}$$

于是,真空中的库仑定律可表示为

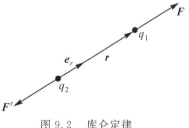

图 9.2 库仑定律

$$F = \frac{1}{4\pi\varepsilon_0} \frac{q_1 q_2}{r^2} e_r \tag{9.2}$$

式中,ε_0 称为真空介电常量,又称真空电容率,其量值为

$$\varepsilon_0 = \frac{1}{4\pi k} = 8.85 \times 10^{-12} \text{F} \cdot \text{m}^{-1} = 8.85 \times 10^{-12} \text{C}^2 \cdot \text{N}^{-1} \cdot \text{m}^{-2}$$

其中,F(法拉)为电容单位,$1\text{F} = 1\text{C}^2/(\text{N} \cdot \text{m})$。在库仑定律表达式中引入"$4\pi$"因子的做法,称为单位制的有理化。这样做的结果虽然使库仑定律的形式变得复杂些,但却使得以后经常用到的电磁学规律的表达式因不出现"4π"因子而变得简单些。这种做法的优越性,在今后的学习中会逐步体会到。

由式(9.2)可以看出,当 q_1 和 q_2 同号时,F 与 e_r 同向,表现为斥力;当 q_1 和 q_2 异号时,F 与 e_r 反向,表现为引力。静止电荷间的相互作用力,又称为库仑力。应当指出,两个静止点电荷之间的库仑力遵守牛顿第三定律,即 $F = -F'$。

例 9.1 氢原子中电子和质子的距离为 5.3×10^{-11} m。此两粒子间的静电力和万有引力各为多大?

解 已知电子的电荷是 $-e$,质子的电荷为 $+e$,而电子的质量 $m_e = 9.1 \times 10^{-31}$ kg,质子的质量 $m_p = 1.7 \times 10^{-27}$ kg。

根据库仑定律,得两粒子间的静电力大小为

$$F_e = \frac{1}{4\pi\varepsilon_0} \frac{e^2}{r^2} = \frac{9.0 \times 10^9 \times (1.60 \times 10^{-19})^2}{(5.3 \times 10^{-11})^2} = 8.1 \times 10^{-8} (\text{N})$$

根据万有引力定律,得两粒子间的万有引力为

$$F_g = G \frac{m_e m_p}{r^2} = \frac{6.7 \times 10^{-11} \times 9.1 \times 10^{-31} \times 1.7 \times 10^{-27}}{(5.3 \times 10^{-11})^2} = 3.7 \times 10^{-47} (\text{N})$$

由计算结果可以看出,氢原子中电子和质子的相互作用的静电力远大于万有引力,前者约为后者的 10^{39} 倍。这表明在微观粒子间的相互作用中,与静电力相比较,万有引力可以忽略不计,但是在宏观领域内,尤其是大质量天体之间的相互作用,则万有引力起主导作用。

9.2 电场 电场强度

9.2.1 电场

库仑定律只给出了两个点电荷之间相互作用的定量关系,并未指明这种作用是通过怎样的方式进行的。我们常说:力是物体与物体之间的相互作用,是一种直接接触作用。例如,推车时,通过手和车的直接接触把力作用在车子上。但是,电力、磁力和重力却可以发生在两个相距一定距离的物体之间。那么,这些力究竟是如何传递的呢?早期的电磁理论是超距作用理论,它认为相隔一定距离的

两个物体之间所存在的相互作用,既不需要传递介质,也不需要传递时间。后来,法拉第在大量实验研究的基础上,提出了以近距作用观点为基础的力线和场的概念,在此基础上麦克斯韦建立起完整的电磁理论。现在,场的概念已经成为近代物理学中最重要的基本概念之一。

凡是有电荷的地方,周围就存在着一种特殊形态的物质,称为**电场**。电荷与电荷之间的相互作用是通过电场来传递的,其作用可表示为:

$$\text{电荷} \rightleftharpoons \text{电场} \rightleftharpoons \text{电荷}$$

电场对电荷的作用力称为电场力,电场的特点就是对放入其中的电荷有电场力的作用。相对于观测者静止的电荷在其周围空间所激发的电场称为**静电场**。

9.2.2 电场强度

为了定量研究空间中电场的强弱,我们需要引入一个试探电荷 q_0,通过分析电场对试探电荷 q_0 的作用,可引入描述电场的物理量。为了使电场不致因测量而受到影响,试探电荷 q_0 应该满足两个条件:① 它的线度必须小到可以看做点电荷,以便确定的是空间中各点的电场性质;② 它所带的电荷量必须充分小,以免改变原有电荷的分布,从而影响原来的电场分布。为方便起见,我们不妨假设试探电荷带正电。

如图9.3所示,Q 为场源电荷,在其周围空间相应地激发一个电场。先将一个试探电荷 q_0 放在此电场不同地点(简称场点)。实验表明,在不同的场点,q_0 所受电场力的大小和方向不尽相同;若在任取的同一场点上,改变所放置的试探电荷 q_0 的电荷量大小,则 q_0 所受的电场力 F 的大小亦随之变化,然而,两者的比值 F/q_0 无论大小和方向都与试探电荷 q_0 无关,仅取决于场源电荷的分布和场点的位置。因此,它可以反映电场本身的性质,我们把这个比值定义为**电场强度**,简称**场强**,用 E 表示,即

$$E = \frac{F}{q_0} \tag{9.3}$$

在国际单位制中,电场强度的单位是牛/库($N \cdot C^{-1}$),也可以表示为伏特/米($V \cdot m^{-1}$)。

式(9.3)表明,静电场中某一点的电场强度 E 是一个矢量,其大小等于单位电荷在该处所受到的电场力的大小,其方向与正电荷在该处所受到的电场力的方向一致。换言之,空间中某点的电场强度等于单位正电荷在该点所受的电场力。为了描绘

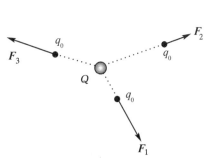

图9.3 试探电荷在不同场点所受的电场力

电场的分布,可以设想在空间的每一个点上都相应有一个矢量 E,这些矢量的集合称为矢量场。也就是说,电场是矢量场。

如果已知空间某点处的电场强度 E,则点电荷 q 在该点处受到的电场力 F 为

$$F = qE \tag{9.4}$$

9.2.3 电场强度的计算

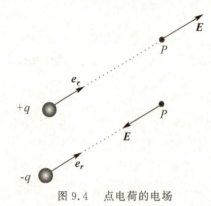

图 9.4 点电荷的电场

1. 点电荷电场中的电场强度

若场源电荷为点电荷 q,设想一个试探电荷 q_0 放在距离 q 为 r 的 P 点处,根据库仑定律,q_0 所受到的电场力为

$$F = \frac{qq_0}{4\pi\varepsilon_0 r^2} e_r$$

式中的 e_r 是从 q 指向 P 点的位矢 r 的单位矢量。由定义式(9.3)可得 P 点的电场强度为

$$E = \frac{F}{q_0} = \frac{q}{4\pi\varepsilon_0 r^2} e_r \tag{9.5}$$

式(9.5)表明,在点电荷激发的电场中,任意一点的电场强度大小与场源电荷到场点距离的平方成反比,与场源电荷的电量成正比。电场强度的方向取决于场源电荷的符号。若 $q > 0$,则 E 与 e_r 同向;若 $q < 0$,则 E 与 e_r 反向,如图 9.4 所示。从式(9.5)还可以看出,在以场源电荷为球心的球面上,电场强度的大小处处相等,方向沿径向,我们把这种电场分布称为球对称性分布。所以,点电荷的电场分布具有球对称性分布的性质。

2. 点电荷系电场中的电场强度

设场源电荷是由若干个点电荷 $q_1, q_2, \cdots, q_n$ 组成的一个系统,每个点电荷周围都各自激发电场。把试探电荷 q_0 放在场点 P 处,根据力的独立作用原理,作用在 q_0 上的电场力的合力 F 应该等于各个点电荷分别作用于 q_0 上的电场力 F_1,$F_2, \cdots, F_n$ 的矢量和,这个结论叫**电场力的叠加原理**。即

$$F = F_1 + F_2 + \cdots + F_n$$

根据电场强度的定义式(9.3),可得 P 点的电场强度为

$$E = \frac{F}{q_0} = E_1 + E_2 + \cdots + E_n = \sum_{i=1}^{n} E_i = \sum_{i=1}^{n} \frac{q_i}{4\pi\varepsilon_0 r_i^2} e_r \tag{9.6}$$

即点电荷系在空间某点激发的电场强度等于各个点电荷单独存在时在该点激发的电场强度的矢量和,这一结论称为**电场强度叠加原理**。原则上来说,根据点电荷的电场强度公式(9.5)和电场强度叠加原理式(9.6)可以求解任何分布情况的电荷激发的电场强度。

3. 连续分布电荷电场中的电场强度

对于电荷连续分布的任意带电体,可以将它看成为无数电荷元 dq 的集合,

而每个电荷元 dq 又可视为点电荷,因此 dq 产生的电场强度为

$$d\boldsymbol{E} = \frac{dq}{4\pi\varepsilon_0 r^2}\boldsymbol{e}_r \tag{9.7}$$

根据电场强度叠加原理,整个带电体在该点产生的电场强度为

$$\boldsymbol{E} = \int d\boldsymbol{E} = \int \frac{dq}{4\pi\varepsilon_0 r^2}\boldsymbol{e}_r \tag{9.8}$$

连续带电体一般有如下三种形式:

(1) 如果是一个带电体,体电荷密度为 ρ,取一体积元 dV,则电荷元 d$q = \rho dV$;

(2) 如果是一个带电面,面电荷密度为 σ,取一面积元 dS,则电荷元 d$q = \sigma dS$;

(3) 如果是一条带电线,线电荷密度为 λ,取一线元 dl,则电荷元 d$q = \lambda dl$。

注意:式(9.8)是一个矢量积分,在运算时需要首先将电荷元的电场强度矢量沿各坐标轴进行分解,然后对电荷元沿各坐标方向的电场强度分量分别求其标量积分,最后求出合电场强度。下面举几个典型例子。

例 9.2 求电偶极子中垂线上任一点的电场强度。

解 相隔一定距离的等量异号点电荷,当点电荷 $+q$ 和 $-q$ 的距离 l 比从它们到所讨论的场点的距离 r 小得多时,此电荷系统称为**电偶极子**,如图 9.5 所示。l 表示 $-q$ 到 $+q$ 的矢量线段。

设 $+q$ 和 $-q$ 到偶极子中垂线上任一点 A 处的位置矢量分别为 $\boldsymbol{r}_+$ 和 $\boldsymbol{r}_-$,A 点到电偶极子中心的距离为 r,由几何知识可知 $|\boldsymbol{r}_+| = |\boldsymbol{r}_-|$,根据点电荷在空间产生的场强公式(9.5),$+q$ 和 $-q$ 在 A 点处产生的场强 $\boldsymbol{E}_+$ 和 $\boldsymbol{E}_-$ 分别为:

$$\boldsymbol{E}_+ = \frac{q}{4\pi\varepsilon_0 r_+^2}\boldsymbol{e}_{r_+} = \frac{q\boldsymbol{r}_+}{4\pi\varepsilon_0 r_+^3}$$

$$\boldsymbol{E}_- = -\frac{q}{4\pi\varepsilon_0 r_-^2}\boldsymbol{e}_{r_-} = -\frac{q\boldsymbol{r}_-}{4\pi\varepsilon_0 r_-^3}$$

因为

$$r_+ = r_- = \sqrt{r^2 + \frac{l^2}{4}} = r\sqrt{1 + \frac{l^2}{4r^2}} = r(1 + \frac{l^2}{8r^2} + \cdots)$$

当 A 点距离电偶极子很远,即 $r \gg l$ 时,取一级近似,有 $r_+ = r_- = r$,所以 A 点的场强为:

$$\boldsymbol{E} = \boldsymbol{E}_+ + \boldsymbol{E}_- = \frac{q(\boldsymbol{r}_+ - \boldsymbol{r}_-)}{4\pi\varepsilon_0 r^3}$$

由于 $\boldsymbol{r}_+ - \boldsymbol{r}_- = -\boldsymbol{l}$,所以上式可写为:

$$\boldsymbol{E} = -\frac{q\boldsymbol{l}}{4\pi\varepsilon_0 r^3}$$

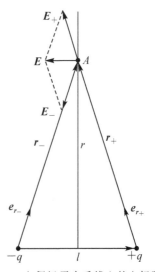

图 9.5 电偶极子中垂线上的电场强度

式中 ql 反映了电偶极子本身的特征,称为电偶极子的电矩,也称电偶极矩。以 P 表示,则 $P = ql$,于是上式又可写为:

$$E = -\frac{P}{4\pi\varepsilon_0 r^3} \tag{9.9}$$

此结果表明,在电偶极子的中垂线上任意点 A 处的电场强度 E 的大小与电矩 P 的大小成正比,与电偶极子的中点到 A 点的距离 r 的三次方成反比;电场强度 E 的方向与电偶极矩的方向相反。

例9.3 电荷 q 均匀地分布在半径为 R 的细圆环上,求圆环的轴线上任意一点的电场强度。

解 如图 9.6 所示,把圆环分割成许多小段,任取一小段 $\mathrm{d}l$,此段带电量为 $\mathrm{d}q$,线电荷密度为 λ,$\lambda = \dfrac{\mathrm{d}q}{\mathrm{d}l} = \dfrac{q}{2\pi R}$。设轴线上点 P 到圆环中心 O 的距离为 x,电荷元 $\mathrm{d}q$ 在 P 点产生的场强为 $\mathrm{d}E$,且到 P 点的距离为 r,将 $\mathrm{d}E$ 分解为垂直于轴线和平行于轴线的两个分量 $\mathrm{d}E_\perp$ 和 $\mathrm{d}E_{/\!/}$,由于圆环电荷分布关于轴线对称,所以圆环上全部电荷的垂直分量之和为零,因而 P 点的场强沿轴线方向。

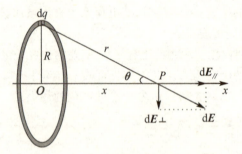

图 9.6 均匀带电圆环轴线上的电场

由于

$$\mathrm{d}E_{/\!/} = \mathrm{d}E\cos\theta = \frac{\mathrm{d}q}{4\pi\varepsilon_0 r^2}\cos\theta$$

式中 θ 为 $\mathrm{d}E$ 与 x 轴的夹角,又 $\mathrm{d}q = \lambda\mathrm{d}l$,所以

$$E = \oint_l \mathrm{d}E_{/\!/} = \oint_l \frac{\mathrm{d}q}{4\pi\varepsilon_0 r^2}\cos\theta = \frac{\lambda\cos\theta}{4\pi\varepsilon_0 r^2}\oint_l \mathrm{d}l = \frac{\lambda\cos\theta}{4\pi\varepsilon_0 r^2}2\pi R = \frac{q\cos\theta}{4\pi\varepsilon_0 r^2}$$

式中积分符号"$\oint_l$"表示对整个圆环进行线积分,即积分区间遍及电荷存在的整个区域。又 $\cos\theta = \dfrac{x}{r}$,且 $r = \sqrt{R^2 + x^2}$,可将上式改写为

$$E = \frac{qx}{4\pi\varepsilon_0 (R^2 + x^2)^{3/2}}$$

E 的方向沿着轴线的方向。

讨论：当 $x \gg R$ 时，$(R^2+x^2)^{3/2} \approx x^3$，则 **E** 的大小为

$$E \approx \frac{q}{4\pi\varepsilon_0 x^2}$$

此结果说明，轴线上远离环心处的电场相当于所有电荷集中在圆心处的一个点电荷在该点所产生的电场。

例 9.4 一半径为 R 的均匀带电薄圆盘，其电荷面密度为 σ，求圆盘轴线上任意一点处的电场强度。

解 如图 9.7 所示，带电圆盘可以被看成由许多同心圆环组成，取一半径为 r 宽度为 dr 的细圆环，此圆环上带电量为 $dq = \sigma \cdot 2\pi r dr$，由上例可知，此圆环电荷在 P 点的场强大小为：

$$dE = \frac{dq x}{4\pi\varepsilon_0 (r^2+x^2)^{3/2}} = \frac{\sigma 2\pi r x dr}{4\pi\varepsilon_0 (r^2+x^2)^{3/2}}$$

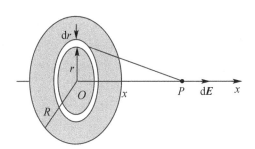

图 9.7 均匀带电圆环轴线上的电场

方向沿着轴线方向。

由于圆盘是由许多小圆环组成的，各圆环产生的电场 $d\boldsymbol{E}$ 的方向都相同，且沿轴线方向，所以 P 点的合场强 **E** 的方向沿着轴线方向。其大小为

$$E = \int_S dE = \int_0^R \frac{dq x}{4\pi\varepsilon_0 (r^2+x^2)^{\frac{3}{2}}} = \frac{\sigma x}{2\varepsilon_0} \int_0^R \frac{r dr}{(r^2+x^2)^{\frac{3}{2}}} = \frac{\sigma}{2\varepsilon_0}\left[1 - \frac{x}{(R^2+x^2)^{\frac{1}{2}}}\right]$$

讨论：

(1) 当 $x \ll R$ 时，$E \approx \frac{\sigma}{2\varepsilon_0}$，

此时可将带电圆盘看做"无限大"带电平面，所以，在无限大均匀带电平面附近电场是一个均匀场，且电场强度为 $\frac{\sigma}{2\varepsilon_0}$。

(2) 当 $x \gg R$ 时，

$$E = \frac{\sigma}{2\varepsilon_0}\left[1 - \frac{x}{(R^2+x^2)^{\frac{1}{2}}}\right]$$

$$= \frac{\sigma}{2\varepsilon_0}\left[1 - x \cdot \frac{1}{x}\left(1 - \frac{R^2}{2x^2} + \cdots\right)\right]$$

$$\approx \frac{\sigma}{2\varepsilon_0}\left[1 - x \cdot \frac{1}{x}\left(1 - \frac{R^2}{2x^2}\right)\right]$$

所以

$$E \approx \frac{\pi R^2 \sigma}{4\pi\varepsilon_0 x^2} = \frac{q}{4\pi\varepsilon_0 x^2}$$

式中 $q = \pi R^2 \sigma$ 为圆盘所带的总电量，结果表明，在远离带电圆面处的电场也相当于所有电荷集中在圆心处的一个点电荷所产生的电场。

以上讨论的是 x 轴正半轴的电场分布，负半轴的电场分布关于圆平面对称。

9.3 静电场中的高斯定理

上一节我们研究了描述电场性质的一个重要物理量——电场强度，并根据叠加原理导出了点电荷系和任意形状带电体的电场强度。为了更形象地描述电场，这一节将在介绍电场线的基础上，引入电场强度通量的概念，并导出一个表征静电场性质的基本定理——高斯定理。

9.3.1 电场线

为了形象地描绘空间中电场的分布，使其有一个比较直观的图像，通常引入电场线的概念。由于电场中每一点的电场强度 E 都有大小和方向，所以电场线是按如下规定在电场中画出的一系列假想的带箭头的曲线：**曲线上各点的切线方向表示该点场强的方向，曲线的疏密表示场强的大小。**

为了定量地表示电场中某点的场强大小，设想通过该点画一个垂直于电场方向的面元 $dS_\perp$，如图 9.8 所示，面元上各点的电场强度可认为相同，通过此面元画 dN 条电场线，使得

$$E = \frac{dN}{dS_\perp} \tag{9.10}$$

这就是说，电场中某点的电场强度的大小等于该点处的电场线密度，即该点附近垂直于电场方向的单位面积所通过的电场线的条数。图 9.9 画出了几种典型电荷分布所产生的电场的电场线。

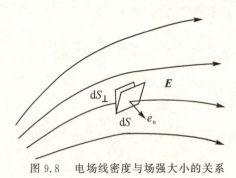

图 9.8 电场线密度与场强大小的关系

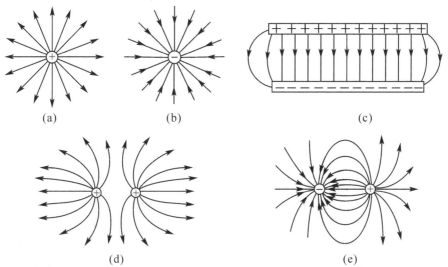

(a) 正电荷　(b) 负电荷　(c) 带电平行板　(d) 两个等量正电荷　(e) 两个等量异号电荷

图 9.9　几种典型电场的电场线分布图

由图 9.9 可以看出,静电场的电场线有如下特点:

(1) 电场线总是始于正电荷,终止于负电荷;
(2) 电场线不能形成闭合曲线;
(3) 任何两条电场线都不能相交。

其中(1)和(2)是静电场的矢量性质的反映,我们将在后面介绍有关定理时再给予说明,而(3)是因为电场中每一点处的电场强度只能有一个确定的方向。

虽然电场中并不存在电场线,但引入电场线的概念可以形象地描绘出电场的分布情况,对于分析某些实际问题很有帮助。在研究某些复杂的电场,如电子管内部和高压电器设备附近的电场时,常采用模拟的方法先把它们的电场线画出来,再进行详细分析。

9.3.2　电场强度通量

如图 9.10 所示,dS 表示电场中某个设想的面元,通过此面元的电场线的条数就定义为通过该面元的**电场强度通量**,简称**电通量**,电通量用符号 Φ_e 表示,则通过面元 dS 的电通量为 $d\Phi_e$。为了求出这一电通量,我们考虑此面元在垂直于场强方向的投影 $dS_\perp$。很明显,通过 $dS_\perp$ 和 dS 的电场线的条数是一样的。因为 $dS_\perp = dS\cos\theta$,将此关系式代入式(9.10),可得通过面元 dS 的电场线的条数或电通量

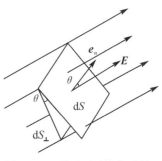

图 9.10　通过面元的电通量

为

$$d\Phi_e = EdS_\perp = EdS\cos\theta \tag{9.11}$$

为了把面元的大小和方位同时表示出来,我们引入面积元矢量 $d\boldsymbol{S}$,规定其大小为 dS,方向用面元的单位法线矢量 $\boldsymbol{e}_n$ 来表示,则有 $d\boldsymbol{S} = dS\boldsymbol{e}_n$。由图 9.10 可以看出,$dS$ 和 $dS_\perp$ 两面积之间的夹角等于电场强度 $\boldsymbol{E}$ 和 $\boldsymbol{e}_n$ 之间的夹角。由矢量标积的定义可得

$$\boldsymbol{E} \cdot d\boldsymbol{S} = \boldsymbol{E} \cdot dS\boldsymbol{e}_n = EdS\cos\theta$$

将此式与式(9.11)对比,可得用矢量标积表示的通过面元 $d\boldsymbol{S}$ 的电通量的公式

$$d\Phi_e = \boldsymbol{E} \cdot d\boldsymbol{S} \tag{9.12}$$

为了求出通过任意曲面 S 的电通量(如图 9.11 所示),可将曲面 S 分成许多小面积元 $d\boldsymbol{S}$。每个面积元 $d\boldsymbol{S}$ 都可以看成是一个小平面,且处处场强 $\boldsymbol{E}$ 相等。可以通过(9.12)式计算出其电通量,则通过曲面 S 的电通量 Φ_e 就等于通过曲面 S 上所有面积元 $d\boldsymbol{S}$ 的电通量 $d\Phi_e$ 的总和,即

$$\Phi_e = \int_S d\Phi_e = \int_S \boldsymbol{E} \cdot d\boldsymbol{S} \tag{9.13}$$

如果曲面是闭合曲面,式(9.13)中的曲面积分应换成对闭合曲面的积分,故通过闭合曲面的电通量为

$$\Phi_e = \oint_S \boldsymbol{E} \cdot d\boldsymbol{S} \tag{9.14}$$

积分符号"$\oint_S$"表示对整个闭合曲面进行面积分。

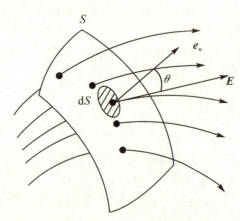

图 9.11　通过任意曲面的电通量

一般来说,通过闭合曲面的电场线,有些是"穿进"的,有些是"穿出"的。这样,通过曲面上各个面元的电通量 $d\Phi_e$ 就有正也有负。为此,一般规定:对于不闭

合的曲面,面上各处的法线矢量的正方向可以取指向曲面的任意一侧;对于闭合曲面,由于它把空间分成内、外两部分,所以曲面上各点的法线矢量取自内向外为正方向。根据这个规定,当电场线从内部穿出(如图 9.12 中的面元 dS_1 处)时,$0 \leqslant \theta < \dfrac{\pi}{2}$,$d\Phi_e$ 为正。当电场线由外面穿入(如图 9.12 中的面元 dS_2 处)时,$\dfrac{\pi}{2} < \theta \leqslant \pi$,$d\Phi_e$ 为负。当电场线与曲面相切(如图 9.12 中的面元 dS_3 处)时,$\theta = \dfrac{\pi}{2}$,$d\Phi_e$ 为零。式(9.14)表示通过整个闭合曲面的电场强度通量 Φ_e 就等于穿出与穿进闭合曲面的电场线的条数之差,也就是净穿出闭合曲面的电场线的条数。

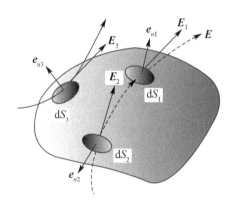

图 9.12　通过闭合曲面的电通量

9.3.3　高斯定理

上面介绍了电通量的概念,现在进一步讨论通过电场空间中某一给定闭合曲面的电通量和场源电荷之间的关系,从而得出一个表征电场性质的基本定理——高斯定理。下面我们利用电通量的概念根据库仑定律和场强叠加原理从特殊到一般,分几步导出这个定理。

1. 点电荷激发的电场中,以点电荷为球心的球面的电通量

在一个静止的点电荷 q 所激发的电场中,设通过以点电荷为球心,半径为 r 的球面 S_1(图 9.13(a))的电通量为 Φ_{e_1},由点电荷的电场强度公式(9.5)可知,球面上各点的电场强度的大小都是

$$E = \dfrac{q}{4\pi\varepsilon_0 r^2}$$

方向都沿着各自的径矢 r 的方向,处处与球面垂直。根据式(9.14),可得通过 S_1 面的电通量 Φ_{e_1} 为

$$\varPhi_{e_1} = \oint_{S_1} \boldsymbol{E} \cdot \mathrm{d}\boldsymbol{S} = \oint_{S_1} E\mathrm{d}S = E\oint_{S_1} \mathrm{d}S = \frac{q}{4\pi\varepsilon_0 r^2} \times 4\pi r^2 = \frac{q}{\varepsilon_0}$$

此结果与球面的半径 r 无关，只与它所包围的电荷的电量有关。这意味着，对以点电荷 q 为中心的任意球面来说，通过它们的电通量都是一样的，都等于 $\frac{q}{\varepsilon_0}$。用电场线的观点来看，这表示通过各球面的电场线的总条数相等，或者说，从点电荷 q 发出的所有电场线连续地延伸到无限远处，称为电场线的连续性。这实际上是本节开始指出的可以用连续的曲线描绘电场分布的根据。

2. 点电荷激发的电场中，包围点电荷的任意闭合曲面的电通量

如果包围点电荷 q 的是任意形状的闭合曲面 S_2 (图 9.13(b))，其电通量 $\varPhi_{e_2}$ 应为多少呢？我们总可以在任意形状的曲面 S_2 内作一个以点电荷为球心的球面 S_2'，则根据电场线的连续性，通过闭合曲面 S_2 和 S_2' 的电场线的条数是一样的。因此通过任意形状的包围点电荷 q 的闭合曲面的电通量 $\varPhi_{e_2}$ 也等于 $\frac{q}{\varepsilon_0}$，即

$$\varPhi_{e_2} = \oint_{S_2} \boldsymbol{E} \cdot \mathrm{d}\boldsymbol{S} = \frac{q}{\varepsilon_0}$$

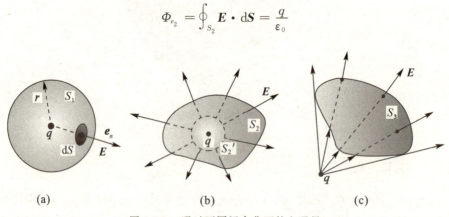

图 9.13　通过不同闭合曲面的电通量

3. 点电荷激发的电场中，不包围点电荷的任意闭合曲面的电通量

如果闭合曲面 S_3 不包围点电荷 q (图 9.13(c))，则由电场线的连续性可得出，由一侧穿进 S_3 面的电场线的条数一定等于从另一侧穿出 S_3 面的电场线的条数，所以净穿出闭合曲面 S_3 的电场线的总条数为零，也就是通过 S_3 面的电通量 $\varPhi_{e_3}$ 为零，即

$$\varPhi_{e_3} = \oint_{S_3} \boldsymbol{E} \cdot \mathrm{d}\boldsymbol{S} = 0$$

4. 点电荷系激发的电场中，任意闭合曲面的电通量

以上是关于单个点电荷激发的电场中电通量的结论。下面我们进一步讨论

在点电荷 $q_1, q_2, \cdots, q_n$ 组成的点电荷系激发的电场中,通过任意闭合曲面的电通量。根据电场强度叠加原理,空间某点的电场强度应是各点电荷在该点激发的电场强度的矢量和,即

$$\boldsymbol{E} = \boldsymbol{E}_1 + \boldsymbol{E}_2 + \cdots + \boldsymbol{E}_n$$

其中 $\boldsymbol{E}_1, \boldsymbol{E}_2, \cdots, \boldsymbol{E}_n$ 为点电荷 $q_1, q_2, \cdots, q_n$ 分别在该点激发的电场强度。则通过电场中任意闭合曲面 S 的电通量 Φ_e 为

$$\begin{aligned}\Phi_e &= \oint_S \boldsymbol{E} \cdot \mathrm{d}\boldsymbol{S} = \oint_S \boldsymbol{E}_1 \cdot \mathrm{d}\boldsymbol{S} + \oint_S \boldsymbol{E}_2 \cdot \mathrm{d}\boldsymbol{S} + \cdots + \oint_S \boldsymbol{E}_n \cdot \mathrm{d}\boldsymbol{S} \\ &= \Phi_{e_1} + \Phi_{e_2} + \cdots + \Phi_{e_n}\end{aligned}$$

其中,$\Phi_{e_1}, \Phi_{e_2}, \cdots, \Phi_{e_n}$ 为点电荷 $q_1, q_2, \cdots, q_n$ 的电场通过闭合曲面 S 的电通量。由上面的讨论可知,当点电荷 q_i 在闭合曲面内时,$\Phi_{e_i} = q_i/\varepsilon_0$;当点电荷 q_i 在闭合曲面外时,$\Phi_{e_i} = 0$,所以上式可以写成

$$\Phi_e = \oint_S \boldsymbol{E} \cdot \mathrm{d}\boldsymbol{S} = \frac{1}{\varepsilon_0} \sum q_i \tag{9.15}$$

式中,$\sum q_i$ 表示闭合曲面内所包围电荷的电量的代数和。

由于任意电场都可以看做是由点电荷系所激发的,所以式(9.15)就是真空中静电场的高斯定理的数学表达式,它表明:**在真空静电场中,穿过任意闭合曲面的电通量等于该闭合曲面所包围的所有电荷的代数和除以 ε_0。**在高斯定理中,我们常把所选取的闭合曲面称为高斯面。

对高斯定理的理解应注意以下几点:

(1) 高斯定理说明了静电场的一个重要性质——静电场是有源场。如果高斯面内包围的电荷的代数和为正,则电场线穿出高斯面;如果代数和为负,则电场线穿进高斯面,说明电场线起于正电荷,止于负电荷,这正是电场线的特征之一。

(2) 高斯定理表达式左边的电场强度 $\boldsymbol{E}$ 是曲面上各点的场强,并非只由闭合曲面内的电荷 $\sum q_i$ 所产生,而是所有电荷在该点激发的电场强度的矢量和。

(3) 通过任意高斯面的电通量只取决于高斯面所包围的电荷,即只与包围在高斯面内的电荷有关,而与高斯面的形状和点电荷系的电荷分布情况无关。

虽然高斯定理是在库仑定律的基础上得出的,但库仑定律是从电荷间的作用反映电场的性质,而高斯定理则是从场同场源电荷间的关系反映静电场的性质。从场的研究方面来看,高斯定理比库仑定律更基本,应用范围更广泛。库仑定律只适用于静电场,而高斯定理不但适用于静电场,而且对变化的电场也适用,它是电磁场理论的基本方程之一。关于这一点,我们将在电磁感应与电磁场中论述。

9.3.4 高斯定理的应用举例

高斯定理不仅从侧面反映了静电场的性质,而且也可以用来计算一些呈高

度对称性分布的电场强度,这往往比采用叠加法更简便。从高斯定理的数学表达式(9.15)来看,电场强度 E 位于积分号内,一般情况下不易求解。但是,如果高斯面上的电场强度大小处处相等,且方向与各点处面积元 dS 的法线方向一致或具有相同的夹角,这时 $\boldsymbol{E}\cdot d\boldsymbol{S}=EdS\cos\theta$,则 E 可作为常量从积分号中提出来,这样才可以解出 E 的大小。由此看来,利用高斯定理计算电场强度应包含以下几步:① 根据已知电荷分布的对称性分析电场强度分布的对称性,判定电场强度的方向;② 根据电场强度分布的对称性特点,作相应的高斯面;③ 利用高斯定理列方程;④ 根据已知条件确定高斯面内包围的电荷的代数和 $\sum q_i$ 的分布;⑤ 解方程求解电场强度 E 的大小;⑥ 指出电场强度 E 的方向。下面我们通过几个例题来说明。

例 9.5 求均匀带电球面的电场分布。已知球面半径为 R,带电量为 Q。

解 如图 9.14 所示,在球面外任选一点 P,P 点到球心 O 的距离为 r,以垂直于 OP 的连线将球面切割成无数的同轴圆环。由例题 9.3 的结论知,每个圆环在 P 点产生的电场强度的方向均沿轴线即半径的方向。同理,距离圆心也为 r 的另一点 P' 的电场强度方向也沿半径的方向。由于电荷均匀分布在球面上,所以 P' 点和 P 点的电场强度的大小相等,因而

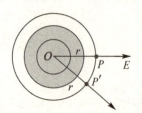

图 9.14 均匀带电球面的电场

到球心距离为 r 的所有点的电场强度的大小都相等,方向为各自的径向。所以电场强度的分布具有球对称性分布,可以应用高斯定理求解。

根据电场的这种球面对称性分布,过 P 点作半径为 r 的同心球面为高斯面,则此球面上各点处电场强度的大小处处相等,方向与各点处的面积元的法线方向一致。根据高斯定理有

$$\Phi_e = \oint_S \boldsymbol{E}\cdot d\boldsymbol{S} = \oint EdS\cos\theta = \oint EdS = E\oint dS = 4\pi r^2 E = \frac{1}{\varepsilon_0}\sum q_i$$

当 P 点在球面外时,$r>R$,高斯面包围的电荷 $\sum q_i = Q$。

当 P 点在球面内时,$r<R$,高斯面包围的电荷 $\sum q_i = 0$。

因此,可得电场强度的大小为

$$E = \frac{1}{4\pi\varepsilon_0}\frac{Q}{r^2} \qquad (r>R)$$

$$E = 0 \qquad (r<R)$$

根据分析知,电场强度 E 的方向为径向。如果 $Q>0$,则电场强度的方向沿径向指向外;若 $Q<0$,则电场强度的方向沿径向指向球心。

结果表明,均匀带电球面外的场强,与球面上全部电荷集中在球心时产生的场强相同;球面内部的电场处处为零。

例 9.6 求均匀带电无限长直线的场强分布。已知线电荷密度为 λ。

解 如图 9.15 所示,在空间任取一点 P,过 P 点对无限长直线作垂线交于 O 点,O,P 的距离为 r,由于电荷分布关于 O 点对称,所以 P 点的场强方向沿垂线向外(假设 $\lambda > 0$)。同理,距离直线也为 r 的另一点 P' 的电场强度方向也沿该点的垂线方向向外。由于电荷均匀分布在无限长的直线上,所以 P' 点和 P 点的电场强度的大小相等,因而到直线距离相同的所有点的场强大小都相等,方向沿各点的垂线方向向外,即场强呈轴对称分布。

根据电场强度的这种对称性分布,过 P 点作同轴的圆柱面为高斯面,如图 9.15 所示。该

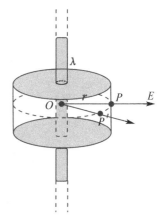

图 9.15　无限长均匀带电直线的电场

闭合的高斯面由上、下底面和侧面组成,其面积分别为 S_1,S_2 和 S_3,半径为 r,长为 l。

根据高斯定理有

$$\Phi_e = \oint_S \boldsymbol{E} \cdot \mathrm{d}\boldsymbol{S} = \int_{S_1} \boldsymbol{E} \cdot \mathrm{d}\boldsymbol{S} + \int_{S_2} \boldsymbol{E} \cdot \mathrm{d}\boldsymbol{S} + \int_{S_3} \boldsymbol{E} \cdot \mathrm{d}\boldsymbol{S}$$

由于上、下底面的外法线方向都与场强 $\boldsymbol{E}$ 垂直,$\cos\theta = 0$,所以上式前两项积分为零;又由于圆柱侧面外法线方向与场强 $\boldsymbol{E}$ 的方向一致,$\cos\theta = 1$,因此有

$$\Phi_e = \oint_S \boldsymbol{E} \cdot \mathrm{d}\boldsymbol{S} = \int_{S_3} \boldsymbol{E} \cdot \mathrm{d}\boldsymbol{S} = \int_{S_3} E \mathrm{d}S = E \int_{S_3} \mathrm{d}S = E \cdot 2\pi r l = \frac{\lambda l}{\varepsilon_0}$$

所以,P 点的电场强度的大小为

$$E = \frac{\lambda}{2\pi\varepsilon_0 r}$$

根据分析知,场强的方向是垂直于轴的垂线方向。如果 $\lambda > 0$,则电场强度的方向沿垂线向外辐射;若 $\lambda < 0$,则电场强度的方向沿垂线指向直线。

例 9.7　求均匀带电的无限大平面薄板的场强分布。已知面电荷密度为 σ。

解　如图 9.16 所示,在空间任取一点 P,过 P 点作无限大平面的垂线,交无限大平面于 O 点,O 点与 P 点的距离为 d。无限大平面可以看做是以 O 点为圆心的无数同心圆环组成的。根据例题 9.3 的结论可知,P 点的场强方向沿垂线指向右(假设 $\sigma > 0$)。同理,到无限大平面距离也为 d 的 P' 点的场强方向也为该点的垂线方向。由于电荷均匀分布于无限大平面上,所以 P' 点和 P 点的电场强度的大小相等,因而到无限大平面距离相同的所有点的场强大小都相等,方向沿各点的垂线方向向外,即场强呈平面对称分布。

根据电场强度的这种对称性分布,过 P 点作以无限大平面为对称面的圆柱面为高斯面,如图 9.16 所示。该闭合的高斯面由左、右底面和侧面组成,其面积

分别为 S_1,S_2 和 S_3。

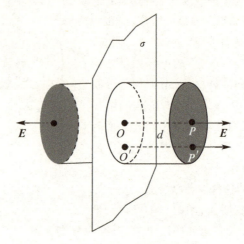

图 9.16　无限大均匀带电平面的电场

根据高斯定理,有

$$\Phi_e = \oint_S \boldsymbol{E} \cdot \mathrm{d}\boldsymbol{S} = \int_{S_1} \boldsymbol{E} \cdot \mathrm{d}\boldsymbol{S} + \int_{S_2} \boldsymbol{E} \cdot \mathrm{d}\boldsymbol{S} + \int_{S_3} \boldsymbol{E} \cdot \mathrm{d}\boldsymbol{S}$$

由于侧面各面元的外法线方向都与场强 $\boldsymbol{E}$ 垂直,$\cos\theta = 0$,所以上式最后一项积分为零;又由于左、右底面的外法线方向与场强 $\boldsymbol{E}$ 的方向一致,$\cos\theta = 1$,因此有

$$\Phi_e = \oint_S \boldsymbol{E} \cdot \mathrm{d}\boldsymbol{S} = \int_{S_1} \boldsymbol{E} \cdot \mathrm{d}\boldsymbol{S} + \int_{S_2} \boldsymbol{E} \cdot \mathrm{d}\boldsymbol{S} = 2ES_1 = \frac{\sigma \cdot S_1}{\varepsilon_0}$$

所以,电场强度的大小为

$$E = \frac{\sigma}{2\varepsilon_0} \tag{9.16}$$

它与场点到带电平面的距离无关,方向垂直于带电平面,说明均匀带电无限大平面的场强为均匀场,这与例 9.4 的结果一样。

利用上述结果可以证明,带等量异号电荷密度的一对无限大平行平面薄板之间的场强为

$$E = \frac{\sigma}{\varepsilon_0} \tag{9.17}$$

两薄板外部的场强为零。

9.4　静电场的环路定理

在牛顿力学中,我们曾论证了保守力(如万有引力、弹簧的弹力等)做功只

与起始和终点位置有关而与路径无关这一重要特征,并由此而引入相应的势能概念。那么,静电场力——库仑力的情况怎样呢?是否也具有保守力的特征而可引入势能呢?下面我们从计算静电场力做功入手,得出静电场力做功的特点,并导出另一个表征静电场性质的基本定理——环路定理,最后引入电势能的概念。

9.4.1 静电场力的功

如图 9.17 所示,有一静止的正点电荷 q 位于 O 点,试探电荷 q_0 从 A 点出发沿任意路径运动到 B 点。在路径上取一微小位移 $\mathrm{d}l$,电场力对 q_0 所做的元功为

$$\mathrm{d}W = q_0 \boldsymbol{E} \cdot \mathrm{d}\boldsymbol{l} = q_0 E \cos\theta \mathrm{d}l$$

式中,θ 角是 $\boldsymbol{E}$ 和 $\mathrm{d}\boldsymbol{l}$ 之间的夹角,$\mathrm{d}l\cos\theta$ 是 $\mathrm{d}\boldsymbol{l}$ 在 $\boldsymbol{E}$ 方向上的投影,也就是 $\mathrm{d}\boldsymbol{l}$ 在径矢 $\boldsymbol{r}$ 上的投影。因此,上式可以写成

$$\mathrm{d}W = \frac{1}{4\pi\varepsilon_0} \frac{q_0 q}{r^2} \mathrm{d}r$$

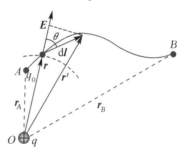

图 9.17 静电场力的功

于是,在试探电荷 q_0 从点 A 移到点 B 的过程中,电场力所做的总功为

$$W = \int_A^B \mathrm{d}W = \frac{q_0 q}{4\pi\varepsilon_0} \int_{r_A}^{r_B} \frac{\mathrm{d}r}{r^2} = \frac{q_0 q}{4\pi\varepsilon_0} \left(\frac{1}{r_A} - \frac{1}{r_B} \right) \tag{9.18}$$

式中,r_A 和 r_B 分别为试探电荷移动的起点和终点同电荷 q 之间的距离。上式表明,在点电荷激发的电场中,电场力对试探电荷所做的功,只与其移动的始末位置有关,与路径无关。

任意带电体都可看成由许多电荷组成的点电荷系。由场强叠加原理知,点电荷系的电场强度为各点电荷激发的电场强度的叠加,即 $\boldsymbol{E} = \boldsymbol{E}_1 + \boldsymbol{E}_2 + \cdots$,因此任意点电荷系的电场力对试探电荷所做的功,等于组成此点电荷系的各点电荷对试探电荷所做功的代数和,即

$$W = q_0 \int_l \boldsymbol{E} \cdot \mathrm{d}\boldsymbol{l} = q_0 \int_l \boldsymbol{E}_1 \cdot \mathrm{d}\boldsymbol{l} + q_0 \int_l \boldsymbol{E}_2 \cdot \mathrm{d}\boldsymbol{l} + \cdots$$

上式中每一项都与路径无关,所以它们的代数和也必然与路径无关。由此得出如下结论:试探电荷在静电场中从一点沿任意路径运动到另一点时,静电场力对它所做的功,仅与试探电荷及路径的始末位置有关,而与路径的形状无关,可见**静电力是保守力**。

9.4.2 静电场的环路定理

静电场力做功与路径无关的这一结论,还可以换一种等价的说法。如图 9.18 所示,设试探电荷 q_0 在静电场中从某点 A 出发,沿任意闭合路径 l 运动一

周,又回到起点 A,设想在 l 上任取一点 B,将 l 分成 l_1 和 l_2 两段,则沿闭合路径 l 电场力对试探电荷 q_0 所做的功为

$$W = q_0 \oint_l \boldsymbol{E} \cdot \mathrm{d}\boldsymbol{l} = q_0 \int_{l_1} \boldsymbol{E} \cdot \mathrm{d}\boldsymbol{l} + q_0 \int_{l_2} \boldsymbol{E} \cdot \mathrm{d}\boldsymbol{l} \qquad (9.19)$$

因为电场力做功与路径无关,对于相同的始末位置而言,有

$$q_0 \int_{l_1} \boldsymbol{E} \cdot \mathrm{d}\boldsymbol{l} = - q_0 \int_{l_2} \boldsymbol{E} \cdot \mathrm{d}\boldsymbol{l}$$

将其代入式(9.19)得

$$q_0 \oint_l \boldsymbol{E} \cdot \mathrm{d}\boldsymbol{l} = 0 \qquad (9.20)$$

由于 q_0 不为零,故式(9.20)必有

$$\oint_l \boldsymbol{E} \cdot \mathrm{d}\boldsymbol{l} = 0 \qquad (9.21)$$

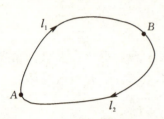

图 9.18　静电场力的环路定理

式(9.21)表明,在静电场中,电场强度 $\boldsymbol{E}$ 沿任意闭合路径的线积分恒等于零。$\boldsymbol{E}$ 沿任意闭合路径的线积分又叫做 $\boldsymbol{E}$ 的环流,故上式也表明,在静电场中电场强度 $\boldsymbol{E}$ 的环流为零,这叫做**静电场的环路定理**。它与高斯定理一样,也是表述静电场性质的一个重要定理,说明静电场力与万有引力、弹性力一样,也是保守力;静电场是保守力场或保守场。

9.4.3　电势能

在力学中,由于重力、弹性力是保守力,我们引入重力势能和弹性势能的概念。现在知道静电场力也是保守力,因此也可以引入势能,称为**电势能**。根据势能的定义有,静电场力对电荷所做的功等于电荷电势能的增量的负值。如果以 E_{pA} 和 E_{pB} 分别表示试探电荷 q_0 在静电场中 A、B 两点的电势能,则试探电荷从 A 点移到 B 点,静电场力对它做的功为

$$W_{AB} = q_0 \int_A^B \boldsymbol{E} \cdot \mathrm{d}\boldsymbol{l} = E_{pA} - E_{pB} = -(E_{pB} - E_{pA}) \qquad (9.22)$$

电势能和重力势能、弹性势能一样,是一个相对的量。因此,要决定电荷在电场中某一点的电势能的值,也必须先选择一个电势能参考点,并设该点的电势能为零。这个参考点的选择是任意的,处理问题时怎样方便就怎样选取。设式(9.22)中的 B 点处为电势能的零点,即 $E_{pB} = 0$,则有

$$E_{pA} = W_{AB} = q_0 \int_A^B \boldsymbol{E} \cdot \mathrm{d}\boldsymbol{l} \qquad (9.23)$$

式(9.23)表明,**试探电荷 q_0 在电场中某点 A 处的电势能等于将 q_0 从 A 点沿任意路径移到电势能零点处电场力所做的功**。必须指出:

(1) 电势能仅与电荷 q_0 及其在静电场中的位置有关,可见电势能是属于电

场和位于电场中的电荷 q_0 所组成的系统的,而不是属于某个电荷。其实质是电荷 q_0 与电场之间的相互作用能。平常为了叙述方便,常把这种能量说成是电场中某一点处的电势能。

(2)虽然电势能零点可任意选取,但当场源电荷为有限大小的带电体时,通常选取无穷远处为电势能零点,则有

$$E_{pA} = q_0 \int_A^\infty \boldsymbol{E} \cdot \mathrm{d}\boldsymbol{l}$$

(3)电势能是标量,但可正可负。

9.5 电势 电势梯度

9.5.1 电势和电势差

式(9.23)表明,试探电荷 q_0 在电场中 A 点的电势能 E_{pA} 不仅与电场有关,而且与试探电荷的电荷量有关,所以电势能不能直接用来描述电场的性质。但试探电荷在场点 A 处的电势能与其所带的电荷量之比 E_{pA}/q_0 是一个与试探电荷无关的量,仅取决于场源电荷的分布和场点的位置,因此,它反映了电场本身的性质。通常把这个比值作为描述电场的另一个物理量,称之为该点的**电势**,记为 V_A,即

$$V_A = \frac{E_{pA}}{q_0} = \int_A^\infty \boldsymbol{E} \cdot \mathrm{d}\boldsymbol{l} \qquad (9.24)$$

式(9.24)称为电势的定义式,它表明**电场中某一点 A 的电势 V_A 就等于单位正电荷在该点处的电势能;或等于单位正电荷从 A 点沿任意路径移到无穷远处(电势能零点)时静电场力所做的功。**

电势是标量,在国际单位制中,电势的单位是伏特(V)。电势也是一个相对的量,要确定某点的电势,必须先选定参考点(电势零点)。实际上,真正有意义的是两点之间的电势差(亦称为电压)。式(9.22)两边除以 q_0,可得静电场中任意两点 A 和 B 之间的电势差为

$$U_{AB} = V_A - V_B = \int_A^B \boldsymbol{E} \cdot \mathrm{d}\boldsymbol{l} \qquad (9.25)$$

这就是说,静电场中 A,B 两点之间的电势差等于将单位正电荷从 A 点沿任意路径移到 B 点时电场力所做的功。显然,只要知道 A,B 两点之间的电势差,就可以方便地算出电荷 q_0 从 A 点移到 B 点时电场力做的功,即

$$W_{AB} = q_0(V_A - V_B) \qquad (9.26)$$

需要注意,与电势能一样,电势也是一个与参考零点有关的量,改变参考零点,各点电势的数值也随之改变,但电场中任意两点的电势差却与参考零点的选取无关。在理论计算中,对一个有限大小的带电体,往往取无限远处的电势为零;

如果是一个分布于无限空间的带电体,那么,就只能在电场中任意选一个合适位置作为电势零点。在实际问题中,通常选大地或电器外壳的电势为零。

9.5.2 电势的计算

1. 点电荷电场中的电势

在点电荷 q 激发的电场中,若选取无限远处的电势为零,即 $V_\infty = 0$,则由电势的定义式(9.24),可得电场中任意一点 P 的电势。由于积分与路径无关,因此可沿径向积分,即

$$V = \int_P^\infty \boldsymbol{E} \cdot \mathrm{d}\boldsymbol{l} = \int_r^\infty \frac{q}{4\pi\varepsilon_0 r^2} \mathrm{d}r = \frac{q}{4\pi\varepsilon_0 r} \tag{9.27}$$

显然,在正电荷($q > 0$)激发的电场中,各点的电势为正,且离场源电荷越远,电势越低;在负电荷($q < 0$)激发的电场中,各点的电势为负,离场源电荷越远,电势越高(绝对值越小)。

2. 点电荷系电场中的电势

在点电荷系所激发的电场中,总电场强度是各个点电荷所激发的电场强度的矢量和,即

$$\boldsymbol{E} = \boldsymbol{E}_1 + \boldsymbol{E}_2 + \cdots + \boldsymbol{E}_n$$

所以电场中任意一点 P 的电势为

$$V = \int_P^\infty \boldsymbol{E} \cdot \mathrm{d}\boldsymbol{l} = \int_P^\infty (\boldsymbol{E}_1 + \boldsymbol{E}_2 + \cdots + \boldsymbol{E}_n) \cdot \mathrm{d}\boldsymbol{l}$$

$$= \int_P^\infty \boldsymbol{E}_1 \cdot \mathrm{d}\boldsymbol{l} + \int_P^\infty \boldsymbol{E}_2 \cdot \mathrm{d}\boldsymbol{l} + \cdots + \int_P^\infty \boldsymbol{E}_n \cdot \mathrm{d}\boldsymbol{l}$$

亦即

$$V = V_1 + V_2 + \cdots + V_n = \sum_i \frac{q}{4\pi\varepsilon_0 r_i} \tag{9.28}$$

式(9.28)是电势叠加原理的表达式,它表示点电荷系电场中任意一点的电势等于各个点电荷单独存在时在该点处的电势的代数和。原则上来说,根据点电荷的电势公式(9.27)和电势叠加原理可以求解任意形状带电体的电势分布。

3. 连续分布电荷电场中的电势

对电荷连续分布的带电体,可将其看做无限多个电荷元 $\mathrm{d}q$ 的集合,每一个电荷元均可看做是点电荷。根据点电荷的电势分布知,每个电荷元在电场中某点 P 产生的电势为

$$\mathrm{d}V = \frac{\mathrm{d}q}{4\pi\varepsilon_0 r}$$

再根据电势叠加原理,可得 P 点的总电势为

$$V = \int \mathrm{d}V = \int \frac{\mathrm{d}q}{4\pi\varepsilon_0 r} \tag{9.29}$$

产生电场的带电体分别是连续分布的体电荷、面电荷或线电荷时,式(9.29)可以分别表示如下:

体电荷分布 $V = \int \dfrac{\rho \mathrm{d}V}{4\pi\varepsilon_0 r}$

面电荷分布 $V = \int \dfrac{\sigma \mathrm{d}S}{4\pi\varepsilon_0 r}$

线电荷分布 $V = \int \dfrac{\lambda \mathrm{d}l}{4\pi\varepsilon_0 r}$

例 9.8 求距电偶极子中点 r 处的电势分布。已知电偶极子两电荷电量为 q,间距为 l。

解 如图 9.19 所示,设场点 P 到 $\pm q$ 的距离分别为 r_+ 和 r_-,则 $\pm q$ 单独存在时 P 点的电势为

$$V_+ = \dfrac{1}{4\pi\varepsilon_0} \dfrac{q}{r_+}, \quad V_- = -\dfrac{1}{4\pi\varepsilon_0} \dfrac{q}{r_-}$$

根据电势叠加原理,有

$$V = V_+ + V_- = \dfrac{q}{4\pi\varepsilon_0}\left(\dfrac{1}{r_+} - \dfrac{1}{r_-}\right)$$

电偶极子的中点 O 到场点 P 的距离为 r,按题意 $r \gg l$,于是有

$$r_+ \approx r - \dfrac{l}{2}\cos\theta, \quad r_- \approx r + \dfrac{l}{2}\cos\theta$$

$$r_- - r_+ \approx l\cos\theta, \quad r_+ r_- \approx r^2$$

将它们代入 V 的表达式,可得

$$V = \dfrac{q}{4\pi\varepsilon_0} \dfrac{r_- - r_+}{r_+ r_-} \approx \dfrac{1}{4\pi\varepsilon_0} \dfrac{p\cos\theta}{r^2} = \dfrac{1}{4\pi\varepsilon_0} \dfrac{\boldsymbol{p} \cdot \boldsymbol{r}}{r^3}$$

(9.30)

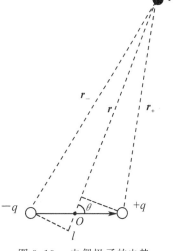

图 9.19 电偶极子的电势

式中 $\boldsymbol{p} = q\boldsymbol{l}$ 是电偶极子的电矩。

例 9.9 半径为 R 的均匀带电圆环,所带电荷为 q,求圆环轴线上任意一点的电势。

解 如图 9.20 所示,设轴线上任意一点 P 到环心的距离为 x,在圆环上任取一线元 $\mathrm{d}l$,所带电荷量为

$$\mathrm{d}q = \lambda \mathrm{d}l = \dfrac{q}{2\pi R}\mathrm{d}l$$

根据点电荷的电势分布,有 $\mathrm{d}q$ 在 P 点产生的电势为

$$\mathrm{d}V = \dfrac{\lambda \mathrm{d}l}{4\pi\varepsilon_0 r}$$

根据电势叠加原理,带电圆环在 P 点产生的电势为

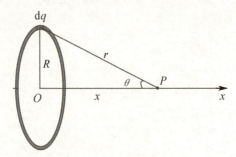

图 9.20　均匀带电圆环轴线上的电势

$$V = \oint \frac{\lambda \mathrm{d}l}{4\pi\varepsilon_0 r} = \frac{\lambda}{4\pi\varepsilon_0 r}\oint \mathrm{d}l = \frac{q}{4\pi\varepsilon_0 r} = \frac{q}{4\pi\varepsilon_0 \sqrt{R^2 + x^2}} \tag{9.31}$$

当 $x \gg R$ 时，$V_P = \dfrac{q}{4\pi\varepsilon_0 x}$，这相当于将全部电荷集中于圆环的中心形成的点电荷在 P 点产生的电势。

例 9.10　求均匀带电球面的电势分布。已知球面半径为 R，带电量为 Q。

解　由例题 9.5 的结论知，均匀带电球面的电场分布如下：

电场强度的大小为

$$E = 0 \qquad (r < R)$$

$$E = \frac{1}{4\pi\varepsilon_0}\frac{Q}{r^2} \qquad (r > R)$$

电场强度 E 的方向为径向。如果 $Q > 0$，则电场强度的方向沿径向指向外；如果 $Q < 0$，则电场强度的方向沿径向指向球心。

根据电势的定义式 $V = \displaystyle\int_P^\infty \boldsymbol{E} \cdot \mathrm{d}\boldsymbol{l}$，为了便于计算，我们沿径向积分到无穷远，所以

$$V_1 = \int_r^\infty \boldsymbol{E} \cdot \mathrm{d}\boldsymbol{l} = \int_r^R \boldsymbol{E} \cdot \mathrm{d}\boldsymbol{r} + \int_R^\infty \boldsymbol{E} \cdot \mathrm{d}\boldsymbol{r} = \frac{Q}{4\pi\varepsilon_0 R} \qquad (r < R)$$

$$V_2 = \int_r^\infty \boldsymbol{E} \cdot \mathrm{d}\boldsymbol{l} = \int_r^\infty \boldsymbol{E} \cdot \mathrm{d}\boldsymbol{r} = \frac{Q}{4\pi\varepsilon_0 r} \qquad (r > R)$$

结果表明，均匀带电球面外的电势分布就像球面上的电荷都集中在球心的一个点电荷在该区域的电势分布一样；球面内处处电势相等，均为 $\dfrac{Q}{4\pi\varepsilon_0 R}$。

9.5.3　等势面

前面我们曾用电场线来形象地描绘电场中电场强度的分布，这里我们将用等势面来形象地描绘电场中电势的分布，并指出两者的联系。

在电场中电势相等的点所构成的面叫做**等势面**。为了直观地比较电场中各点的电势,画等势面时,是相邻等势面的电势差为常数。根据这样的规定,图 9.21 示出了电偶极子的等势面和电场线的分布,其中,虚线表示等势面,实线表示电场线。

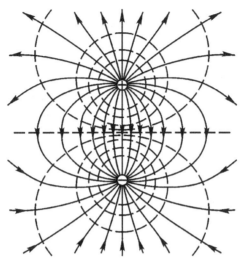

图 9.21　等量异号点电荷的等势面

等势面具有以下两个特点:
(1) 等势面密集的地方电场强度较大,等势面稀疏的地方电场强度较小。
(2) 等势面处处与电场线正交,电荷沿等势面移动时电场力不做功。

在实际问题中,很多带电体的等势面分布可以通过实验描绘出来。常常先测出电场中等电势的各点,并把这些点连起来,画出等势面,根据电场强度与通过该点的等势面相垂直的特点而画出电场线,从而对电场有较全面的定性的直观的了解。

9.5.4　电势梯度

电场强度和电势都是描述电场中各点性质的物理量,两者之间必然存在着某种联系,式(9.24)给出了电场强度与电势的积分关系,下面我们将讨论它们之间的微分关系。

如图 9.22 所示,设 A 和 B 是两个靠得很近的等势面,电势分别为 V 和 $V+\Delta V$,e_n 为其法向单位矢量。如果在两等势面之间取任意方向的线段 PQ,其长度为 l,与 e_n 的夹角为 θ,则由式(9.24)可得

$$V-(V+\Delta V)=\int_P^Q \boldsymbol{E} \cdot \mathrm{d}\boldsymbol{l}=E_n\cos\theta\Delta l=E_l\Delta l \tag{9.32}$$

上式取极限,可得

$$E_l = -\lim_{\Delta l \to 0}\frac{\Delta V}{\Delta l} = -\frac{\partial V}{\partial l} \tag{9.33}$$

这就是说,电场中某点的场强沿任一方向的分量,等于这一点的电势沿该方向的方向导数 $\partial V/\partial l$ 的负值。

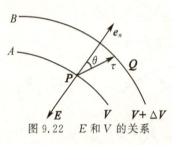

图 9.22 E 和 V 的关系

因为 $\Delta l \cos\theta = \Delta l_n$,所以在所有的方向导数中,以等势面法线方向的方向导数数值最大。于是,我们可以定义一个矢量,它沿着 e_n 方向,大小等于 $\partial V/\partial l_n$。这个矢量叫做 V 的梯度,用 **grad**V 表示。沿其余方向的方向导数 $\partial V/\partial l$,是梯度矢量在该方向上的投影。因为场强 E 总是指向电势减小的方向,即 E 与 e_n 方向相反,所以有

$$E = -\mathbf{grad}V \tag{9.34}$$

电势 V 是个标量,它在空间每一点有一定的数值,所以电势作为空间坐标的函数是个标量场。式(9.34) 是一个矢量关系式。若场强的方向可预先确定,则只要利用式(9.33) 计算在该方向上电势的微商就够了。然而,在一般情况下,我们需要选取适当的坐标系,求出电势梯度的三个分量。

对于直角坐标系,有

$$E_x = -\frac{\partial V}{\partial x}, E_y = -\frac{\partial V}{\partial y}, E_z = -\frac{\partial V}{\partial z} \tag{9.35}$$

总之,为了描述静电场的分布,引入了电场强度 E 和电势 V。前者是矢量,服从矢量叠加原理;后者是标量,服从标量叠加原理。两者之间的关系,既有积分关系也有微分的关系,即

$$V(P) = \int_P^\infty \mathbf{E} \cdot \mathrm{d}\mathbf{l} \text{ 或 } \mathbf{E} = -\mathbf{grad}V$$

因此,只要知道 E 和 V 中之一的分布,就可以利用上述关系式求出另一个的分布。一般而言,由于电势是标量,它的计算往往比场强计算简单,因此在很多情况下可以先直接算出电势的分布,然后利用电势的梯度来求出场强的分布。大家可以利用电场强度和电势的关系验证例 9.9 和例 9.3 的结果。只有在带电体具有一定对称性的情况下,才能较方便地先直接利用高斯定理来求出场强的分布,然后利用场强的线积分来计算电势的分布。

9.6 静电场中的导体

前面讲述了有关静电场的基本概念和一般规律。本节讨论导体与它周围的电场有什么关系,也就是介绍静电场的一般规律在有导体存在的情况下的具体

应用。作为基础知识,本节仅讨论各向同性的均匀金属导体在电场中的情况。

9.6.1 导体的静电平衡条件

金属是最常见的一种导体,其特征是内部存在着大量可以自由移动的电子,例如铜的自由电子密度约为 $8 \times 10^{28} \mathrm{m}^{-3}$,它是由大量带负电的自由电子和带正电的晶体点阵构成的。在无外电场的情况下,金属中的自由电子像气体分子一样做无规则的运动,因此在导体内部的任意一个体积元内,自由电子的负电荷与晶体点阵的正电荷量值相等,整个导体或其中任一部分都呈电中性。

将金属导体放在外电场 E_0 中,它内部的自由电子将在电场力的作用下做定向运动,从而使导体中的电荷重新分布,导体一侧由于自由电子堆积而带负电,另一侧由于失去自由电子而带正电。导体两侧正负电荷的积累将影响外电场的分布,同时在导体内部产生电场,这一电场称为附加电场 E'。导体内部的电场强度 E 是外电场 E_0 与附加电场 E' 的矢量叠加。随着两侧的电荷的积累,附加电场逐渐加强,直至导体内部处处 E_0 和 E' 的矢量和为零。这时自由电子的定向移动停止,我们便说导体达到了静电平衡。

所谓导体的**静电平衡**是指导体内部和表面都没有电荷定向移动的状态。导体达到静电平衡的时间极短,通常约为 $10^{-14} \sim 10^{-13}$ s,几乎在瞬间完成。处于静电平衡状态的导体必须满足以下两个条件:

(1) 在导体内部,电场强度处处为零;
(2) 导体表面附近电场强度的方向都与导体表面垂直。

可以设想,如果导体内的电场强度不是处处为零,则导体内的自由电子将在电场力的作用下继续做定向运动,这时导体实际上并没有达到静电平衡;如果电场强度与导体表面不垂直,则电场强度在沿导体表面的分量将使自由电子沿表面做定向运动。

导体的静电平衡条件也可以用电势来表述。由于在静电平衡时,导体内部的电场强度为零,导体表面的电场强度与表面垂直,因此,根据电势的定义可以证明导体内部以及导体表面任意两点之间的电势差为零。这就是说,**当导体处于静电平衡时,导体上的电势处处相等,导体为等势体,其表面为等势面。**

9.6.2 静电平衡时导体上的电荷分布

(1) 当导体达到静电平衡时,内部各处的净电荷为零,电荷只能分布在导体的表面。

这一规律可以用高斯定理证明,为此可在导体内部围绕任意 P 点作一个很小的封闭曲面 S,如图 9.23 所示。由于静电平衡时导体内部场强处处为零,因此通过该封闭曲面的电通量必然为零。由高斯定理可知,此封闭曲面内电荷的代数和为零。由于这个封闭曲面 S 很小,而 P 点是导体内的任意一点,所以整个导体内无净电荷,电荷只能分布在表面。

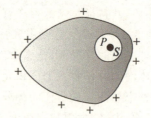

图9.23　导体内无净电荷

(2) 当导体达到静电平衡时,其表面上各点的电荷面密度与表面附近的电场强度大小成正比。

如图 9.24 所示,在导体外侧紧贴表面附近取一点 P,E 为该点的电场强度。在 P 点处导体表面上取一面积元 ΔS,该面积元取得充分小,使得其上的电荷密度 σ 可以认为是均匀的。作一底面积为 ΔS 的扁平圆柱面为高斯面,其轴线与导体表面相垂直。上底面在导体外侧,下底面在导体内侧。因导体内部电场强度为零,导体外表面的电场强度垂直于导体表面,所以通过下底面和侧面的电通量均为零,根据高斯定理有

$$\Phi_e = \oint_S \boldsymbol{E} \cdot \mathrm{d}\boldsymbol{S} = \int_{\text{上底面}} \boldsymbol{E} \cdot \mathrm{d}\boldsymbol{S} = E \cdot \Delta S = \frac{\sigma \Delta S}{\varepsilon_0}$$

由此得

$$E = \frac{\sigma}{\varepsilon_0} \quad \text{或} \quad \sigma = \varepsilon_0 E \tag{9.36}$$

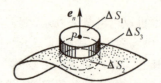

图9.24　导体表面的电荷分布

(3) 孤立导体处于静电平衡时,它表面各处的面电荷密度与各处表面的曲率有关,曲率越大的地方,面电荷密度越大。

如果带电导体不受外电场的影响或影响可以忽略,则这样的导体称为**孤立导体**。一般来说,导体表面各部分的电荷分布是不均匀的。实验表明,对于孤立导体来说,在导体表面凸出而尖锐的地方曲率较大,该处的面电荷密度较大;表面较平坦的地方曲率较小,面电荷密度较小;表面凹进去的地方曲率为负,则面电

荷密度更小,如图 9.25 所示。由式(9.36)可见,孤立导体表面附近的场强分布与上述电荷分布有同样的规律。

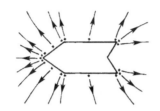

图 9.25 孤立导体的电荷分布

对于有尖端的带电导体,尖端处的电荷面密度会很大,附近的电场强度特别强,当电场强度足够大时就会使空气分子发生电离而放电,这一现象被称为**尖端放电**。尖端放电时,在它周围的空气就变得更加容易导电,急速运动的离子与空气分子碰撞时,会受激发光而形成电晕。高压输电线附近的电晕放电会浪费很多电能,为避免这种现象,高压输电线半径不能过小,表面应做得极为光滑,一些高压设备的电极还常常做成光滑的球面。

尖端放电也有可利用之处,避雷针就是一个例子。雷雨季节,当带电的大块雷雨云接近地面时,由于静电感应,使得地面上的物体带上异种电荷,这些电荷较集中地分布在地面上凸起的物体(如高层建筑、烟囱、大树等)上,电荷密度很大,因而电场强度很大。当电场强度大到一定程度时,足以使空气电离,从而引发雷雨云与这些物体之间放电,这就是雷击现象。为了防止雷击对建筑物的破坏,可安装避雷针,因为避雷针尖端处电荷密度最大,所以电场强度也最大,避雷针与云层之间的空气就很容易被击穿,这样带电云层与避雷针之间形成通路。同时避雷针又是接地的,于是就可以把雷雨云上的电荷导入大地,使其不对高层建筑构成危险,保证了高层建筑的安全。

9.6.3 空腔导体

前面叙述导体在静电平衡时的电荷分布,实际上是以实心导体为例来进行讨论的。现在我们要讨论在静电平衡时空腔导体的电荷分布问题。以下分两种情况来讨论。

1. 空腔内无带电体

当空腔内没有其他带电体时,在静电平衡状态下,空腔导体的内表面上处处没有电荷,电荷只分布在外表面上;而且,空腔内没有电场,或空腔内的电势处处相等。

为了证明上述结论,在导体壳的内、外表面之间作一闭合曲面 S 将空腔包围起来,如图 9.26(a) 所示。由于闭合面 S 完全处在导体内部,静电平衡时场强处处为零,因此没有电场通量穿过它。按照高斯定理,在闭合面 S 内部,即在导体壳的内表面上,电荷的代数和为零。进一步用反证法可以证明,达到静电平衡时,导体壳内表面上的面电荷密度 σ_e 必定处处为零。否则,若在导体壳内表面上有 $\sigma_e < 0$ 的地方,则必定有 $\sigma_e > 0$ 的地方,两者之间就必定有电场线存在;然而,电场线的两端又必定有电势差存在,这与导体达到静电平衡时是等势体相矛盾。最后,由于导体壳内表面附近 $E = \sigma_e/\varepsilon_0 = 0$,且电场线既不可能起止于内表面,又不可能在腔内有端点或形成闭合线,所以腔内不可能有电场线和电场,腔内空间各点的电势处处相等。因此,静电平衡时,空腔导体内表面处处没有电荷,电荷只能分布在空腔导体的外表面上。

2. 空腔内有带电体

当空腔导体内有其他带电体时,在静电平衡状态下,空腔导体的内、外表面上均有电荷分布,其中内表面所带的电荷与腔内带电体所带电荷等量异号。

如图 9.26(b) 所示,设空腔导体内带电体的电荷为 $-q$,空腔导体本身不带电。当处于静电平衡时,在导体内外表面之间作一面积为 S 的高斯面,由于高斯面上的电场强度处处为零,所以根据高斯定理,空腔内表面所带的电荷与空腔内带电体所带的电荷的代数和为零,则空腔内表面所带的感应电荷必为 $+q$。根据电荷守恒定律,由于整个空腔导体不带电,所以在空腔外表面上也会出现感应电荷,电荷量必为 $-q$。

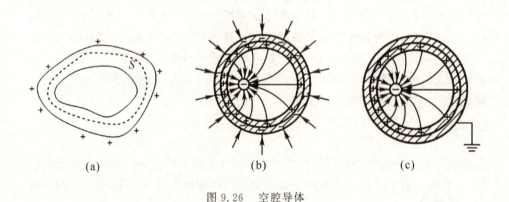

(a)   (b)   (c)

图 9.26 空腔导体

9.6.4 静电屏蔽

根据空腔导体静电平衡时的带电特征,当空腔内没有带电体时,即使在外电场中,导体和空腔内必定不存在电场。这样空腔导体就屏蔽了外电场或空腔导体外表面的电荷,使它们无法影响空腔内部。此外,如果空腔内部存在带电体,空腔外表面则会出现感应电荷,感应电荷激发的电场会对外界产生影响,如图 9.26(b) 所示。但是如果我们将空腔导体外壳接地,如图 9.26(c) 所示,由于此时空腔导体的电势与大地的电势相同,则导体外表面的感应电荷将被大地中的电荷所中和,因此空腔内带电体不会对空腔导体外产生影响。综上所述,空腔导体(无论接地与否)将使空腔内的空间不受外电场的影响,而接地空腔导体将使外部空间不受空腔内的电场的影响。这种现象统称为**静电屏蔽**。

静电屏蔽有着广泛的应用。在工程上,为了避免外电场对电器设备(如一些精密的测量仪器等)的干扰,或防止电器设备(如高压装置等)的电场对外界产生影响,通常把这些设备的金属外壳接地。在弱电工程中,有些传送弱电信号的导线,为了增强抗干扰性能,往往在其绝缘层外再加一层金属编织的网,如闭路电视信号线等。

9.7 静电场中的电介质

静电场与物质的相互作用,既表现在静电场对物质的作用,也表现在物质对静电场的影响。前一节我们主要讨论了静电场中的导体对静电场的影响。本节在讨论电介质对静电场的影响以后,再讨论电介质的极化机理、极化强度的概念以及极化电荷与自由电荷的关系。

9.7.1 电介质

物质根据导电能力的不同,可以分为导体、半导体和绝缘体。导电能力较强的物质称为导体,如:铜、铝、铁等金属材料;导电能力较弱的称为绝缘体,如:纯水、石蜡、塑料、陶瓷、橡胶、玻璃等;导电能力介于导体和绝缘体之间的物质,称为半导体,如硅、锗等材料。电介质是电阻率很高,导电能力极弱的绝缘体,实际上自然界并没有完全绝缘的材料,本节只讨论完全不导电的理想电介质。

电介质的电结构与导体完全不同,它不存在自由电子,分子中带负电的电子被带正电的原子核紧紧束缚,即使在外电场的作用下,电子一般也只能相对于原子核有一微观的位移。因此可以想象,当电介质放在外场中时,不会像导体那样由于大量自由电子的定向迁移而表面出现感应电荷。但是实验发现,电介质在外电场中,其表面也会出现电荷,这是什么原因呢?

为了具体考虑这个问题,可以认为每一个分子中的正电荷集中于一点,称为正电荷的"中心";而负电荷集中于另一点,称为负电荷的"中心",构成电矩为 $P = ql$ 的电偶极子,其中 l 表示从负电荷中心指向正电荷中心的矢量。

按照分子内部电结构的不同,电介质分子可以分为两大类:一类电介质分子如 HCl，H_2O 和 CO 等，在没有外电场时，分子内部的电荷分布是不对称的，其正、负电荷的中心不重合。这种分子具有固有的电矩称为有极分子；另一类电介质分子如 He，H_2，N_2，O_2 和 CO_2 等，在没有外电场时，分子内部的电荷分布是对称的，其正、负电荷的中心重合，没有固有的电矩，称为无极分子。

9.7.2　电介质的极化

当电介质置于静电场中时，它的分子将受到电场的作用而发生变化，但最后都会达到一种平衡状态。如果电介质由无极分子组成，则在电场的作用下这些分子将产生感应电矩。如图 9.27(a) 所示，在均匀电场中，均匀介质内的无极分子的感应电矩都将沿着外电场的方向，外电场越强，感应电矩越大。由于电子的质量比原子核的质量小得多，所以在外电场的作用下往往主要是电子发生位移；如果电介质是由有极分子组成的，这些分子的固有电偶极矩将受到外电场的力偶矩作用，力图使其转到与外电场一致的方向上来。然而，由于分子的无规则热运动总是存在着的，因此这种取向作用只可能是部分的，如图 9.27(b) 所示。

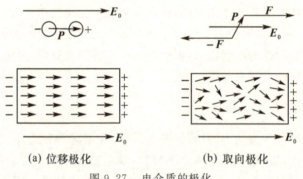

(a) 位移极化　　　　　　(b) 取向极化

图 9.27　电介质的极化

在外电场作用下两类电介质所发生的变化，宏观效果是一样的。在均匀电介质内部的宏观小、微观大的区域内，正负电荷的数量仍然相等，因而仍表现为电中性；但在电介质的表面上，却出现了只有正电荷或只有负电荷的电荷层，如图 9.27 所示。在外电场作用下电介质表面出现正负电荷层的现象，称为电介质的极化。按其微观机制的不同，可分为两类：无极分子的位移极化和有极分子的取向极化。因极化而出现在电介质表面上的电荷，称为**极化电荷**或**束缚电荷**。

9.7.3　极化强度

对于电介质的任一宏观小、微观大的体积元 ΔV 来说，当电介质未被极化时，有 $\sum P_i = 0$；当电介质处于极化状态时，各个分子的电偶极矩 P_i 的矢量和不再会完全相互抵消,即 $\sum \boldsymbol{P}_i \neq 0$。为了定量地描述电介质的极化情况,定义电极化强度或极化强度 $\boldsymbol{P}$ 为单位体积内分子电偶极矩的矢量和,即

$$\boldsymbol{P} = \frac{\sum \boldsymbol{P}_i}{\Delta V} \tag{9.37}$$

其中体积元 ΔV 是所谓的物理无限小的体积元,即 ΔV 在宏观上足够小,从而可以反映出介质各部分可能存在的宏观上的差别;但 ΔV 在微观上又足够大,其中仍包含有大量的分子,从而遵从统计规律性,物理量可以具有确定的平均值。极化强度 $\boldsymbol{P}$ 是表征电介质极化程度的物理量,单位是 C/m^2。如果在电介质中各处的极化强度 $\boldsymbol{P}$ 的大小和方向都相同,则称这样的极化为均匀极化。

当电介质处于极化状态时,一方面在它体内出现了未被抵消的电偶极矩,可用极化强度 $\boldsymbol{P}$ 来描述;另一方面,在电介质的某些部位出现了未被抵消的极化电荷。对于物理性质均匀的电介质,极化电荷集中在它的表面上。显然,在极化电荷与极化强度之间,必定存在着某种定量的关系。

以位移极化为例。设想电介质在电场中发生了均匀的位移极化,每个分子的正电中心相对于其负电中心都有一个位移 $\boldsymbol{l}$,则分子的电偶极矩 $\boldsymbol{P}_i = q\boldsymbol{l}$,电介质的极化强度为 $\boldsymbol{P} = n\boldsymbol{P}_i = nq\boldsymbol{l}$,其中 q 是每个分子所带的正电荷,n 是电介质单位体积内的分子数。如图 9.28 所示,在极化的电介质内取一个面元矢量 $\mathrm{d}\boldsymbol{S} = \mathrm{d}S\boldsymbol{e}_n$,其中 $\boldsymbol{e}_n$ 为面元的法向单位矢量。在面元 $\mathrm{d}S$ 后侧沿 $\boldsymbol{l}$ 方向,可以取一斜高为 l,底面积为 $\mathrm{d}S$ 的斜柱体,它的体积为 $\mathrm{d}V = l\mathrm{d}S\cos\theta$,其中 θ 是 $\boldsymbol{l}$ 与 $\boldsymbol{e}_n$ 之间的夹角。于是,负电荷中心在该体积元中的所有分子,其正电荷中心都将越过面元 $\mathrm{d}S$ 到前侧去。所以,由于极化而越过 $\mathrm{d}S$ 面的总电荷为

$$\mathrm{d}q_{出} = qn\mathrm{d}V = qnl\mathrm{d}S\cos\theta$$

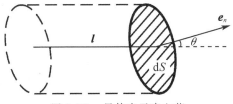

图 9.28　导体内无净电荷

再利用 $\boldsymbol{P} = nq\boldsymbol{l}$,考虑到 $\boldsymbol{p}$ 和 $\mathrm{d}\boldsymbol{S}$ 的方向,可得

$$\mathrm{d}q_{出} = P\mathrm{d}S\cos\theta = \boldsymbol{P} \cdot \mathrm{d}\boldsymbol{S} = \boldsymbol{P} \cdot \boldsymbol{e}_n \mathrm{d}S \tag{9.38}$$

在介质表面上,$\boldsymbol{e}_n$ 为表面外法线方向上的单位矢量,极化电荷的面密度为

$$\sigma' = \mathrm{d}q_{出}/\mathrm{d}S = P\cos\theta = \boldsymbol{P} \cdot \boldsymbol{e}_n = P_n \tag{9.39}$$

式(9.38)表明,由于极化而越过 $\mathrm{d}S$ 面向外移出闭合曲面 S 的电荷为

$\mathrm{d}q_{\text{出}}' = \boldsymbol{P} \cdot \mathrm{d}\boldsymbol{S}$。在电介质内部可以取一任意闭合曲面 S，这时 $\boldsymbol{e}_n$ 为其外法线方向上的单位矢量。于是，通过整个闭合曲面 S 向外移动的极化电荷总量应为

$$\sum q_{\text{出}}' = \oint \boldsymbol{P} \cdot \mathrm{d}\boldsymbol{S}$$

根据电荷守恒定律，这等于闭合曲面 S 内净余的极化电荷总量的负值，故有

$$\sum q_{\text{内}}' = -\oint \boldsymbol{P} \cdot \mathrm{d}\boldsymbol{S} \tag{9.40}$$

即任意闭合曲面的极化强度 $\boldsymbol{P}$ 的通量，等于该闭合曲面内的极化电荷总量的负值。

9.7.4 有介质时的高斯定理

实验表明，在各向同性线性电介质内，任一点的极化强度 $\boldsymbol{P}$ 都与该点的 $\boldsymbol{E}$ 方向相同，数量上成正比关系，即

$$\boldsymbol{p} = \chi_e \varepsilon_0 \boldsymbol{E} \tag{9.41}$$

比例常量 χ_e 称为电介质的电极化率或极化率，它表征电介质材料的性质，与场强 $\boldsymbol{E}$ 无关。

应该强调，式(9.41)中的场强 $\boldsymbol{E}$ 是所考虑的场点的总场强，它既包括外电场 $\boldsymbol{E}_0$，也包括极化电荷所产生的附加电场 $\boldsymbol{E}'$，即

$$\boldsymbol{E} = \boldsymbol{E}_0 + \boldsymbol{E}' \tag{9.42}$$

分析表明，在电介质内部，极化电荷所产生的附加电场 $\boldsymbol{E}'$，总是起着减弱原来的外电场 $\boldsymbol{E}_0$ 的作用，即 $|\boldsymbol{E}|<|\boldsymbol{E}_0|$，因而也总是起着减弱介质极化的作用，通常称之为退极化场，其大小依赖于电介质的几何形状和极化率 χ_e。

上述结果表明，在外电场 $\boldsymbol{E}_0$ 的作用下电介质将发生极化，极化强度 $\boldsymbol{P}$ 和电介质的形状决定了极化电荷 σ' 的分布，而 σ' 的分布又决定了附加电场，从而影响了电介质内部的总电场 $\boldsymbol{E}$，这又反过来影响了极化强度 $\boldsymbol{P}$。由此可见，$\boldsymbol{P}, \sigma', \boldsymbol{E}'$ 和 $\boldsymbol{E}$ 这些量是彼此依赖、相互制约的。为了计算它们之中的任何一个量，都需要把它们之间的关系联立起来统一考虑，这往往使问题的求解变得很复杂。但是，这种复杂的关系可以通过引入适当的物理量来简明地表示出来，以下我们用高斯定理来导出这种表达式。

高斯定理是建立在库仑定律的基础上的，在有电介质存在时它也成立，只不过在计算总电场的电通量时，高斯面内所包含电荷应包括自由电荷 q_0 和极化电荷 q'，即

$$\Phi_e = \oint \boldsymbol{E} \cdot \mathrm{d}\boldsymbol{S} = \frac{1}{\varepsilon_0} \sum (q_i + q') \tag{9.43}$$

用 ε_0 乘上式两边，与式(9.40)相加，消去极化电荷 $\sum q'$，可得

$$\Phi_e = \oint (\varepsilon_0 \boldsymbol{E} + \boldsymbol{P}) \cdot d\boldsymbol{S} = \sum q_i \qquad (9.44)$$

引进一个辅助性的物理量 $\boldsymbol{D}$，称为电位移，它的定义为

$$\boldsymbol{D} = \varepsilon_0 \boldsymbol{E} + \boldsymbol{P} \qquad (9.45)$$

利用电位移 $\boldsymbol{D}$，可以将式(9.44)改写成

$$\oint \boldsymbol{D} \cdot d\boldsymbol{S} = \sum q_i \qquad (9.46)$$

即任意闭合曲面的电位移通量或电通量，等于该闭合曲面所包围的自由电荷的代数和。这就是有电介质时的高斯定理，也称为 $\boldsymbol{D}$ 的高斯定理，它是电磁学的基本规律之一。实验表明，即使在变化的电磁场中，式(9.46)仍然成立，它是麦克斯韦方程组的一个方程。在国际单位制中，电位移 $\boldsymbol{D}$ 的单位是 C/m^2。

对于各向同性线性电介质，可将式(9.41)代入式(9.45)，有

$$\boldsymbol{D} = \varepsilon_0 \boldsymbol{E} + \boldsymbol{P} = (1 + \chi_e)\varepsilon_0 \boldsymbol{E} \qquad (9.47)$$

令 $\varepsilon_r = 1 + \chi_e$

$$\varepsilon = (1 + \chi_e)\varepsilon_0 = \varepsilon_r \varepsilon_0$$

则有

$$\boldsymbol{P} = \varepsilon_0 (\varepsilon_r - 1)\boldsymbol{E}, \boldsymbol{D} = \varepsilon_0 \varepsilon_r \boldsymbol{E} = \varepsilon \boldsymbol{E} \qquad (9.48)$$

其中 ε 称为介质的介电常量或电容率，它与 ε_0 同量纲。无量纲的常量 ε_r 称为相对介电常量或相对电容率。在真空中，$\varepsilon_r = 1$，$\varepsilon = \varepsilon_0$。

在有一定对称性的情况下，式(9.46)和式(9.48)可以使电介质存在时的计算大为简化。无需知道极化电荷的分布，利用 $\boldsymbol{D}$ 的高斯定理可求出电位移 $\boldsymbol{D}$ 的分布，然后再利用介质方程式(9.48)求出电场强度 $\boldsymbol{E}$ 的分布。

例 9.11 如图 9.29 所示，一平行板电容器的极板面积为 S，间距为 d，其中平行放置一层厚度为 δ 的电介质，其相对电容率为 ε_r，介质两边都是相对电容率为 1 的空气。已知电容器两极板接在电势差为 U 的恒压电源的两端，并忽略平行板电容器的边缘效应。试求两极板间的电位移 $\boldsymbol{D}$ 和场强 $\boldsymbol{E}$ 的分布。

解 作柱形高斯面如图 9.29 所示，它的一个底面 ΔS_1 在一个金属极板内，另一个底面 ΔS_2 在两极板间的电介质内或间隙中，并通过场点 P。在金属内 $\boldsymbol{E} = 0$，$\boldsymbol{D} = 0$，因此唯一有电位移通量的是 ΔS_2 处。此外，包围在此高斯面内的自由电荷为

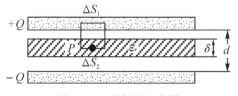

图 9.29 平行板电容器

$$\Delta q = \sigma \Delta S_2 = \frac{Q}{S} \cdot \Delta S_2$$

利用有电介质时的高斯定理,可得

$$\oint \boldsymbol{D} \cdot \mathrm{d}\boldsymbol{S} = D\Delta S_2 = \frac{Q}{S}\Delta S_2$$

所以
$$D = \frac{Q}{S}$$

由此可得,电介质和间隙中的场强大小分别为

$$E_1 = \frac{D}{\varepsilon_0 \varepsilon_r} = \frac{Q}{\varepsilon_0 \varepsilon_r S}$$

$$E_2 = \frac{D}{\varepsilon_0 \varepsilon_r} = \frac{Q}{\varepsilon_0 S}$$

9.8 电容 电容器 电场的能量

9.8.1 孤立导体的电容

孤立导体是一种理想模型,指处在真空中的导体远离其他导体,并且它们之间不发生电的影响。设在真空中有一半径为 R,带电荷为 Q 的孤立球形导体,则它的电势(取无限远处为电势零点)为

$$V = \frac{1}{4\pi\varepsilon_0} \frac{Q}{R}$$

从上式可以得出,球形导体所带电荷和电势成正比,为一恒定值

$$\frac{Q}{V} = 4\pi\varepsilon_0 R$$

该比值虽然是对球形导体而言的,但是对任意形状的孤立导体也同样成立,只是表达式不同而已,该比值仅与导体的几何形状和大小有关,与导体所带的电量无关。由此我们定义孤立导体的电容 C 为孤立导体所带的电荷 Q 与其电势 V 的比值。即

$$C = \frac{Q}{V} \tag{9.49}$$

从式(9.49)中可以看出,在电压相同的条件下,电容 C 越大,所存储的电量就越多,这说明电容 C 是反映导体容电能力的物理量,它与导体是否带电无关。电容用单位电势差所能容纳的电量来表征。在国际单位制中,电容的单位为法拉,符号为 F,在实用中,法拉太大,通常用 $\mu\mathrm{F}$(微法) 和 pF(皮法) 等。

$$1\mathrm{F} = 10^6 \mu\mathrm{F} = 10^{12} \mathrm{pF}$$

9.8.2 电容器及其电容

当导体 A 附近有其他导体存在时,则该导体的电势不仅与它本身所带的电

量有关,而且与其他导体的形状和位置有关。为了消除周围其他导体的影响,可用一封闭的导体壳 B 将 A 屏蔽起来,如图 9.30 所示。可以证明,导体 A 和导体壳 B 之间的电势差与导体 A 所带的电量成比例,不受外界影响。导体壳 B 与其腔内的导体 A 所组成的导体系,称为电容器,其电容为

$$C = \frac{q}{V_A - V_B} = \frac{q}{U_{AB}} \tag{9.50}$$

图 9.31 所示是部分常见的电容器的外观图。我们把组成电容器的两导体叫做电容器的两极板。电容器的电容与两极板的尺寸、形状及其相对位置有关,而与 q 和 U_{AB} 无关。在实际应用的电容器中,对其屏蔽性能的要求并不很高,只要求从一个极板发出的电场线几乎都终止在另一个极板上即可。

图 9.30 电容器

图 9.31 部分常见的电容器

通过简单的计算可以得到,对于极板面积为 S、两极板内表面间距离为 d 的平行板电容器,有

$$C = \frac{\varepsilon_0 S}{d} \tag{9.51}$$

对于两极板内表面半径分别为 R_A 和 R_B 的同心球形电容器,有

$$C = \frac{4\pi\varepsilon_0 R_A R_B}{R_B - R_A} \quad (R_B > R_A) \tag{9.52}$$

对于长度 l 远比半径差 $R_B - R_A$ 大的同轴柱形电容器,有

$$C = \frac{2\pi\varepsilon_0 l}{\ln(R_B/R_A)} \tag{9.53}$$

9.8.3 电容器的串联和并联

衡量一个电容器的性能有两个主要指标,一个是它的电容的大小,另一个是它的耐压能力。使用电容器时,所加的电压不能够超过规定的耐压值,否则在电介质中就会产生过大的场强,将电容击穿。在实际电路中当遇到单独一个电容器的电容或耐压能力不能满足要求时,常需要把一些电容器组合起来使用。电容器的组合连接的基本方法有并联和串联,如图 9.32 所示。

电容器并联时,加在各电容器上的电压是相同的,电量与电容成正比地分配

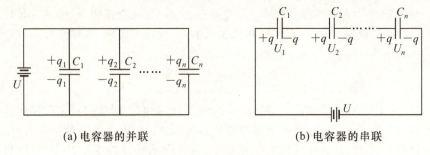

(a) 电容器的并联　　　　　　　　(b) 电容器的串联

图 9.32　电容器的串并联

在各个电容器上,因此整个并联电容器系统的总电容为

$$C = \frac{q}{U} = \frac{UC_1 + UC_2 + \cdots + UC_n}{U} = C_1 + C_2 + \cdots + C_n = \sum_{i=1}^{n} C_i \quad (9.54)$$

电容器串联时,串联的每一个电容器都带有相同的电量 q,电压与电容成反比地分配在各个电容器上,因此整个串联电容器系统的总电容 C 的倒数为

$$\frac{1}{C} = \frac{U}{q} = \frac{U_1 + U_2 + \cdots + U_n}{q} = \frac{1}{C_1} + \frac{1}{C_2} + \cdots + \frac{1}{C_n} = \sum_{i=1}^{n} \frac{1}{C_i} \quad (9.55)$$

9.8.4　静电场的能量

静电场中有没有能量?哪些实验或现象说明静电场有能量呢?为此,我们将一个电容器 C、一个直流电源 ε 和一个灯泡 L 连成如图 9.33(a) 所示的电路,先将开关 K 倒向 1,当再将开关倒向 2 时,灯泡会发生一次强的闪光。照相机上附装的闪光灯就是利用的这样的装置。

可以这样来分析上面的实验现象。开关倒向 1 时,电容器两极板和电源相连,使电容器两极板带上电荷,这个过程叫电容器充电。当开关再倒向 2 时,电容器两极板上的正负电荷又会通过有灯泡的电路中和,这个过程叫电容器的放电。灯泡发光是电流通过它的显示,那么灯泡发光所消耗的能量来自哪里呢?是从电容器释放出来的。而电容器的能量又来自哪呢?下面我们以平行板电容器放电为例来讨论。

现在我们来计算电容器带有电量 Q,相应的电压为 U 时所具有的能量。设在某时刻平行板电容器两极板所带的电量为 q,之间的电势差为 $U = q/C$。以 $-dq$ 表示电容器放电而减少的微小电量(由于放电过程中 q 是减少的,所以 q 的增加量 dq 是负值),也就是说,有 $-dq$ 的正电荷在电场力的作用下沿导线从正极板经灯泡与负极板等量的负电荷中和,如图 9.33(b) 所示。在这一微小过程中电场力做的功为

$$dW = (-dq)U = -\frac{q}{C}dq$$

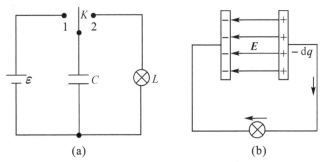

图 9.33 电容器的充放电电路图(a)和放电过程(b)

从原有的电量 Q 到完全放电的整个过程中,电场力所做的总功为

$$W = \int \mathrm{d}W = \int_Q^0 -\frac{q}{C}\mathrm{d}q = \frac{1}{2}\frac{Q^2}{C}$$

这就是电容器原来带有电量 Q 时所具有的能量,即电容器储存的能量为

$$W = \frac{1}{2}\frac{Q^2}{C} = \frac{1}{2}CU^2 = \frac{1}{2}QU \quad (9.56)$$

从上面的推导来看,电容器的能量是存储在电容器的电荷上的,但是我们同样可以认为电容器的能量是存储在电容器内的电场之中,可以用下面的分析把这个能量和电场强度 E 联系起来。

仍以平行板电容器为例,设极板的面积为 S,极板间距为 d,极板间充满相对介电常量为 ε_r 的电介质。此电容器的电容由式(9.51)给出,即

$$C = \frac{\varepsilon_0 \varepsilon_r S}{d}$$

将此式代入式(9.56)可得

$$W = \frac{1}{2}CU^2 = \frac{1}{2}\frac{\varepsilon_0 \varepsilon_r S}{d}(Ed)^2 = \frac{1}{2}\varepsilon_0 \varepsilon_r E^2 Sd = \frac{1}{2}\varepsilon_0 \varepsilon_r E^2 V \quad (9.57)$$

式中 V 表示电容器内电场空间所占的体积。我们把单位体积电场内所具有的电场能量称为电场的能量密度 ω_e,即

$$\omega_e = \frac{W}{V} = \frac{1}{2}\varepsilon_0 \varepsilon_r E^2 = \frac{1}{2}DE \quad (9.58)$$

公式(9.58)虽是通过平行板电容器推导出来的,但是它对于任何电介质内的电场都成立。

在静电场中,"电荷是能量的携带者"与"能量的携带者应当是电场"这两种观点是等效的。但对于变化的电磁场来说,唯有认为电磁波能量的携带者是电场和磁场,因为理论和实验都已经确认,在电磁波的传播中,并没有电荷伴随着传播。因此,如果某一空间具有电场,那么该空间就具有电场能量。所以从更普遍的意义上来说,电场的能量应以电场强度来表述。电场具有能量,表明了电场的物

质性。

物理沙龙

闪电是大气激烈的放电现象,它是大气被强电场击穿的结果。干燥空气的击穿场强可达 3×10^6 V/m,但在雷雨云中,由于水滴的存在,气压较小,所以空气的击穿不需要这样强的电场。要产生一次闪电,只需在云的近旁的某一小区域内有很强的电场就够了。强电场会引起电子雪崩,即由于高速带电粒子对空气分子的碰撞作用使空气分子大量急速电离而产生大量电子。一旦某处电子雪崩开始,它会向电场较弱的区域传播。闪电可发生在雷雨云内的正、负电荷之间,也可发生在雷雨云与纯净空气之间或雷雨云与地之间。研究指出,大部分闪电发生在大陆区,这说明陆地在产生雷暴中有重要作用。闪电发生的过程很快,人眼不能细察,但利用高速摄影技术可以进行详细研究。闪电对人类活动影响很大,尤其是建筑物、输电线网等遭其袭击,可能造成严重损失。目前,有些国家已建立了雷击预测系统,这将有助于民航安全和火箭发射精度的提高,对预防森林火灾以及保护危险物资、高压线和气体管道等也有重要意义。

本 章 小 结

1. 电荷的基本性质:两种电荷、电荷量子化、电荷守恒定律

2. 库仑定律: $\boldsymbol{F} = \dfrac{q_1 q_2}{4\pi\varepsilon_0 r^2}\boldsymbol{e}_r$

3. 电场强度:

(1) 定义: $\boldsymbol{E} = \dfrac{\boldsymbol{F}}{q_0}$

(2) 电场强度叠加原理: $\boldsymbol{E} = \boldsymbol{E}_1 + \boldsymbol{E}_2 + \cdots + \boldsymbol{E}_n = \sum_i \boldsymbol{E}_i = \sum_i \dfrac{q_i}{4\pi\varepsilon_0 r_i^2}\boldsymbol{e}_{r_i}$

(3) 电场的计算:

点电荷激发的电场: $\boldsymbol{E} = \dfrac{q}{4\pi\varepsilon_0 r^2}\boldsymbol{e}_r$

点电荷系激发的电场: $\boldsymbol{E} = \sum_i \boldsymbol{E}_i = \sum_i \dfrac{q_i}{4\pi\varepsilon_0 r_i^2}\boldsymbol{e}_{r_i}$

连续带电体激发的电场: $\boldsymbol{E} = \int \mathrm{d}\boldsymbol{E} = \int \dfrac{1}{4\pi\varepsilon_0}\dfrac{\mathrm{d}q}{r^2}\boldsymbol{e}_r$

4. 高斯定理:

(1) 电通量: $\mathrm{d}\Phi_e = \boldsymbol{E}\cdot\mathrm{d}\boldsymbol{S}, \Phi_e = \int_S \mathrm{d}\Phi_e = \int_S \boldsymbol{E}\cdot\mathrm{d}\boldsymbol{S}$

(2) 高斯定理:$\Phi_e = \oint_S \boldsymbol{E} \cdot \mathrm{d}\boldsymbol{S} = \dfrac{1}{\varepsilon_0}\sum_i q_i$

(3) 典型的静电场

均匀带电球面:$E = \dfrac{1}{4\pi\varepsilon_0}\dfrac{Q}{r^2}\quad (r > R)$

$\qquad\qquad\quad E = 0 \quad (r < R)$

方向沿径向

均匀带电无限长直线:$E = \dfrac{\lambda}{2\pi\varepsilon_0 r}$,方向垂直于带电直线

均匀带电的无限大平面:$E = \dfrac{\sigma}{2\varepsilon_0}$,方向垂直于带电平面

5. 静电场的环路定理:$\oint_l \boldsymbol{E} \cdot \mathrm{d}\boldsymbol{l} = 0$,说明静电场是保守场

6. 电势能:$E_{pA} = q_0 \int_A^B \boldsymbol{E} \cdot \mathrm{d}\boldsymbol{l}$ 或 $E_{pA} = q_0 \int_A^\infty \boldsymbol{E} \cdot \mathrm{d}\boldsymbol{l}$

7. 电势

(1) 电势差:$U_{AB} = V_A - V_B = \int_A^B \boldsymbol{E} \cdot \mathrm{d}\boldsymbol{l}$

(2) 电势:$V = \int_A^\infty \boldsymbol{E} \cdot \mathrm{d}\boldsymbol{l}$(一般取无穷远为电势零点)

(3) 电势的计算:

点电荷电场中的电势:$V = \dfrac{q}{4\pi\varepsilon_0 r}$

点电荷系电场中的电势:$V = V_1 + V_2 + \cdots + V_n = \sum_i \dfrac{q}{4\pi\varepsilon_0 r_i}$

连续分布电荷电场中的电势:$V = \int \mathrm{d}V = \int \dfrac{\mathrm{d}q}{4\pi\varepsilon_0 r}$

(4) 电场强度与电势的关系:$\boldsymbol{E} = -\boldsymbol{\nabla} V = \mathbf{grad} V$

8. 静电场中的导体

(1) 静电平衡条件:导体内 $\boldsymbol{E} = 0$,导体表面附近外 $\boldsymbol{E}$ 垂直于表面

(2) 静电平衡时导体上的电荷分布:导体内无净电荷,表面上各点的电荷面密度与表面附近的电场强度大小成正比

(3) 静电屏蔽:空腔导体内不受腔外电场的影响,接地空腔导体外不受腔内电场的影响

9. 静电场中的电介质

(1) 电介质的种类:有极分子,无极分子

(2) 电介质的极化:取向极化,位移极化

(3) 极化强度:$\boldsymbol{P} = \dfrac{\sum \boldsymbol{P}_i}{\Delta V}$

对各向同性介质 $P = \varepsilon_0(\varepsilon_r - 1)E$

(4) 电位移矢量：$D = \varepsilon_0 E + P$

对各向同性的电介质 $D = \varepsilon_0\varepsilon_r E = \varepsilon E$

(5) 有介质时的高斯定理：$\oint D \cdot dS = \sum_i q_i$

10. 电容器的电容

(1) 定义：$C = \dfrac{q}{U}$

(2) 平行板电容器：$C = \dfrac{\varepsilon_0 S}{d}$

电容器并联：$C = C_1 + C_2 + \cdots + C_n$

电容器串联：$\dfrac{1}{C} = \dfrac{1}{C_1} + \dfrac{1}{C_2} + \cdots + \dfrac{1}{C_n}$

11. 静电场的能量密度：$\omega_e = \dfrac{W}{V} = \dfrac{1}{2}\varepsilon_0\varepsilon_r E^2 = \dfrac{1}{2}DE$

习　　题

一、选择题

9.1　关于电场强度的定义式 $E = \dfrac{F}{q_0}$，下列说法中正确的是(　　)。

A. 场强 E 的大小与试探电荷 q_0 的大小成反比

B. 对场中某点，试探电荷受力 F 与 q_0 的比值不因 q_0 而变

C. 试探电荷受力 F 的方向就是场强 E 的方向

D. 若场中某点不放试探电荷 q_0，则 $F = 0$，从而 $E = 0$

9.2　在立方体的中心放一带电量为 q 的均匀带电小球，球心与立方体中心重合，则穿过一个表面的电场强度通量为(　　)。

A. $\dfrac{q}{\varepsilon_0}$　　　　B. $\dfrac{q}{4\varepsilon_0}$　　　　C. $\dfrac{q}{6\varepsilon_0}$　　　　D. $\dfrac{q}{8\varepsilon_0}$

9.3　关于静电场的高斯定理，下列说法中正确的是(　　)。

A. 如果高斯面上的电场强度处处为零，则该面内必无电荷

B. 如果高斯面内有净电荷，则通过该面的电场强度通量必不为零

C. 如果高斯面内无电荷，则该面上电场强度处处为零

D. 高斯定理仅适用于具有高度对称的电场

9.4　下列说法中正确的是(　　)。

A. 某一区域内电势为常数，则该区域内电场强度必为零

B. 电势为零的点，电场场强一定为零

C. 电场强度不为零的点，电势一定不为零

D. 电场强度为零的点，电势一定为零

9.5 下列关于电势和电势差的说法中不正确的是（　　）。

A. 空间中某点的电势是一确定的值

B. 空间中某点的电势与电势零点的选择有关，是相对的

C. 空间中某两点的电势差与电势零点的选择无关，是绝对的

D. 空间某点的电势等于单位正电荷从该点沿任意路径移到电势零点电场力所做的功

9.6 两个点电荷相距一定的距离，若其连线的中垂线上电势处处为零，那么这两个点电荷（　　）。

A. 电量相等，同号　　　　　　B. 电量不等，异号

C. 电量不等，同号　　　　　　D. 电量相等，异号

9.7 以下说法中正确的是（　　）。

A. 沿着电力线移动的负电荷，电势能增加

B. 等势面上各点的场强大小一定相等

C. 场强处处相同的电场中电势也处处相同

D. 初速度为零的点电荷，仅在电场力的作用下，总是从高电势向低电势运动

9.8 三块互相平行的导体板，相互之间的距离为 d_1 和 d_2 且均比板面线度小得多，中间板上带电。设左右两面的电荷面密度分别为 σ_1 和 σ_2，外面两板用导线连接，如图所示，则 $\dfrac{\sigma_1}{\sigma_2}$ 为（　　）。

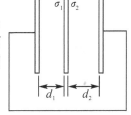

习题 9.8 图

A. 1　　　　　　B. d_1/d_2

C. d_2/d_1　　　　D. d_2^2/d_1^2

9.9 质量均为 m，相距为 r_1 的两个电子，由静止开始在库仑力的作用下（忽略重力作用）运动至相距为 r_2，此时每一个电子的速率为（　　）。

A. $\dfrac{2e}{4\pi\varepsilon_0 m}\left(\dfrac{1}{r_1}-\dfrac{1}{r_2}\right)$　　　　B. $\sqrt{\dfrac{2e}{4\pi\varepsilon_0 m}\left(\dfrac{1}{r_1}-\dfrac{1}{r_2}\right)}$

C. $e\sqrt{\dfrac{2}{4\pi\varepsilon_0 m}\left(\dfrac{1}{r_1}-\dfrac{1}{r_2}\right)}$　　D. $e\sqrt{\dfrac{1}{4\pi\varepsilon_0 m}\left(\dfrac{1}{r_1}-\dfrac{1}{r_2}\right)}$

二、填空题

9.10 一带有一缺口，半径为 R 的细圆环，缺口宽度为 $d(d\ll R)$，环上均匀带 $+q$，如图所示，则圆心 O 处电场强度的大小为 _____，方向为 _____。

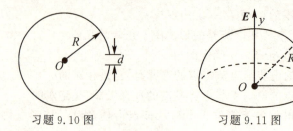

习题 9.10 图　　　　习题 9.11 图

9.11 如图所示,有一电场强度 E 平行于 y 轴正向的均匀电场,则通过图中半径为 R 的半球面的电场强度通量为 _____。

9.12 如图所示,两块"无限大"的带电平行板,其电荷面密度分别为 $-\sigma(\sigma>0)$ 和 2σ,则各区域的电场强度的大小和方向分别为:

A 区场强的大小 _____,方向 _____。
B 区场强的大小 _____,方向 _____。
C 区场强的大小 _____,方向 _____。

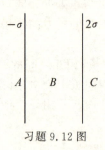

习题 9.12 图

三、计算题

9.13 如图所示,一均匀带电的半圆环,半径为 R,线电荷密度为 λ,求圆心处的电场强度和电势。

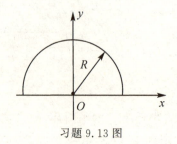

习题 9.13 图

9.14 一均匀带电球体,半径为 R,带电量为 Q,求空间中的电场强度分布和电势分布。

9.15 一无限长均匀带电的圆柱面,半径为 R,线电荷密度为 λ,求空间中的电场强度分布和电势分布。

9.16 一个半径为 R 的圆盘均匀带电,电荷密度为 σ,求圆盘轴线上的电势分布,再由电势求其电场强度分布。

9.17 如图所示,一个带正电的金属球,半径为 R,电量为 Q,浸在一个大油箱中,油的相对介电常量为 ε_r,求球外的电场分布以及贴近金属球表面的油面上的极化电荷 q'。

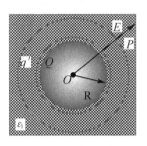

习题 9.17 图

第10章 稳恒电流的磁场

生活中我们用螺丝刀时总希望螺丝刀能吸引小螺丝钉,可是一般的螺丝刀都不能吸引小螺丝钉,但是将其放在磁铁上摩擦一会就能吸引小螺丝钉,这是为什么呢?指南针是野营、野外军事训练等野外活动的必备工具,它为什么总是指向地理的南方?绚丽的极光是如何形成的,为什么只有在两极才有可能看到极光?这些问题都与我们本章学习的内容有关。

本章讲解电荷之间的另一种相互作用 —— 磁力,它是运动电荷之间的一种相互作用。利用场的概念,讨论联系这种相互作用的另一种场 —— 磁场。在引入描述磁场的物理量 —— 磁感应强度之后,介绍磁场的源,如恒定电流产生磁场的规律 —— 毕奥-萨伐尔定律,然后在此基础上导出反映磁场性质的两个基本定理 —— 磁场的高斯定理和安培环路定理,接着讨论磁场对运动电荷的作用力 —— 洛伦兹力和磁场对电流的作用力 —— 安培力,最后介绍磁场中的磁介质等。

10.1 稳恒电流

10.1.1 电流和电流密度

1. 电流

从微观的角度看,导体内的自由电荷总是在不停地运动着的。例如,金属中大量的自由电子像气体中的分子一样,总是在不停地做无规则热运动。电子的热运动是杂乱无章的,在没有外电场的情况下,它们向任一方向运动的概率都是一样的。如果在金属内部任意作一截面 ΔS,那么在任意一段时间内平均说来,由两边穿过 ΔS 的电子数相等,或者说在任一时间间隔内通过 ΔS 所迁移的净电荷为零,因此没有电荷定向运动,并不形成电流。如果在导体两端加上了电压,就可使导体内出现电场,这样导体内的自由电子除了做热运动外,还要在电场力的作用下从低电势处向高电势处做定向运动,形成电流。

概而言之,电流是大量电荷的定向运动形成的。一般来说,电荷的携带者可以是自由电子、质子、正负离子,这些带电粒子亦称为载流子。由带电粒子定向运动形成的电流叫**传导电流**。

电流是标量,所谓电流的方向是指正电荷定向运动的方向。这是沿袭了历史上的规定,与自由电子移动的方向正好相反。把单位时间内通过导体任一截面的电量定义为电流的大小,称为电流强度或电流,用符号 I 表示,即

$$I = \frac{\mathrm{d}q}{\mathrm{d}t} \tag{10.1}$$

其中,$\mathrm{d}q$ 是在时间间隔 $\mathrm{d}t$ 内通过所考虑的截面的电量。如果电流的大小和方向不随时间改变,则称为**恒定电流**。如果电流强度是随时间而变的,则 t 时刻的瞬时电流可以用小写字母 i 或 $i(t)$ 表示。

电流的单位称为安培,用符号 A 表示。常用的单位还有毫安(mA)和微安(μA)。

$$1\mathrm{A} = 10^3 \mathrm{mA} = 10^6 \mu\mathrm{A}$$

2. 电流密度

实际问题中,有时会遇到电流在大块导体中流动的情形,这时在导体的不同部分,电流的大小和方向都有可能不同,形成了一定的电流分布。为了细致地描述电流在导体内各点的分布情况,引入一个新的物理量——电流密度 j。电流密度 j 是一个矢量,其大小和方向规定如下:导体中任意一点的电流密度的方向为该点正电荷的运动方向;大小等于在单位时间内通过该点附近垂直于正电荷运动方向的单位面积的电荷。即电流密度在导体中各点的方向代表该点电流的方向,其数值等于通过该点单位垂直截面的电流强度。

如图 10.1 所示,设想在导体中某点取一个与电流方向垂直的截面元 $\mathrm{d}S_\perp$,则通过 $\mathrm{d}S_\perp$ 的电流 $\mathrm{d}I$ 与该点电流密度 j 的大小之间的关系式是

$$\mathrm{d}I = j\mathrm{d}S_\perp \quad \text{或} \quad j = \frac{\mathrm{d}I}{\mathrm{d}S_\perp} \tag{10.2}$$

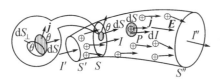

图 10.1 电流密度

如果截面元矢量 $\mathrm{d}\boldsymbol{S}$ 的法线 $\boldsymbol{e}_n$ 与电流的方向成 θ 角,则有

$$\mathrm{d}I = j\mathrm{d}S_\perp = j\mathrm{d}S\cos\theta = \boldsymbol{j} \cdot \mathrm{d}\boldsymbol{S} \tag{10.3}$$

于是,通过导体中任一有限截面 S 的电流为

$$I = \int_S \boldsymbol{j} \cdot \mathrm{d}\boldsymbol{S} = \int_S j\mathrm{d}S\cos\theta \tag{10.4}$$

在导体中各点,电流密度 j 可以有不同的数值和方向,这就构成了一个矢量场,即电流场。电流场可以用电流线来形象地描绘,电流线上每点的切线方向都与该点的电流密度方向一致。在国际单位制中,电流密度的单位是 $\mathrm{A \cdot m^{-2}}$。

10.1.2 电源 电动势

一般来讲,当把两个电势不等的导体用导线连接起来时,在导线中就会有电流产生,电容器的放电过程就是这样,如图 10.2 所示。但是在这一过程中,随着电流的继续,两极板上的电荷逐渐减少。这种随时间减少的电荷分布不能产生恒定的电场,因而也就不能形成恒定的电流。实际上电容器的放电电流是一个很快减小的电流。要产生恒定的电流就必须设法使流到负极板上的电荷重新回到正极板上去,这样就可以保持恒定的电荷分布,从而产生一个恒定的电场。但是由于在两极板间的静电场方向是由电势高的正极板指向电势低的负极板的,所以要使正电荷从负极板回到正极板,靠静电力是办不到的,只能靠其他类型的力,这种力可以使正电荷逆着静电场的方向运动。这种其他类型的力统称为非静电力。由于它的作用,在电流继续的情况下,仍能在正负极板上产生恒定的电荷分布,从而产生恒定的电场,这样就可以得到恒定电流。

提供非静电力的装置叫**电源**,如图 10.3 所示。电源有正、负两个极,正极的电势高于负极的电势,用导线将正、负极相连时,就形成了闭合回路。在这一回路中,电源外的部分(叫外电路),在恒定电场的作用下,电流由正极流向负极。在电源的内部(叫内电路),非静电力的作用使电流逆着恒定电场的方向由负极流向正极。

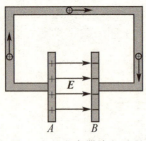

图 10.2 电容器放电过程

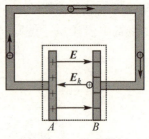

图 10.3 电源

电源的种类很多,不同类型的电源中,非静电力的本质不同。例如,化学电池中的非静电力是一种化学作用,发电机中的非静电力是一种电磁作用,本书将在下一章讨论这种电磁作用的本质。从能量的观点来看,非静电力反抗恒定电场移动电荷时,是要做功的。在这一过程中电荷的电势能增大了,这是其他形式的能量转化来的。例如在化学电池中,是化学能转化成电能,在发电机中是机械能转化为电能。

在不同的电源内,由于非静电力的不同,使相同的电荷由负极移到正极时,非静电力做的功是不同的。这说明不同的电源转化能量的本领是不同的。为了定量地描述电源转化能量本领的大小,我们引入电动势的概念。在电源内,单位正电荷从负极移到正极的过程中,非静电力做的功,叫做**电源的电动势**,用符号 ε 表示。

用场的概念,我们可以把各种非静电力 F_k 的作用等效看做是各种非静电场的作用。以 E_k 表示非静电场的强度,则它对电荷 q 的非静电力就是 $F_k = qE_k$。在电源内,W 表示电荷 q 由负极移到正极时非静电力所做的功,所以电源的电动势 ε 为

$$\varepsilon = \frac{W}{q} = \int_{-}^{+} E_k \cdot dl \tag{10.5}$$

此式表示非静电力集中在一段电路内作用时,用场的观点表示的电动势。在有些情况下非静电力存在于整个电流回路中,这时整个回路中的总电动势应为

$$\varepsilon = \oint_l E_k \cdot dl \tag{10.6}$$

在国际单位制中,电动势的单位与电势的单位相同,为伏特(V)。电源的电动势是标量,但有方向。通常把电源内部电势升高的方向,即电源内部从负极指向正极,规定为电动势的方向。虽然电动势与电势的单位相同,但它们是完全不同的物理量。电动势总是和非静电力的功联系在一起的,而电势是和静电力的功联系在一起的。电动势完全取决于电源本身的性质,而与外电路无关,但电路中的电势的分布则和外电路的情况有关。

10.2 磁场 磁感应强度

10.2.1 磁的基本现象

人类发现磁现象远比发现电现象早得多。据历史记载,我国早在春秋战国时期就陆续在《管子·地数篇》、《山海经·北山经》和《吕氏春秋·精通》等古籍中,有关于磁石的描述和记载。东汉的王允在《论衡》中所描写的"司南"(如图 10.4 所示)是公认的最早的磁性指南工具。到了 12 世纪初,我国已有关于指南针用于航海事业的明确记录。

图 10.4 司南

常见的磁现象有如下几种:

(1) 两条磁铁棒之间的相互作用,同极相互排斥,异极相互吸引。

(2) 把导线悬挂在蹄形磁铁的两极之间,当导线中通入电流时,导线会被排斥开或吸入,显示了通有电流的导线受到了磁铁的作用力。

(3) 将阴极射线管的两个电极之间加上电压后,会有电子束从阴极射向阳极。当把一个蹄形磁铁放到阴极射线管附近时,会看到电子束发生偏转。这显示运动电荷受到了磁铁的作用力。

(4) 将一个磁针沿南北方向静止在那里,如果在它上面平行地放置一根导线,当导线中通入电流时,磁针就要转动。这显示了磁针受到了电流的作用力。1820 年奥斯特做的这个实验,在历史上第一次揭示了电现象和磁现象的联系,对电磁学的发展起了重要的作用。

(5) 当平行放置两端固定的两导线,通以相同方向的电流时,它们互相吸引。当通以相反方向的电流时,它们互相排斥。这说明电流与电流之间有相互作用力。

我们把这些相互作用力称为**磁力**,磁力是运动电荷与运动电荷之间的相互作用力。在这些现象中,电流与电流之间的相互作用可以说明是运动电荷之间的相互作用,因为电流是电荷定向运动形成的。其他几类现象都用到了永磁体,为什么说它们也是运动电荷相互作用的表现呢?这是因为,永磁体也是由分子和原子组成的,在分子内部,电子和质子等带电粒子的运动也形成微小电流,叫做分子电流。当成为磁体时,其内部的分子电流的方向按一定的方式排列起来了。一个永磁体与其他永磁体或电流的相互作用,实际上就是这些已排列整齐了的分子电流之间或导线中定向运动的电荷之间的相互作用,因此它们之间的相互作用也是运动电荷之间的相互作用的表现。

总之,磁力是运动电荷之间的相互作用的表现。

我们把能够吸引铁、钴和镍等物质的性质,称为**磁性**。带有磁性的物质称为**磁体**。磁体上磁性特别强的区域,称为**磁极**。磁体的磁极总是成对出现的,且同名的磁极互相排斥,异名的磁极互相吸引。如果在远离其他磁性物质的地方将条形磁铁悬挂起来,使它能在水平面内自由转动,则静止时两端的磁极总是分别指向地理的南北方向。磁铁指北的一端称为北极(N极),指南的一端称为南极(S极)。一般而言,磁铁的指向与严格的南北方向有偏离,所偏离的角度称为地磁偏角,其大小因地区不同而稍有差异。

10.2.2 磁场和磁感应强度

与静止电荷之间的相互作用一样,磁体与磁体、磁体与电流、电流与电流、磁体与运动电荷之间的相互作用也是通过场来传递的,这种场称为**磁场**。磁场是存在于运动电荷周围空间除电场外的另一种特殊物质,磁场对另一个运动电荷有力的作用,这种作用称为磁场力。其作用形式可表示为

$$运动电荷 \rightleftarrows 磁场 \rightleftarrows 运动电荷$$

为了描述磁场各点场的性质,我们将引入新的物理量——磁感应强度,用矢量 $\boldsymbol{B}$ 表示。空间某点 $\boldsymbol{B}$ 的方向即表示该点磁场的方向。

实验表明:

(1) 当试探电荷 q_0 沿磁场中的某一特定方向通过某 P 点时,运动电荷不受磁场力的作用,即 $\boldsymbol{F}=\boldsymbol{0}$,这个特定的方向定义为 $\boldsymbol{B}$ 的方向,表征该点的磁场方向。

(2) 当试探电荷 q_0 以某一速度 v 沿不同于磁场方向通过 P 点时,它在磁场中所受的磁场力 $\boldsymbol{F}$ 的大小与运动电荷的电量 q_0 及其运动速度 v 的大小成正比,且磁场力 $\boldsymbol{F}$ 的方向总是垂直于该电荷的速度 v 与磁场方向所组成的平面。

(3) 当试探电荷 q_0 以某一速度 v 沿垂直于磁场方向通过 P 点时,它在磁场中所受的磁场力 $\boldsymbol{F}$ 最大,即 $\boldsymbol{F}=\boldsymbol{F}_{\max}$。这个最大磁场力 $\boldsymbol{F}_{\max}$ 的大小 $F_{\max}$ 与 $q_0 v$ 成正比,

但比值 $\dfrac{F_{max}}{q_0 v}$ 具有确定的值,只取决于该点磁场的性质,它反映了该点磁场的强弱。

因此,我们定义磁场中某点的磁感应强度 **B** 的大小为

$$B = \dfrac{F_{max}}{q_0 v} \tag{10.7}$$

于是我们可以通过实验归纳出磁感应强度 **B** 满足下面的关系式

$$\boldsymbol{F} = q_0 \boldsymbol{v} \times \boldsymbol{B} \tag{10.8}$$

这就是运动电荷在磁场中受到的磁场力,称为洛伦兹力。由此式可知,磁场力 **F** 同时垂直于运动电荷的速度 **v** 和磁感应强度 **B**,它们之间符合右手螺旋法则。

在国际单位制中,磁感应强度 **B** 的单位是 T(特斯拉)。目前常用的另一个非国际单位制是高斯,符号为 G,它与特斯拉的换算关系为

$$1T = 10^4 G = 1N \cdot A^{-1} \cdot m^{-1}$$

为了形象地描绘磁场中磁感应强度的分布,类似于电场中的电场线,我们引入磁感应线或磁力线来反映磁场的空间分布。

磁感应线可以通过实验的方法显示出来,用实验显示磁感应线要比显示电场线容易。将一块玻璃板放在有磁场的空间中,在板上撒一些铁屑,轻轻地敲动玻璃板,铁屑就会沿磁感应线排列起来,如图 10.5 所示。从图中可以看出,磁感应线具有如下特征:

(1)由于磁场中某点的磁场方向是确定的,所以磁场中的磁感应线不会相交。磁感应线的这一特征和电场线是一样的。

(2)载流导线周围的磁感应线都是围绕电流的闭合曲线,没有起点,也没有终点。磁感应线的这个特征和静电场中的电场线不同,静电场中的电场线起始于正电荷,终止于负电荷。

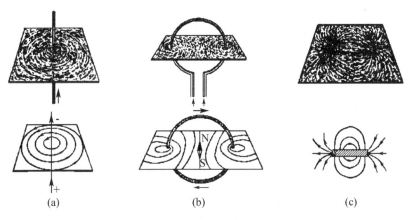

(a)通电直导线; (b)载流线圈; (c)条形磁铁
图 10.5 几种常见磁场的磁感应线

10.3 毕奥-萨伐尔定律

在静电场中,通常将带电体看成由无数个电荷元组成,根据点电荷的电场强度表达式以及电场强度叠加原理,可以计算出该带电体的电场强度。同样,在计算电流周围各处的磁感应强度时,我们也可以把电流看成由许多个电流元组合而成。只要找到电流元的磁感应强度表达式,就可以利用磁场的叠加原理计算任意电流的磁感应强度。

10.3.1 毕奥-萨伐尔定律

1820年10月,法国物理学家毕奥(J. B. Biot,1774—1862)和萨伐尔(F. Savart,1791—1841)通过大量的实验发现,载流直导线周围场点的磁感应强度 B 的大小与电流 I 成正比,与场点到直线电流的距离 r 成反比。后来法国数学家兼物理学家拉普拉斯(P. S. M. Laplace,1749—1827)根据毕奥和萨伐尔由实验得出的结论,运用物理学的思想和方法,从数学上给出了电流元产生磁感应强度的数学表达式,从而建立了著名的毕奥-萨伐尔定律。

如图 10.6 所示,电流为 I 的线状恒定电流,其上的任一电流元,电流方向由线元矢量 dl 给出。毕奥-萨伐尔定律可以表述为:载流回路的任一电流元,在空间任意一点 P 处所产生的磁感应强度 dB 可表示为

$$dB = \frac{\mu_0}{4\pi} \frac{I dl \times e_r}{r^2} \quad (10.9)$$

其中,e_r 是电流元到场点 P 的单位矢量。换言之,dB 的方向垂直于 dl 与 e_r 所决定的平面,指向从 dl 经 θ 转向 e_r 时右手螺旋前进的方向。dB 的大小为

$$dB = \frac{\mu_0}{4\pi} \frac{I dl \sin\theta}{r^2} \quad (10.10)$$

式中

$$\mu_0 = \frac{1}{\varepsilon_0 c^2} = 4\pi \times 10^{-7} \text{N} \cdot \text{A}^{-2} \quad (10.11)$$

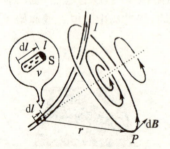

图 10.6 毕奥-萨伐尔定律示意图

称为真空的磁导率。

有了电流元的磁感应强度公式,利用叠加原理,对式(10.9)进行积分,便可求出任意形状的载流导线所产生的磁感应强度,即

$$B = \int_l dB = \frac{\mu_0}{4\pi} \int_l \frac{I dl \times e_r}{r^2} \quad (10.12)$$

由式(10.9)可见,电流元 $I dl$ 所产生的磁场是轴对称的,其磁感应线是围绕此轴线的同心圆。要确定载流导线所产生的磁场,必须进行具体的计算。

10.3.2 毕奥-萨伐尔定律的应用

理论上根据式(10.9)和式(10.12)可求任意电流的磁感应强度,但实际上只能求几种特殊电流的磁感应强度。下面举几个例子,说明如何利用毕奥-萨伐尔定律求电流的磁场分布。

例 10.1 求载流直导线的磁场。如图 10.7 所示,导电回路中通有电流 I,求长度为 L 的直线段的电流在它周围某点 P 处产生的磁感应强度,P 点到导线的距离为 r_0。

解 根据毕奥-萨伐尔定律,任意电流元 Idl 在场点 P 处产生的磁场 dB 为

$$d\boldsymbol{B} = \frac{\mu_0}{4\pi}\frac{Id\boldsymbol{l} \times \boldsymbol{e}_r}{r^2}$$

其大小为

$$dB = \frac{\mu_0}{4\pi}\frac{Idl\sin\theta}{r^2}$$

由于导线上各个电流元在 P 点的磁感应强度的方向都相同,垂直于纸面向里,如图 10.7 所示。因此,在求总磁感应强度 $\boldsymbol{B}$ 的大小时,只需求 dB 的代数和。对于有限的一段导线 A_1A_2 来说,有

$$B = \int_{A_1}^{A_2} dB = \frac{\mu_0}{4\pi}\int_{A_1}^{A_2}\frac{Idl\sin\theta}{r^2}$$

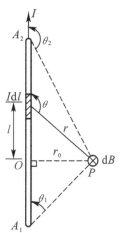

图 10.7 载流直导线的磁场

从场点 P 作直导线的垂线 PO,其长度为 r_0,电流元 dl 到垂足 O 的距离为 l,由图 10.7 可以看出

$$l = r\cos(\pi - \theta) = -r\cos\theta$$
$$r_0 = r\sin(\pi - \theta) = r\sin\theta$$

由以上两式消去 r,可得

$$l = -r_0\cot\theta, \qquad dl = \frac{r_0 d\theta}{\sin^2\theta}$$

最后,将上面的积分变量 l 换为 θ,可得

$$B = \frac{\mu_0}{4\pi}\int_{\theta_1}^{\theta_2}\frac{I\sin\theta d\theta}{r_0}$$
$$= \frac{\mu_0 I}{4\pi r_0}(\cos\theta_1 - \cos\theta_2) \qquad (10.13)$$

式中 θ_1 和 θ_2 分别是在 A_1 和 A_2 两端点处 θ 角的数值。

对上述结果讨论:

(1) 对于无限长的直导线,$\theta_1 = 0, \theta_2 = \pi$,则有

$$B = \frac{\mu_0 I}{2\pi r_0} \qquad (10.14)$$

实际上不可能存在无限长的直导线,然而若在闭合回路中有一段长度为 l 的直导线,则在其附近 $r_0 \ll l$ 的范围内,式(10.14)近似成立。

(2) 对于半无限长的直导线,即 $\theta_1 = 0, \theta_2 = \frac{\pi}{2}$,或者 $\theta_1 = \frac{\pi}{2}, \theta_2 = \pi$,则有

$$B = \frac{\mu_0 I}{4\pi r_0}$$

由上面讨论可知,长直导线周围的磁感应强度 B 与场点 P 到直导线的距离 r_0 成反比。它的磁感应线是垂直于导线的平面内的一簇同心圆,如图 10.8 所示。

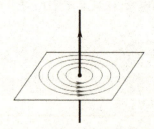

图 10.8　无限长直导线的磁感应线

例 10.2　求载流圆线圈轴线上的磁场。如图 10.9 所示,一圆形载流导线,电流强度为 I,半径为 R。求圆形导线轴线上的磁场分布。

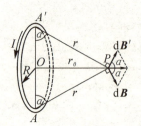

图 10.9　圆线圈轴线上磁场

解　设圆线圈的中心为 O,半径为 R,其上任意一点 A 处的电流元在对称轴线上一点 P 产生元磁场 $\mathrm{d}\boldsymbol{B}$,它位于 POA 平面内,且与 PA 连线垂直,因此,$\mathrm{d}\boldsymbol{B}$ 与轴线 OP 的夹角 $\alpha = \angle PAO$,如图 10.9 所示。由于轴对称性,在通过 A 点的直径的另一端 A' 点处,电流元产生的元磁场 $\mathrm{d}\boldsymbol{B}'$ 与 $\mathrm{d}\boldsymbol{B}$ 对称,合成后垂直于轴线方向的分量相互抵消。根据毕奥-萨伐尔定律,对于整个圆线圈来说,总的磁感应强度 $\boldsymbol{B}$ 将沿轴线方向,其大小等于各元磁场沿轴线分量 $\mathrm{d}B\cos\theta$ 的代数和,即

$$\mathrm{d}B = \frac{\mu_0}{4\pi} \frac{I\mathrm{d}l}{r^2}\sin\theta$$

$$B = \oint \mathrm{d}B\cos\alpha$$

对于轴上的任一场点 P,有 $\theta = \dfrac{\pi}{2}$,$\sin\theta = 1$。令 r_0 为场点 P 到圆心 O 的距离,则有 $r_0 = r\sin\alpha$,因此有

$$\mathrm{d}B = \dfrac{\mu_0}{4\pi}\dfrac{I\mathrm{d}l}{r_0^2}\sin^2\alpha$$

$$B = \oint \mathrm{d}B\cos\alpha = \dfrac{\mu_0}{4\pi}\dfrac{I}{r_0^2}\sin^2\alpha\cos\alpha\oint \mathrm{d}l$$

又因 $\cos\alpha = \dfrac{R}{\sqrt{R^2+r_0^2}}$, $\sin\alpha = \dfrac{r_0}{\sqrt{R^2+r_0^2}}$,$\oint \mathrm{d}l = 2\pi R$,所以有

$$B = \dfrac{\mu_0}{4\pi}\dfrac{2\pi R^2 I}{(R^2+r_0^2)^{3/2}} = \dfrac{\mu_0}{2}\dfrac{R^2 I}{(R^2+r_0^2)^{3/2}} \tag{10.15}$$

$\boldsymbol{B}$ 的方向沿圆线圈的轴线方向,其指向与原电流的电流流向满足右手螺旋定则。

下面讨论两种特殊的情况:

(1) 当 $r_0 = 0$ 时,即在圆心处的磁场为

$$B = \dfrac{\mu_0 I}{2R} \tag{10.16}$$

(2) 当 $r_0 \gg R$ 时,即圆线圈轴线上远处的磁场为

$$B = \dfrac{\mu_0 R^2 I}{2r_0^3} \tag{10.17}$$

定义一个闭合通电线圈的磁偶极矩或磁矩为

$$\boldsymbol{m} = IS\boldsymbol{e}_n \tag{10.18}$$

其中,$\boldsymbol{e}_n$ 为线圈平面的正法线方向,它和线圈中电流的方向符合右手螺旋定则。在国际单位制中的单位为 $\mathrm{A}\cdot\mathrm{m}^2$。对本例的圆电流来说,其磁矩的大小为 $m = IS = I\pi R^2$。这样式(10.17)可表示为

$$\boldsymbol{B} = \dfrac{\mu_0 \boldsymbol{m}}{2\pi r_0^3} \tag{10.19}$$

载流圆线圈的磁感应线如图 10.10 所示。

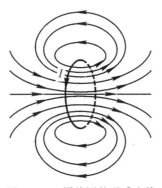

图10.10　圆线圈的磁感应线

例 10.3 求载流螺线管中的磁场。如图 10.11（a）所示的是一个绕在圆柱面上的螺线形线圈，称为螺线管。对于密绕的螺线管，在计算其轴线上的磁场时，可以把螺线管近似地看成是由一系列圆线圈紧密地并排起来构成的。如图 10.11（b）所示，设螺线管的半径为 R，总长度为 L，单位长度内的匝数为 n，求其管内轴线上任一点 P 的磁感应强度。

解 取螺线管的轴线为 x 轴，取其中点 O 为原点，则在长度 $\mathrm{d}l$ 内共有 $n\mathrm{d}l$ 匝线圈，每匝圆线圈在场点 P 产生的磁感应强度都沿轴线方向，其大小可以用式 (10.15) 来计算。设 x 是 P 点的坐标，长度 $\mathrm{d}l$ 内各匝圆线圈的总效果是一匝圆线圈的 $n\mathrm{d}l$ 倍，即

$$\mathrm{d}B = \frac{\mu_0}{4\pi} \frac{2\pi R^2 I}{[R^2 + (x-l)^2]^{3/2}} n\mathrm{d}l$$

整个螺线管在 P 点产生的总磁场为

$$B = \frac{\mu_0}{4\pi} \int_{-\frac{L}{2}}^{\frac{L}{2}} \frac{2\pi R^2 nI \,\mathrm{d}l}{[R^2 + (x-l)^2]^{3/2}}$$

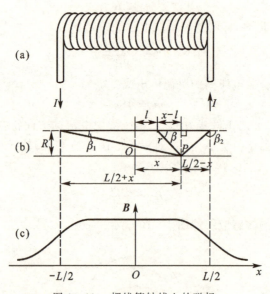

图 10.11 螺线管轴线上的磁场

为了采用 β 角作为积分变量，可对 $x - l = R\cot\beta$ 两边求微分，得到 $\mathrm{d}l = \dfrac{R\mathrm{d}\beta}{\sin^2\beta}$。再把 $\sqrt{R^2 + (x-l)^2} = \dfrac{R}{\sin\beta}$ 代入积分，可得

$$B = \frac{\mu_0}{4\pi} 2\pi nI \int_{\beta_1}^{\beta_2} \sin\beta \mathrm{d}\beta = \frac{\mu_0 nI}{2}(\cos\beta_1 - \cos\beta_2) \qquad (10.20)$$

式中 β_1 和 β_2 分别是 β 角在螺线管两端的数值，它们为

$$\cos\beta_1 = \frac{x+L/2}{\sqrt{R^2+(x+L/2)^2}}$$

$$\cos\beta_2 = \frac{x-L/2}{\sqrt{R^2+(x-L/2)^2}}$$

将上式代入式(10.20),即得螺线管轴线上任一点 P 的磁感应强度 B,它随 x 的变化如图 10.11(c) 所示。当 $L \gg R$ 时,螺线管内部很大的范围内磁场近似均匀。

图 10.12 给出了磁感应线的分布图。除了端点附近,在密绕螺线管外部磁感应线很稀疏,磁场很弱。在 $L \to \infty$ 的极限情况下,整个外部空间的磁感应强度趋于零。

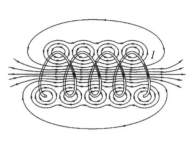

图 10.12 螺线管的磁感应线

下面讨论两种特殊情况:

(1) 无限长螺线管,即 $L \to \infty$,$\beta_1 = 0$,$\beta_2 = \pi$,这时有

$$B = \mu_0 nI \tag{10.21}$$

B 的大小与场点的坐标 x 无关,轴线上的磁场是均匀的。

(2) 半无限长螺线管的一端,即 $\beta_1 = 0$,$\beta_2 = \pi/2$ 或 $\beta_1 = \pi/2$,$\beta_2 = \pi$,这时有

$$B = \frac{\mu_0 nI}{2} \tag{10.22}$$

在半无限长螺线管轴端点处的磁感应强度比中间减小了一半。

10.4 磁场中的高斯定理

10.4.1 磁通量

类似于静电场中引入电通量的办法,对于磁感应强度这一矢量场,我们引入磁通量的概念,用以描述磁场的性质。

我们把磁场中通过某一曲面的磁感应线的条数称为通过该曲面的磁通量,用 Φ_m 表示。如图 10.13 所示,在曲面 S 上任取一面积元 $\mathrm{d}S$,$\mathrm{d}S$ 的法线方向与该点处磁感应强度 $\boldsymbol{B}$ 的方向之间夹角为 θ。根据磁通量的定义,以及关于磁感应强度 $\boldsymbol{B}$ 与磁感应线密度的规定,则通过该面积元的磁通量可写为

$$\mathrm{d}\Phi_m = B\mathrm{d}S\cos\theta = \boldsymbol{B} \cdot \mathrm{d}\boldsymbol{S} \tag{10.23}$$

通过有限曲面 S 的总磁通量为

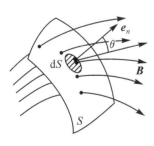

图 10.13 磁通量

$$\Phi_m = \int_S B\,\mathrm{d}S\cos\theta = \int_S \boldsymbol{B}\cdot\mathrm{d}\boldsymbol{S} \tag{10.24}$$

在国际单位制中,磁通量 Φ_m 的单位是韦伯(Wb),$1\mathrm{Wb}=1\mathrm{T}\cdot\mathrm{m}^2$。

10.4.2 磁场的高斯定理

对于闭合曲面来说,和静电场中一样,通常规定,闭合曲面上任一面积元的外法线方向为正。这样,磁感应线从闭合曲面穿出的磁通量为正,穿入的磁通量为负。由于磁感应线是一组闭合曲线,因此对于任何闭合曲面来说,有多少条磁感应线进入闭合曲面,就有多少条磁感应线穿出该闭合曲面。这就是说,在磁场中通过任意闭合曲面的总的磁通量等于零,即

$$\Phi_m = \oint_S \boldsymbol{B}\cdot\mathrm{d}\boldsymbol{S} = 0 \tag{10.25}$$

上式称为真空中的高斯定理。它是表明磁场的基本性质的重要方程之一。其形式与静电场的高斯定理 $\Phi_e = \oint \boldsymbol{E}\cdot\mathrm{d}\boldsymbol{S} = \dfrac{\sum_i q_i}{\varepsilon_0}$ 很相似,但两者有本质的区别。在静电场中,由于自然界存在单独的正、负电荷,因此通过任意闭合曲面的电通量可以不等于零。而在磁场中,由于自然界没有与电荷相对应的"磁荷"(或叫磁单极子),磁极总是成对出现,因此通过任意闭合曲面的磁通量一定等于零,磁感应线必然闭合。这样的场在数学上称为无源场,而静电场是有源场。

10.5 磁场中的安培环路定理

10.5.1 安培环路定理

在静电场中,电场强度 E 沿任意闭合环路的线积分为零($\oint \boldsymbol{E}\cdot\mathrm{d}\boldsymbol{l} = 0$),它反映了静电场是保守场这样一个基本性质。现在,我们以载流长直导线的磁场为例,分析磁感应强度 B 沿任意闭合环路的线积分,从而归纳出它所反映的恒定磁场的基本性质。

如图 10.14 所示,设真空中有一长直导线,电流垂直于纸面向外,根据例题 10.1 的结果可知,与长直载流导线相距为 r 处的磁感应强度大小为

$$B = \frac{\mu_0 I}{2\pi r}$$

磁感应线是以长直载流导线为轴的一系列同心圆,其绕向与电流方向满足右手螺旋关系。

若在垂直于长直载流导线的平面内作一任意形状的闭合路径 L,则磁感应

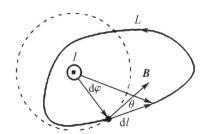

图10.14 B 沿包围电流的环路积分

强度 B 沿该闭合路径 L 的环路积分为

$$\oint_L \boldsymbol{B} \cdot \mathrm{d}\boldsymbol{l} = \oint_L B\cos\theta \mathrm{d}l$$

式中 $\mathrm{d}l$ 为积分路径 L 上任取的线元,B 为 $\mathrm{d}l$ 处的磁感应强度,θ 为 $\mathrm{d}l$ 与 B 的夹角,由图 10.14 中的几何关系可知,$\cos\theta \mathrm{d}l = r\mathrm{d}\varphi$,$r$ 为线元 $\mathrm{d}l$ 至长直载流导线的距离,所以

$$\oint_L \boldsymbol{B} \cdot \mathrm{d}\boldsymbol{l} = \oint_L B\cos\theta \mathrm{d}l = \oint_L \frac{\mu_0 I}{2\pi r} r\mathrm{d}\varphi = \frac{\mu_0 I}{2\pi} \oint_L \mathrm{d}\varphi = \frac{\mu_0 I}{2\pi r} 2\pi = \mu_0 I$$

由此可见,当任意闭合路径 L 包围电流时,磁感应强度 B 对闭合路径 L 的线积分的贡献为 $\mu_0 I$。

如果电流的方向相反,则仍按图 10.14 所示的闭合回路积分时,由于磁感应强度 B 的方向与图示的方向相反,所以应该得到

$$\oint_L \boldsymbol{B} \cdot \mathrm{d}\boldsymbol{l} = -\mu_0 I$$

积分结果与电流的方向有关。如果对于电流的正负作如下规定,即电流方向与积分路径 L 的绕行方向符合右手螺旋定则时,此电流为正,否则为负,则磁感应强度 B 的环路积分的值可以统一地用 $\oint_L \boldsymbol{B} \cdot \mathrm{d}\boldsymbol{l} = \mu_0 I$ 表示。

如果闭合路径不包围电流,如图 10.15 所示,L 为在垂直于直载流导线平面内的任意形状的不围绕导线的闭合路径,那么可以从直载流导线出发,引与闭合路径 L 相切的两条切线。切点把闭合路径 L 分为 L_1 和 L_2 两部分,则

$$\begin{aligned}\oint_L \boldsymbol{B} \cdot \mathrm{d}\boldsymbol{l} &= \int_{L_1} \boldsymbol{B} \cdot \mathrm{d}\boldsymbol{l} + \int_{L_2} \boldsymbol{B} \cdot \mathrm{d}\boldsymbol{l} \\ &= \frac{\mu_0 I}{2\pi} \left(\int_{L_1} \mathrm{d}\varphi + \int_{L_2} \mathrm{d}\varphi \right) \\ &= \frac{\mu_0 I}{2\pi r} \times [\varphi + (-\varphi)] = 0\end{aligned}$$

可见,闭合路径 L 不包围电流时,磁感应强度沿该闭合路径 L 的线积分为

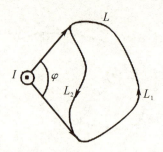

图 10.15 B 沿不包围电流的环路积分

零,即该电流对沿这一闭合路径 L 的磁感应强度 B 的环路积分无贡献。

虽然我们以长直载流导线的磁场为例,仅讨论了在垂直于长直载流导线的平面内的闭合路径,但可以比较容易地论证在长直电流的情况下,对于非平面闭合路径,上述讨论也适用,还可以进一步证明(步骤比较复杂,证明略去),对于任意的闭合恒定电流,上述磁感应强度的环路积分和电流的关系仍然成立。

根据磁场叠加原理,当有若干个闭合恒定电流存在时,沿任意闭合路径 L 的合磁场 B 的环路积分应为

$$\oint_L \boldsymbol{B} \cdot \mathrm{d}\boldsymbol{l} = \mu_0 \sum_i I_i \tag{10.26}$$

式中 $\sum_i I_i$ 是环路 L 所包围的电流的代数和。这就是真空中磁场的环路积分定理,也称**安培环路定理**。它是反映磁场基本性质的重要方程之一。通常,将环流不等于零的矢量场称为有旋场。可见,磁场是有旋场,是非保守场。

对安培环路定理还应注意以下几点:

(1) 闭合路径 L "包围"的电流的意义。对于闭合的恒定电流来说,只有与 L 相铰链的电流,才算被 L 包围的电流。如图 10.16 所示,电流 I_1 和 I_2 被回路 L 所包围,而且 I_1 为正,I_2 为负;I_3 和 I_4 没有被 L 所包围,它们对沿 L 的环路积分无贡献。

(2) 如果电流回路为螺旋形,而积分环路 L 与 N 匝电流铰链(如图 10.17 所示),则有

$$\oint_L \boldsymbol{B} \cdot \mathrm{d}\boldsymbol{l} = N\mu_0 I \tag{10.27}$$

(3) 安培环路定理表达式(10.26)中右端的 $\sum_i I_i$ 是环路 L 所包围的电流的代数和,但式左端的 $\boldsymbol{B}$ 却是空间所有电流在积分环路 L 上各点所产生的磁感应强度的矢量和,其中也包括那些不被 L 包围的电流产生的磁场,只不过后者的磁场对沿 L 的 $\boldsymbol{B}$ 的环路积分为零。

(4) 安培环路定理中的电流都应该是闭合的恒定电流,对于一段恒定电流的磁场,安培环路定理不成立(无限长直电流,可以认为是在无限远处闭合)。对于变化电流的磁场,则需要对安培环路定理的形式进行修正,这将在第 11 章中做详细阐述。

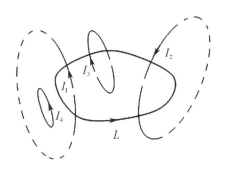 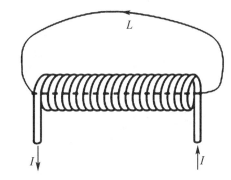

图 10.16　电流回路与环路铰链　　图 10.17　积分回路与 N 匝电流铰链

10.5.2　安培环路定理的应用

正如利用高斯定理可以方便地计算某些具有对称性的带电体的静电场的分布一样,我们也可以利用安培环路定理方便地计算具有一定对称性载流导线的磁场分布。

利用安培环路定理计算磁感应强度 **B** 的步骤一般包括以下几步:

(1) 根据电流分布的对称性,分析磁场分布的对称性;

(2) 根据磁场分布的对称性,选取通过所求场点的闭合回路 L,使在所选取的回路 L 上磁感应强度 **B** 的大小处处相等;或者使在回路 L 上某些段上的积分为零,剩余路径上磁感应强度 **B** 处处相等,而且 **B** 与路径的夹角处处相同;

(3) 根据安培环路定理列方程;

(4) 根据右手螺旋定则判定电流的正、负,给出回路所包围的电流的代数和的分布;

(5) 解方程得磁感应强度 **B** 的大小;

(6) 根据分析指出磁感应强度 **B** 的方向。

下面我们通过几个例题来理解上述的计算方法。

例 10.4　求均匀载流无限长圆柱导体内外的磁场分布。

解　如图 10.18(a) 所示,圆柱导体半径为 R,通过电流为 I。图 10.18(b) 所示的是通过任意场点 P 的横截面图。根据电流分布的对称性,磁感应强度 **B** 的大小只与场点 P 到轴线的垂直距离 r 有关。为了分析 **B** 的方向,可将无限长圆柱导体看成由许多细长载流导线组成,横截面图上的一对面元 dS 和 dS' 就是其中的

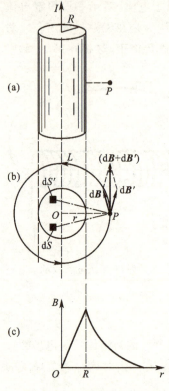

图 10.18 圆柱导体的磁场

一对。这一对导线在 P 点所产生的磁感应强度分别为 $d\boldsymbol{B}$ 和 $d\boldsymbol{B}'$,两者沿径矢 r 方向上的分量相互抵消,合成的 $d\boldsymbol{B}$ 与 r 垂直,即沿圆的切线方向。于是,所有电流 I 在 P 点产生的磁感应强度 $\boldsymbol{B}$ 必定与 r 垂直,并与电流 I 满足右手螺旋定则。可见,到轴线的垂直距离 r 的所有点的磁感应强度的大小都相等,方向为各自的切线方向,磁场的分布呈现轴对称性分布。

根据磁场分布的轴对称性,通过场点 P 作以轴线为中心的圆为积分环路 L,如图 10.18(b) 所示,根据安培环路定理,有

$$\oint \boldsymbol{B} \cdot d\boldsymbol{l} = \oint B dl = B \oint dl$$
$$= B \cdot 2\pi r = \mu_0 \sum_i I_i \quad (10.28)$$

根据已知,有

$$\sum_i I_i = \begin{cases} j\pi r^2 = Ir^2/R^2 & (r<R) \\ I & (r>R) \end{cases} \quad (10.29)$$

所以

$$B = \begin{cases} \dfrac{\mu_0 I}{2\pi R^2} r & (r<R) \\ \dfrac{\mu_0 I}{2\pi r} & (r>R) \end{cases} \quad (10.30)$$

根据分析知,磁感应强度 $\boldsymbol{B}$ 的方向沿各点所在同轴圆的切线方向。

由式(10.30)可见,圆柱体外部的磁场分布,与全部电流 I 集中在圆柱导体轴线上的一根载流无限长直导线所产生的磁场相同,B 与 r 成反比。在圆柱体内部,B 与 r 成正比,磁感应强度大小的分布曲线如图 10.18(c) 所示。

例 10.5 求载流螺绕环的磁场分布。

解 绕在圆环上的螺线形线圈叫做螺绕环,如图 10.19 所示。设螺绕环的内半径为 R_1,外半径为 R_2,共有 N 匝线圈,通有电流 I。若环上线圈绕得很紧密,则磁场几乎全部集中在螺绕环内,环外磁场接近于零。根据对称性,在与环共轴的圆周上,磁感应强度的大小相等,方向沿圆周的切线,即磁感应线是与环共轴的一系列同心圆。

取过场点 P 的磁感应线为积分环路 L,它是半径为 r 的圆。由于环路 L 上各点 $\boldsymbol{B}$ 的大小相同,方

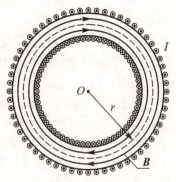

图 10.19 螺绕环

向都与 dl 一致,所以根据安培环路定理,有

$$\oint \boldsymbol{B} \cdot \mathrm{d}\boldsymbol{l} = \oint B\mathrm{d}l = B\oint \mathrm{d}l = B \cdot 2\pi r = \mu_0 \sum_i I_i = \mu_0 NI$$

可得

$$B = \frac{\mu_0 NI}{2\pi r} \tag{10.31}$$

根据分析知,磁感应强度 $\boldsymbol{B}$ 的方向沿各点所在共轴圆的切线方向。

由上式可知,在螺绕环的横截面上各点 B 不同,B 与 r 成反比:当 $r = R_1$ 时最大,$B_1 = \mu_0 NI/2\pi R_1$;当 $r = R_2$ 时最小,$B_2 = \mu_0 NI/2\pi R_2$;当 $R_2 - R_1 \ll R$ 时,即当螺绕环很细时,环内各点的磁感应强度的大小近似相等,可取 $R = (R_1 + R_2)/2$ 为环的平均半径,用 $n = N/2\pi R$ 表示环上单位长度内的线圈匝数,这时式(10.31)的结果与载流无限长直螺线管内的磁感应强度相同。实际上,当环半径 R 趋于无限大而维持单位长度上线圈的匝数 n 不变时,螺绕环就过渡到了无限长直螺线管。

10.6 磁场对运动电荷的作用

在科学研究中,如果我们需要超高温的带电粒子,任何容器在此温度下都已熔化。那么,我们该如何保存这些粒子呢?如果需要高速运动的带电粒子,我们又该如何使粒子获得高速呢?

10.6.1 洛伦兹力

在静电场中,我们知道若电场中 P 点的电场强度为 $\boldsymbol{E}$,则处于该点带电量为 q 的带电粒子所受的电场力为

$$\boldsymbol{F}_e = q\boldsymbol{E}$$

上式表明,静电场对电荷的作用力与电荷的运动速度无关。例如,当测量电子束在两平行板之间偏转时,发现作用在电子上的力确实是与电子的速度无关的。

根据磁感应强度 $\boldsymbol{B}$ 的定义,若 P 点处的磁感应强度为 $\boldsymbol{B}$,则带电量为 q 的带电粒子以速度 $\boldsymbol{v}$ 通过 P 点时所受的磁场力或洛伦兹力为

$$\boldsymbol{F}_m = q\boldsymbol{v} \times \boldsymbol{B} \tag{10.32}$$

洛伦兹力 $\boldsymbol{F}_m$ 的方向始终垂直于带电粒子的运动速度 $\boldsymbol{v}$ 和磁感应强度 $\boldsymbol{B}$ 所组成的平面,且满足右手螺旋定则。所以洛伦兹力对带电粒子不做功。换言之,洛伦兹力只改变带电粒子运动方向,并不改变带电粒子运动速度的大小和带电粒子的动能。在普遍的情况下,带电粒子若在既有电场又有磁场的区域里运动时,作用在该粒子上的力应为电场力和洛伦兹力之和,即

$$F = q(E + v \times B) \tag{10.33}$$

称为洛伦兹力公式,它是电磁学的基本公式之一。不论粒子的速度多大,也不论场是否恒定,洛伦兹力公式都适用。

10.6.2 带电粒子在磁场中的运动

1. 带电粒子在均匀磁场中的运动

设带电量为 q 的带电粒子以初速度 v 进入磁感应强度为 B 的均匀磁场,它会受到由式(10.32)所表示的洛伦兹力的作用,因而改变其运动状态。以下我们分几种情况来讨论带电粒子在磁场中的运动规律。

(1) $v // B$:由式(10.32)可知,磁场对带电粒子的作用力为零,粒子仍将以原来的速度 v 做匀速直线运动。

(2) $v \perp B$:带电粒子受到洛伦兹力的作用,其大小为 $F_m = qvB$。因为洛伦兹力始终与粒子的运动速度方向垂直,所以带电粒子将在垂直于磁场的平面内做半径为 R 的匀速圆周运动,如图10.20所示。在大小不变的向心力作用下,在垂直于 B 的平面内做匀速圆周运动,其运动方程为

$$qvB = \frac{mv^2}{R}$$

图 10.20 回旋运动

因此,带电粒子做圆周运动的半径,通常称为回旋半径 R,回旋周期 T 和回旋频率 f 分别为

$$R = \frac{mv}{qB} \tag{10.34}$$

$$T = \frac{2\pi R}{v} = \frac{2\pi m}{qB} \tag{10.35}$$

$$f = \frac{1}{T} = \frac{qB}{2\pi m} \tag{10.36}$$

由式(10.34)和式(10.35)可知,回旋半径与粒子运动速度成正比,但回旋周期与粒子运动速度无关,这一点被用在回旋加速器中来加速带电粒子。

(3) 在一般情况下,v 与 B 有一个夹角 θ。这时可以将带电粒子的初速度 v 分解为平行于 B 的分量 $v_{//}$ 和垂直于 B 的分量 $v_{\perp}$,则有

$$v_{//} = v\cos\theta$$
$$v_{\perp} = v\sin\theta$$

即带电粒子同时参与两种运动,因为平行于磁场方向的速度分量 $v_{//}$ 不受磁场力的作用,所以粒子做匀速直线运动;因为还存在垂直于磁场方向的分量 $v_{\perp}$,在磁场力的作用下,粒子还同时做匀速圆周运动。因此,带电粒子的合运动是以磁场

方向为轴的螺旋运动,如图 10.21 所示,其螺旋半径为

$$R = \frac{mv_\perp}{qB} = \frac{mv\sin\theta}{qB} \tag{10.37}$$

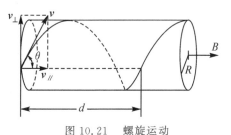

图 10.21　螺旋运动

螺旋周期为

$$T = \frac{2\pi R}{v_\perp} = \frac{2\pi m}{qB} \tag{10.38}$$

一个周期内,粒子沿磁场方向前进的距离称为螺距,为

$$d = v_{/\!/} T = \frac{2\pi mv\cos\theta}{qB} \tag{10.39}$$

即带电粒子每回旋一周所前进的距离 d 只依赖于 $v_{/\!/}$,而与 $v_\perp$ 无关。

(4) 磁聚焦

如图 10.22 所示,若从磁场中某点 A 发射出一束很窄的带电粒子流,它们的速率 v 都很相近,且与 $\boldsymbol{B}$ 的夹角 θ 都很小,则尽管 $v_\perp = v\sin\theta \approx v\theta$ 会使各个粒子沿不同半径做螺旋运动,但是 $v_{/\!/} = v\cos\theta \approx v$ 却近似相等,由式(10.39)决定的螺距 d 也近似相等,所以各个粒子经过距离 d 后又会重新汇聚在一起,这就是磁聚焦。实际中用得更多的是短圆圈产生的非均匀磁场的磁聚焦作用,这种线圈称为磁透镜,它在电子显微镜中起了与光学仪器中的透镜类似的作用。

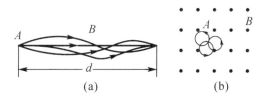

图 10.22　磁聚焦

2. 带电粒子在非均匀磁场中的运动

在非均匀磁场中,速度方向和磁场不同的带电粒子,也要做螺旋运动,但半径和螺距都将不断发生变化。特别是当带电粒子具有一分速度向磁场较强处螺旋前进时,根据式(10.32),它受到的磁场力有一个和前进方向相反的分量。这个分量有

可能最终使粒子的前进速度减小到零,并继而沿相反方向前进。强度逐渐增加的磁场能使粒子发生"反射",因而把这种磁场分布叫做磁镜,如图 10.23 所示。

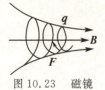
图 10.23　磁镜

可以用两个电流方向相同的线圈产生一个中间弱两端强的磁场,如图 10.24(a)所示。这一磁场区域的两端就形成两个磁镜,平行于磁场方向的速度分量不太大的带电粒子将被约束在两个磁镜间的磁场内来回运动而不能逃脱。这种能约束带电粒子的磁场分布叫磁瓶。在现代研究受控热核反应的实验中,需要把很高温度的等离子体限制在一定空间区域内。在这样的高温下,所有的固体材料都将熔毁而不能作为容器。上述磁瓶就成了达到这种目的的常用方法之一。由于总会有部分平行于磁场方向速度分量较大的带电粒子从磁瓶两端逃脱,所以目前主要的受控热核装置中大多采用如图 10.24(b)所示的闭合环形磁场结构。

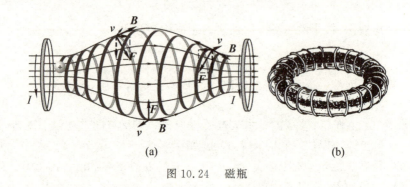

(a)　　　　　　　　　(b)

图 10.24　磁瓶

磁约束现象也存在于宇宙空间中,地球的磁场与一个棒状磁体的磁场相似,也是中间弱、两端强的磁场,如图 10.25 所示。地磁场实际上是一个天然磁瓶,它使来自宇宙射线和"太阳风"的带电粒子受到约束,在地磁南、北两极之间来回振荡。

图 10.25　地磁场

1958 年由人造地球卫星发现,在离地面几千千米和两万千米的高空,存在内、外两个环绕地球的辐射带,如图 10.26 所示。它们是由地磁场俘获的大量带电粒子(绝大部分是质子和电子)构成的,称为范艾仑带。高空核爆炸实验表明,爆炸后射入地磁场的电子造成的人工辐射带,可持续几天甚至几个星期。

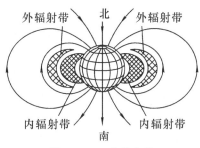

图 10.26　范艾仑带

10.6.3　带电粒子在电场和磁场中运动举例

1. 质谱仪

质谱仪是用物理方法分析同位素的仪器,是由英国实验化学家和物理学家阿斯顿(F. W. Aston,1877—1945)在 1919 年创制的,当年用它发现了氯和汞的同位素。以后几年内又发现了许多同位素,特别是一些非放射性的同位素。为此,阿斯顿于 1922 年获得诺贝尔化学奖。阿斯顿仅拥有学士学位,他的成才主要得益于他在长期的实验室平凡工作中,力求进取的精神和毅力。

图 10.27 所示是一种质谱仪的示意图。离子源 P 所产生的离子,经过窄缝 S_1 和 S_2 之间的加速电场加速后射入选速区,选速区中的电场强度 E 和磁感应强度 B 都垂直于离子速度 v,且 $E \perp B$。通过选速区的离子接着进入均匀磁场 B_0 中,它们沿着半圆周运动而达到记录它们的照相底片上形成谱线。

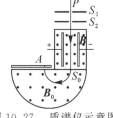

图 10.27　质谱仪示意图

选速区:只有所受到的电场力和洛伦兹力互相平衡的离子($qE = qvB$),即速率为 $v = E/B$ 的离子,才能通过窄缝 S_0。

质谱分析:所记录下来的该离子在底片上的谱线 A 到入口处 S_0 的距离 x,恰好等于离子圆周运动的直径,则有

$$x = 2R = \frac{2mv}{qB_0} = \frac{2mE}{qB_0B}$$

所以,与此谱线相应的离子的质量为

$$m = \frac{qB_0Bx}{2E}$$

对于质谱仪来说,电场 **E** 和磁场 **B** 及 **B**₀ 都是固定的,当每个离子所带的电量 q 相同时,由 x 的大小就可以确定离子的质量 m。通常的元素都有若干个质量不同的同位素,在上述质谱仪的感光片上会形成若干条谱线。由谱线的位置,可以确定同位素的质量;由谱线的黑度,可以确定同位素的相对含量。

2. 回旋加速器

随着人们认识微观世界层次越深入,要求被加速的粒子的能量就越高。例如,将电子从原子中打出来,大约要 10eV 的能量;将核子从原子核中打出来,大约要 8MeV 的能量;为产生 π 介子和 K 介子,则需要质子具有 1GeV 量级的能量。要使带电粒子获得这样高的能量,一种可能的途径是在电场和磁场的共同作用下,使粒子经过多次加速来达到目的。第一台回旋加速器是美国物理学家劳伦斯(E. O. Lawrence, 1901—1958)于 1932 年研制成功的,可将质子和氘核加速到 1MeV 的能量。为此,1939 年劳伦斯获诺贝尔物理学奖。下面简述回旋加速器的工作原理。

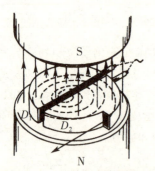

图 10.28 回旋加速器示意图

图 10.28 所示的是回旋加速器的原理图,它的核心部分是两个 D 形盒,它们是密封在真空中的两个半圆形金属空盒,放在电磁铁两极之间的强大磁场中,磁场的方向垂直于 D 形盒的底面。两个 D 形盒之间留有窄缝,中心附近放置粒子源。在两 D 形盒之间接有交流电源,它在缝隙里形成一个交变电场用以加速带电粒子。

当 D_2 电极的电势高于 D_1 时,从粒子源发出一个带正电的粒子,它在缝隙中被加速,以速率 v_1 进入 D_1 内部。由于静电屏蔽效应,在每个 D 形盒的内部电场很弱,只受到均匀磁场的作用,粒子绕过回旋半径为 $R_1 = mv_1/qB$ 的半个圆周后又回到缝隙。如果这时的电场恰好反向,即交变电场的周期恰好为 $T = 2\pi m/qB$,则正粒子又将被加速,以更大的速率 v_2 进入 D_2 盒内,绕过回旋半径为 $R_2 = mv_2/qB$ 的半个圆周后再次回到缝隙。虽然 $R_2 > R_1$,但绕过半个圆周所用的时间却都是一样的,它们都等于式(10.35)决定的回旋周期 T 的一半,即 $T/2 = \pi m/qB$。尽管粒子的速率和回旋半径一次比一次增大,只要缝隙中的交变电场以不变的回旋周期往复变化,则不断被加速的粒子就会沿着螺旋轨迹逐渐趋近 D 形盒的边缘,用致偏电极可将已达到预期速率的粒子引出,供实验用。

设 D 形盒的半径为 R,根据式(10.34),粒子所获得的最终速率为

$$v_{max} = \frac{qBR}{m}$$

它受到 B 和 R 的限制。要使粒子获得很高的能量,就得建造巨型的强大的电磁

铁。例如,在能量达到 10MeV 以上的回旋加速器中,B 的数量级为 1T,D 形盒的直径在 1m 以上。

由于相对论效应,当粒子的速率很大时,q/m 已不再是常量,从而回旋周期 T 将随粒子速率而增大,这时若仍保持交变电场的周期不变,就不能保持与回旋运动同步,粒子经过缝隙时不能始终得到加速。对于同样的动能,质量越小的粒子,速度越大,相对论效应也就越显著。相对论效应使回旋加速器加速粒子的能量受到了限制,一般质子只能加速到 25MeV 以下。而且,在回旋加速器中粒子回旋的轨道半径逐渐地由小到大,因而磁体本身必须是实心的圆柱体,既笨重又昂贵。在改进后的同步加速器中,粒子具有固定的轨道,用控制磁场的方法实现电场对粒子同步加速。同步加速器只需要一个环形磁极,带电粒子先在一个较小的加速器中预加速,然后引入同步加速器做进一步加速。

3. 霍尔效应

如图 10.29 所示,将一块导电板放在垂直于板面的磁场中,当有电流通过时,除了产生通常的满足欧姆定律的纵向电势差外,还会在导电板的 A 和 A' 两侧产生一个横向的电势差 U_H,这种现象是霍尔(E. H. Hall,1855—1929)在 1879 年发现的,称为**霍尔效应**。

实验表明,在磁场不太强时,横向电势差 U_H 与电流 I 和磁感应强度 B 成正比,而与导电板的厚度 d 成反比,即

$$U_H = K \frac{IB}{d} \tag{10.40}$$

其中,K 称为霍尔系数,U_H 称为霍尔电压;霍尔电压与电流 I 的比值称为霍尔电阻 R_H。

霍尔效应可用洛伦兹力来解释。设导体板内载流子的平均定向速率为 u,则它们在磁场中受到的洛伦兹力为 quB,该力使导体内移动的电荷(载流子)发生偏转,结果在 A 和 A' 两侧分别聚集了正、负电荷,从而形成了电势差。于是,载流子又受到了与洛伦兹力方向相反的静电力 $qE = qU_H/b$,其中 E 为电场强度的大小,b 为导电板的宽度。最后,达到恒定状态时这两个力达到平衡,即

$$quB = q\frac{U_H}{b} \tag{10.41}$$

此外,设载流子的浓度为 n,则电流 I 可以表示为

$$I = bdnqu$$

将由此得到的载流子定向速率 u 代入式(10.41),整理后可得

$$U_H = \frac{1}{nq}\frac{IB}{d} \tag{10.42}$$

比较式(10.42)和式(10.40),即可得到霍尔系数为

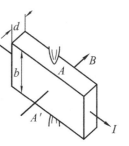

图 10.29 霍尔效应

$$K = \frac{1}{nq} \qquad (10.43)$$

式(10.43)表明,霍尔系数 K 与载流子浓度 n 成反比。因此,通过霍尔系数的测量,可以确定导体内载流子的浓度 n。半导体内载流子的浓度远比金属中的小,所以半导体的霍尔系数要比金属的大得多。而且,半导体内载流子的浓度 n 受杂质、温度及其他因素的影响很大,因此霍尔效应为研究半导体载流子浓度的变化提供了重要的方法。

式(10.43)还表明,霍尔系数 K 的正负取决于载流子电荷 q 的正负。当 $q > 0$ 时,载流子的定向运动速度 u 的方向与电流 I 相同;而当 $q < 0$ 时,载流子的定向运动速度 u 的方向与电流 I 相反。因此,当电流 I 一定时,不论载流子电荷是正还是负,它们受到的洛伦兹力的方向都相同。在如图 10.29 所示的情况下,洛伦兹力都使载流子向上漂移,使导体板 A 和 A' 两侧产生电荷积累。显然,这种电荷积累所产生的横向电势差 U_H 的正负,由载流子电荷 q 的正负决定。

半导体有电子型(n 型)和空穴型(p 型)两种。前者的载流子为电子,是带负电的粒子;后者的载流子为"空穴",相当于带正电的粒子。所以,根据霍尔系数 K 的正负号,可以判断半导体的导电类型。近年来,利用半导体材料已制成多种霍尔元件,广泛应用于测量磁场,测量交直流电路中的电流和功率,以及转换和放大电信号,等等。

10.7 磁场对载流导线的作用

导线中的电流是由其中的载流子定向移动形成的。当把载流导线置于磁场中时,这些运动的载流子就要受到洛伦兹力的作用,其结果将表现为载流导线受到磁力的作用。为了计算一段载流导线受的磁力,先考虑它的一段长度元受的作用力。

如图 10.30 所示,设电流元 Idl,截面积为 S,B 与 Idl 的夹角为 φ,电流元中自由电子定向运动速度 v 与 B 之间的夹角为 θ,$\theta = \pi - \varphi$。

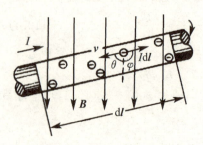

图 10.30　电流元受的磁场力

电流元中每一个电子所受洛伦兹力的大小为 $F = evB\sin\theta$,其方向判定为垂直纸面向里。我们设电流元单位体积内有 n 个电子,则其中自由电子数为 $nS\mathrm{d}l$。这样,电流元所受的力就等于电流元中 $nS\mathrm{d}l$ 个电子所受的洛伦兹力的总和

$$\mathrm{d}F = evB\sin\theta nS\mathrm{d}l$$

其中,$neSv$ 就是电流强度 I,所以

$$\mathrm{d}F = I\mathrm{d}lB\sin\theta$$

由于 $\sin\theta = \sin\varphi$,亦即

$$\mathrm{d}F = I\mathrm{d}lB\sin\varphi$$

写成矢量式

$$\mathrm{d}\boldsymbol{F} = I\mathrm{d}\boldsymbol{l} \times \boldsymbol{B} \tag{10.44}$$

这就是安培定律,它给出一段载流导线在磁场中所受的安培力的大小和方向,这个规律最初是由安培于 1820 年从实验中总结出来的。

根据安培定律和力的叠加原理,对上式进行积分,原则上可以计算任何形状的载流导线所受的安培力,即

$$\boldsymbol{F} = \int_l \mathrm{d}\boldsymbol{F} = \int_l I\mathrm{d}\boldsymbol{l} \times \boldsymbol{B} \tag{10.45}$$

这是个矢量公式,通常在应用时将安培力按选定的坐标轴方向分解成分量,再对整条导线积分。

例 10.6 试分析两根平行无限长载流直导线间的相互作用。

解 如图 10.31 所示,两导线间的垂直距离为 d,导线中的电流分别为 I_1 和 I_2。按照式(10.14),导线 1 在导线 2 处产生的磁感应强度的大小为

$$B_1 = \frac{\mu_0 I_1}{2\pi d}$$

方向与导线 2 垂直。根据式(10.44),导线 2 的一段 $\mathrm{d}l_2$ 受到的安培力的大小为

$$\mathrm{d}F_{21} = I_2 \mathrm{d}l_2 B_1 = \frac{\mu_0 I_1 I_2}{2\pi d}\mathrm{d}l_2$$

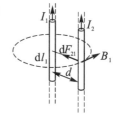

图 10.31 两平行导线

反之,导线 2 产生的磁场作用在导线 1 的一段 $\mathrm{d}l_1$ 上的安培力的大小为

$$\mathrm{d}F_{12} = \frac{\mu_0 I_1 I_2}{2\pi d}\mathrm{d}l_1$$

因此,单位长度导线所受作用力的大小为

$$f = \frac{\mathrm{d}F_{21}}{\mathrm{d}l_2} = \frac{\mathrm{d}F_{12}}{\mathrm{d}l_1} = \frac{\mu_0 I_1 I_2}{2\pi d} \tag{10.46}$$

当两导线中的电流沿同方向时,该作用力是吸引力;当两导线中的电流沿反方向时是排斥力。

如果两导线中的电流相等，$I_1 = I_2 = I$，则有

$$f = \frac{\mu_0 I_1 I_2}{2\pi d} \text{ 或 } I = \sqrt{\frac{2\pi d f}{\mu_0}} \tag{10.47}$$

若取 $d = 1\text{m}, f = 2 \times 10^{-7} \text{N/m}$，则有 $I = 1\text{A}$。实际上，这就是国际单位制中关于电流强度的单位"安培"的定义：恒定电流，若保持在处于真空中相距 1m 的两无限长而圆截面可忽略的平行直导线内，则在两导线间产生的力在每米长度上等于 $2 \times 10^{-7}\text{N}$。

例 10.7 试分析磁场对平面载流线圈的作用。

解 如果一个线圈的各个部分都处在一个平面上，则称它为平面线圈。如图 10.32 所示，若用弯曲的右手四指代表线圈中电流的方向，则我们规定伸直的拇指所指的方向就是载流平面线圈的法向单位矢量 e_n 的方向。

如图 10.33 所示，边长分别为 l_1 和 l_2 的载流矩形线圈可绕垂直于磁场的轴 OO' 自由转动，均匀磁场 **B** 与平面线圈的法向单位矢量 e_n 之间的夹角为 θ。在该线圈中，ab 和 cd 两边互相平行，电流方向相反，它们所受到的力大小相等，方向相反，并作用在一条直线上，因此对刚性线圈不起作用。然而，尽管 bc 和 da 两边所受到的力也是大小相等、方向相反的，力的矢量和也为零，但是这两个力的作用线不在一条直线上，构成了绕 OO' 轴的力偶矩，力图使线圈的法向 e_n 转向磁场 **B** 的方向。

bc 和 da 两边受力的大小为

$$F_1 = F_2 = I l_2 B$$

又由于两个力臂都是 $\frac{1}{2} l_1 \sin\theta$，力矩方向一致，因而合力矩的大小为

$$M = F_1 \frac{l_1}{2}\sin\theta + F_2 \frac{l_2}{2}\sin\theta = I l_1 l_2 B \sin\theta = ISB\sin\theta$$

其中，$S = l_1 l_2$ 是平面线圈的面积。

令 $\mathbf{S} = S e_n$，上式可写成矢量形式

$$\mathbf{M} = I\mathbf{S} \times \mathbf{B} \tag{10.48}$$

式中的 $I\mathbf{S}$ 是仅由线圈决定的量，称为线圈的磁矩，用 **m** 表示，即

$$\mathbf{m} = I\mathbf{S} = IS e_n \tag{10.49}$$

所以，线圈在磁场中所受到的磁力矩可以写成

$$\mathbf{M} = \mathbf{m} \times \mathbf{B} \tag{10.50}$$

如果线圈不是一匝，而是 N 匝，那么线圈所受到的磁力矩应为

$$\mathbf{M} = NI\mathbf{S} \times \mathbf{B} \tag{10.51}$$

可以证明，从矩形线圈导出的式(10.49)和式(10.50)也适用于任意形状的平面载流线圈。如图 10.34 所示，设任意形状的平面载流线圈中的电流 I 沿逆时

针方向,其法向单位矢量 e_n 与 B 之间的夹角为 θ。我们设想用一系列平行线将线圈划分成许多小窄条,由于它们很窄,可以把它们都看成是矩形。这些矩形的四边分别组成一个个矩形闭合线圈,它们的电流均为 I,而每两个相邻小线圈公共边上的电流方向相反。所以,将它们合起来就与原来的载流线圈一样。根据式 (10.50),每个载流矩形小线圈所受到的磁力矩为

图 10.32 右手定则

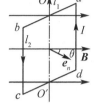
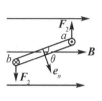
图 10.33 线圈所受磁力矩图

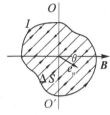
图 10.34 任意形状线圈

$$\mathrm{d}\boldsymbol{M} = I\mathrm{d}\boldsymbol{S} \times \boldsymbol{B} = I\mathrm{d}S\boldsymbol{e}_n \times \boldsymbol{B}$$

由于所有小矩形线圈的法向与原载流线圈的法向相同,所以载流线圈受到的总磁力矩为

$$\boldsymbol{M} = \int \mathrm{d}\boldsymbol{M} = I\boldsymbol{e}_n \times \boldsymbol{B} \int \mathrm{d}S = I\boldsymbol{S} \times \boldsymbol{B} = \boldsymbol{m} \times \boldsymbol{B}$$

综上所述,任意形状的载流平面线圈,作为整体在均匀磁场中所受到的合力为零,因而不会发生平动,仅在磁力矩的作用下发生转动。而且,磁力矩总是力图使线圈的磁矩 m 转到和外磁场一致的方向上来。当 m(或 e_n)与 B 之间的夹角为 $\theta = \dfrac{\pi}{2}$ 时,所受到的磁力矩最大;当 $\theta = 0$ 或 π 时,所受到磁力矩为零。如果载流线圈处在非均匀磁场中,则线圈将在合力的作用下向磁场强的地方运动。

10.8 磁场中的磁介质

在前面讨论电流产生磁场时,我们假定载流导线周围为真空状态,不存在其他任何介质。然而在实际应用中,例如,变压器、电动机、发电机的线圈和天然磁石附近总存在一些介质或磁性材料。磁卡、录音磁带和计算机磁盘都是直接依赖于磁性材料的性质,存储信息数据时,这些磁盘或磁带表面的磁性材料性质将按照信息发生相应的变化,从而将信息数据记录下来。本节将介绍介质和磁场相互影响的规律。

10.8.1 磁介质

同电介质在电场中与电场相互作用而发生极化一样,当磁场中存在磁介质

时，磁场对介质也会产生作用，使其磁化。介质磁化后会产生附加磁场，从而对原磁场产生影响。此时，介质内部任何一点处的磁感应强度 B 应该是外磁场 B_0 和附加磁场 B' 的矢量和，可表示为

$$B = B_0 + B' \tag{10.52}$$

一切在磁场的作用下会发生变化或对磁场有影响的物质统称为**磁介质**。磁介质对磁场的影响可以通过实验来观察。最简单的方法是对真空中的长直螺线管通以电流 I，测出其内部的磁感应强度的大小 B_0，然后在螺线管内充满各向同性的均匀磁介质，并通以相同的电流 I，再测出此时磁介质内的磁感应强度的大小 B。实验发现：磁介质内的磁感应强度是真空时的 μ_r 倍，即

$$B = \mu_r B_0 \tag{10.53}$$

我们将 μ_r 定义为磁介质的相对磁导率，它随磁介质的种类或状态的不同而不同。根据相对磁导率 μ_r 的大小，可将磁介质分为三类：

(1) 抗磁质($\mu_r < 1$)：$B < B_0$，附加磁场与外磁场 B_0 的方向相反，磁介质内的磁场被削弱，如氧、锰、铝、钨、铂、铬等。

(2) 顺磁质($\mu_r > 1$)：$B > B_0$，附加磁场与外磁场 B_0 的方向一致，磁介质内的磁场被加强，如氮、氢、水、铜、银、金、汞、铋等。

(3) 铁磁质($\mu_r \gg 1$)：$B \gg B_0$，磁介质内的磁场大大增强，对磁场的影响极为显著，如铁、钴、镍及其合金，还有铁氧体等。

为什么磁介质对磁场有这样的影响？磁介质在磁场中为什么会被磁化？磁化作用的机制是怎样的？这就涉及磁介质的微观结构。下面我们来说明这一点。

10.8.2 磁介质的磁化

物质是由分子或原子构成的。在原子内，每一个核外电子都同时参与了两种运动：电子的自旋，以及电子绕原子核的轨道运动，这些运动都形成微小元电流。所以自旋和轨道运动都对应着一定的磁矩，分别称为电子的自旋磁矩和轨道磁矩；其实原子核也有自旋磁矩，但都小于电子磁矩的千分之一。所以整个分子的磁矩是它所包含的所有电子的自旋磁矩和轨道磁矩的矢量和，称为分子的固有磁矩，简称分子磁矩，用 m 表示。每一个分子磁矩都可以用一个等效的元电流来表示，称为分子电流。

对于顺磁质，每个分子都具有固有的分子磁矩。在没有外磁场时，由于分子的热运动，分子磁矩的排列是杂乱无章的，因此在介质中任一宏观小、微观大的体积元内，所有分子磁矩的矢量和为零，宏观上并不显示出磁性，处于未被磁化的状态；当顺磁质处在外磁场中时，各分子磁矩都要受到磁力矩的作用。从式(10.50)可知，磁力矩力图使分子磁矩的取向转向与外磁场方向一致，这样顺磁

质就被磁化了。由于分子的热运动,各分子磁矩取向不可能完全整齐。外磁场越强,分子磁矩排列得越整齐。显然,在顺磁质中因磁化而产生的附加磁场与外磁场的方向相同。

对于抗磁质来说,分子中每个电子的轨道磁矩和自旋磁矩都不等于零,但分子中的全部电子的轨道磁矩和自旋磁矩的矢量和却等于零,即分子的固有磁矩为零。所以在没有外磁场时,抗磁质并不显现出磁性。但在外磁场作用下,分子中每个电子的轨道磁矩和自旋磁矩都将发生变化,从而引起附加磁矩,称为感生磁矩,而且其方向与外磁场的方向相反。

在外磁场中,顺磁质的固有磁矩要沿着磁场的方向取向,抗磁质的分子要产生感生磁矩,且方向与磁场的方向相反。考虑和这些磁矩对应的小元电流,可以发现在磁介质内部各处总有相反方向的电流流过,它们的磁作用就相互抵消了。但在磁介质的表面上,这些小元电流的外面部分未被抵消,它们都沿着相同的方向流过。这种电流叫束缚电流,也叫磁化电流。它是分子内的电荷运动一段段接合而成的,不同于金属中自由电子定向运动形成的传导电流。这种在磁介质的表面上出现束缚电流的现象叫磁介质的磁化。顺磁质的束缚电流的方向与磁介质中的外磁场的方向有右手螺旋关系,它产生的磁场要加强磁介质中的磁场。抗磁质的束缚电流的方向与磁介质中外磁场的方向有左手螺旋关系,它产生的磁场要减弱磁介质中的磁场。这就是两种磁介质对磁场影响不同的原因。

10.8.3 磁化强度与磁化电流

1. 磁化强度

磁介质磁化后,在一个小体积内的各个分子的磁矩的矢量和将不再为零。顺磁质分子的固有磁矩排列得越整齐,它们的分子磁矩矢量和越大。抗磁质分子所产生的感生磁矩越大,它们的矢量和也越大。因此,可以用单位体积内分子磁矩的矢量和来表示磁介质磁化的程度。单位体积内分子磁矩的矢量和叫磁介质的磁化强度。以 $\sum m_i$ 表示宏观体积元 ΔV 内的磁介质的所有分子的磁矩的矢量和,以 M 表示磁化强度,则有

$$M = \frac{\sum m_i}{\Delta V} \tag{10.54}$$

式中,m_i 表示在体积元 ΔV 的磁介质中的第 i 个分子的磁矩。在国际单位制中,磁化强度的单位为安培每米,符号为 $A \cdot m^{-1}$。

顺磁质和抗磁质的磁化强度都随外磁场的增强而增大。实验证明,在一般的实验条件下,各向同性的顺磁质或抗磁质的磁化强度都和外磁场成正比,其关系可表示为

$$M = \frac{\mu_r - 1}{\mu_0 \mu_r} B \tag{10.55}$$

式中，μ_r 是磁介质的相对磁导率。

2. 磁化电流

由于磁介质的磁化电流是磁介质磁化的结果，所以磁化电流和磁化强度之间一定存在着某种定量关系。下面我们来求这一关系。

考虑磁介质内部一长度元 dl，它和外磁场 B 的方向之间夹角为 θ。由于磁化，分子磁矩要沿 B 的方向排列，因而等效分子电流的平面将转到与 B 垂直的方向。设每个分子的分子电流为 i，它所环绕的周围半径为 a，则与 dl 铰链的分子电流的中心都将位于以 dl 为轴线、以 πa^2 为底面积的斜柱体内，如图 10.35 所示。以 n 表示单位体积内的分子数，则与 dl 铰链的总分子电流为

$$dI' = ni\pi a^2 dl\cos\theta$$

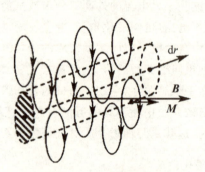

图 10.35　磁化电流

由于 $\pi a^2 i = m$ 为每个分子的磁矩，nm 为单位体积内分子磁矩的矢量和的大小，亦即磁化强度 M 的大小 M，所以有

$$dI' = Mdl\cos\theta = \boldsymbol{M} \cdot d\boldsymbol{l} \tag{10.56}$$

如果恰好 dl 是磁介质表面上沿表面的一个长度元，则 dI' 将表现为磁化电流。以 j' 表示磁化电流密度，则由 (10.56) 式可得

$$j' = \frac{dI'}{dl} = M\cos\theta = M_l \tag{10.57}$$

即磁化电流密度等于该表面处磁介质的磁化强度沿表面的分量。考虑到方向，(10.57) 式可写成

$$\boldsymbol{j}' = \boldsymbol{M} \cdot \boldsymbol{e}_n \tag{10.58}$$

其中，$\boldsymbol{e}_n$ 为磁介质表面的外正法线方向的单位矢量。

现在来求在磁介质内与任意闭合路径 L 铰链的总磁化电流。它应该等于与 L 上各长度元铰链的磁化电流的积分，即

$$I' = \oint dI' = \oint \boldsymbol{M} \cdot d\boldsymbol{l} \tag{10.59}$$

上式说明,闭合路径 L 所包围的总磁化电流等于磁化强度沿该闭合路径的环流。

10.8.4 磁介质中的安培环路定理

磁介质放在磁场中时,磁介质受到磁场的作用要产生磁化电流,磁化电流又会反过来影响磁场的分布。这时任一点的磁感应强度 B 应是传导电流的磁场 B_0 和磁化电流的磁场 B' 的矢量和,即

$$B = B_0 + B' \tag{10.60}$$

由于磁化电流和磁介质磁化的程度有关,而磁化程度又取决于磁感应强度 B,所以磁介质和磁场的相互关系呈现一种比较复杂的关系。这种复杂关系也可以像研究电介质和电场的相互影响那样,通过引入适当的物理量而加以简化。下面就通过安培环路定理来导出这种简化表达式。

载流导体和磁化了的磁介质组成的系统可视为由一定的传导电流 I 和磁化电流 I' 分布组成的电流系统。所有这些电流产生磁场分布 B,由安培环路定律(10.26)式可知,对任一闭合路径 L,有

$$\oint_L \boldsymbol{B} \cdot \mathrm{d}\boldsymbol{l} = \mu_0 \left(\sum I_i + \sum I'_i \right)$$

将(10.59)式的 I' 代入此式中,可得

$$\oint_L \boldsymbol{B} \cdot \mathrm{d}\boldsymbol{l} = \mu_0 \left(\sum I_i + \oint \boldsymbol{M} \cdot \mathrm{d}\boldsymbol{l} \right)$$

或写成

$$\oint_L \left(\frac{\boldsymbol{B}}{\mu_0} - \boldsymbol{M} \right) \cdot \mathrm{d}\boldsymbol{l} = \sum I_i$$

引入辅助物理量 H,叫做磁场强度,定义为

$$\boldsymbol{H} = \frac{\boldsymbol{B}}{\mu_0} - \boldsymbol{M} \tag{10.61}$$

于是得

$$\oint_L \boldsymbol{H} \cdot \mathrm{d}\boldsymbol{l} = \sum I_i \tag{10.62}$$

这就是磁介质中的安培环路定理。它说明:沿任一闭合路径磁场强度的环路积分等于该闭合路径所包围的传导电流的代数和。

将(10.55)式代入(10.61)式,可得

$$\boldsymbol{H} = \frac{\boldsymbol{B}}{\mu_0} - \frac{\mu_r - 1}{\mu_0 \mu_r} \boldsymbol{B} = \frac{\boldsymbol{B}}{\mu_0 \mu_r} = \frac{\boldsymbol{B}}{\mu} \quad \text{或} \quad \boldsymbol{B} = \mu_0 \mu_r \boldsymbol{H} = \mu \boldsymbol{H} \tag{10.63}$$

式中,$\mu = \mu_0 \mu_r$,称为磁介质的磁导率,它的单位与 μ_0 相同。在国际单位制中,磁场强度 H 的单位是安培每米,符号是 $\mathrm{A \cdot m^{-1}}$,与磁化强度 M 的单位相同。

(10.62)式和(10.63)式一起是分析计算有磁介质存在时的磁场的常用公式。一般是根据传导电流的分布先利用(10.62)式求出 H 的分布,然后再利用(10.63)式求出 B 的分布,下面通过一个例题进一步说明。

例 10.8 如图 10.36 所示,有两个半径分别为 R_1 和 R_2 的无限长同轴圆柱导体面,在它们之间充以相对磁导率为 μ_r 的磁介质。当两圆柱面通有相反方向的电流 I 时,试求 $\boldsymbol{B}$ 和 $\boldsymbol{H}$ 的分布。

解 两个同轴无限长圆柱面,当有电流通过时,它们的磁场呈柱面对称性分布。

根据磁场分布的柱面对称性,过 P 点作以轴线为中心的圆为积分环路 L,根据有介质时的安培环路定理,有

$$\oint \boldsymbol{H} \cdot \mathrm{d}\boldsymbol{l} = \oint H \mathrm{d}l = H \oint \mathrm{d}l = H \cdot 2\pi r = \sum I_i$$

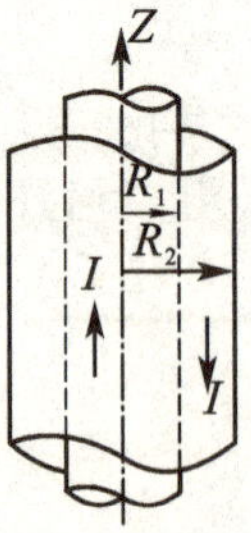

根据已知,有

$$\sum I_i = \begin{cases} 0 & (r < R_1) \\ I & (R_1 < r < R_2) \\ 0 & (r > R_2) \end{cases}$$

所以

$$H = \begin{cases} 0 & (r < R_1) \\ \dfrac{I}{2\pi r} & (R_1 < r < R_2) \\ 0 & (r > R_2) \end{cases}$$

图 10.36 磁介质圆柱

根据分析知,磁场强度 $\boldsymbol{H}$ 的方向沿各点所在同轴圆的切线方向。

由(10.63)式,可得磁感应强度 $\boldsymbol{B}$ 的大小为

$$B = \mu_0 \mu_r H = \begin{cases} 0 & (r < R_1) \\ \dfrac{\mu_0 \mu_r I}{2\pi r} & (R_1 < r < R_2) \\ 0 & (r > R_2) \end{cases}$$

磁感应强度 $\boldsymbol{B}$ 的方向也沿各点所在同轴圆的切线方向。

*10.8.5 铁磁质

铁磁质是以铁为代表的一类磁性很强的物质。在纯化学元素中,过渡族的铁、钴、镍以及稀土族的钆、镝、钬等都属于铁磁质。然而,常用的铁磁质多是它们的合金或氧化物,如稀土-钴合金和铁氧体等。与顺磁质相同的是,铁磁质也是固有的分子磁矩不为零的物质,是顺磁质的一种特殊情况,从而使铁磁质具有一系列不同于顺磁质的性质。

1. 铁磁质的磁化规律

为了测量铁磁质的 M(或 B)与 H 之间的依赖关系,可以把待测的磁性材料做成圆环状样品。然后,在圆环样品上均匀地绕满漆包导线作为初级线圈,再绕

上若干圈漆包导线作为次级线圈,接在图 10.37 所示的电路中。若令初级线圈中的电流 I_0 反向,测出这时在次级线圈中产生的感应电动势,可以算出磁感应强度 B。再根据 $B=\mu_0(H+M)$,由测定的 B 和 H 即可算出磁化强度 M。在不同的 I_0 值(即 H 值)下重复上述过程,即可得到铁磁质的 B-H 或 M-H 曲线。由于铁磁质的 M 比 H 大得多(约 $10^2\sim10^6$ 倍),所以有 $B=\mu_0(H+M)\approx\mu_0 M$,即它们的 B-H 与 M-H 曲线几乎一样,以下我们只给出 B-H 曲线。

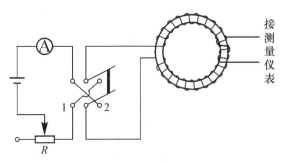

图 10.37　铁磁质磁化曲线的测量

假定在磁化场为零时铁磁质处于未磁化的状态,当 H 逐渐增加时,B(或 M)先是缓慢地增加(图 10.38 中 OA 段),然后经过一段急剧增加的过程(AB 段)之后,又逐渐缓慢下来(BC 段),最后当 H 很大时 B(或 M)逐渐趋于饱和(CS 段)。从未磁化到饱和磁化的这段磁化曲线 OS,称为铁磁质的起始磁化曲线;而饱和值 B_S 和 M_S,则分别称为铁磁质的饱和磁感应强度和饱和磁化强度。

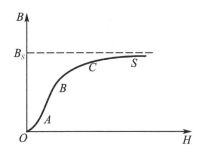

图 10.38　起始磁化曲线

利用定义式 $\mu=B/H$ 和 $\chi_m=M/H$,可由 B-H 和 M-H 曲线得出 μ-H 和 χ_m-H 曲线。如图 10.39 所示,当 H 由零开始增加时,μ 由起始值 μ_i 开始增加,在达到最大值 $\mu_{\max}$ 后急剧减少。μ_i 称为起始磁导率,$\mu_{\max}$ 称为最大磁导率。

如图 10.40 所示,在 B 达到其饱和值 B_s 之后,如果使 H 逐渐减小到零,则 B

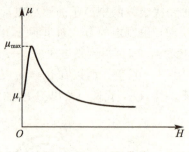

图 10.39　μ-H 曲线

并不随之减小到零,而是保留有一定的值 B_r,该剩余值称为剩余磁感应强度;而与 B_r 相应的磁化强度值 M_r,称为剩余磁化强度。为了使 B 减小到零,必须加一反向磁场 H_C,该值称为矫顽力。当反向磁场继续加大时,B 又将达到它的反向饱和值(S' 点)。此后,如果使反向磁场的值逐渐减小到零,随后又沿正方向增加,铁磁质的磁化状态将沿 $S'R'C'S$ 回到正向饱和磁化状态 S。当磁场 H 在正负两个方向上往复变化时,在 B-H 或 M-H 图上形成一条闭合曲线,称为磁滞回线。当铁磁质在交变磁场的作用下反复磁化时,会由于磁滞效应而造成能量损耗,称为磁滞损耗。磁滞回线的面积越大,磁滞损耗也就越大。

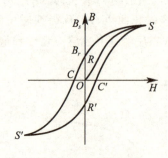

图 10.40　磁滞回线

2.铁磁质的分类

从铁磁质的性能和使用来说,主要按矫顽力的大小分为软磁材料和硬磁材料两大类。软磁材料的矫顽力很小,$H_C < 10^2 \text{A} \cdot \text{m}^{-1}$。矫顽力小意味着磁滞回线狭长,它所包围的面积小,磁滞损耗小。因此,软磁材料适合在交变磁场中应用,如作变压器、电磁铁和电机中的铁心。为了减小材料的涡流损耗,在高频和微波波段的应用中,常采用电阻率较高的铁氧体,它们是铁与其他金属的复合氧化物。

硬磁材料的矫顽力很大,H_C 约为 $10^4 \sim 10^6 \text{A} \cdot \text{m}^{-1}$。由于硬磁材料的剩余磁

化强度 M_r 和剩余磁感应强度 B_r 都很大,因此人们称它为永磁体。电表、扬声器和录音机等都离不开永磁体。特别是,稀土永磁材料钕铁硼等的发展,将使电机的效率和性能大大提高,发展前景引人瞩目。此外,还有磁滞回线接近于矩形的矩磁材料,它总处在 B_s 或 $-B_s$ 两种状态之一,可用做"记忆"元件;具有较强的磁致伸缩效应的压磁材料,可用做超声波发生器,等等。

3. 铁磁质的磁化机理

铁磁质的磁性主要来源于电子的自旋磁矩。即使在没有外磁场时,铁磁质中电子的自旋磁矩就会在小范围内自发地排列起来,形成一个个小的自发磁化区,称为磁畴。这种自发磁化的发生,来源于电子之间存在着的一种交换作用,它使得电子在它们的自旋平行排列时能量较低。交换作用是一种量子效应,在经典理论中并没有相应的概念。

磁畴的大小为 $10^{-12} \sim 10^{-8} \mathrm{m}^3$。在未磁化的铁磁质中,由于热运动,各磁畴的磁化方向不同,因而在宏观上对外界并不显示出磁性。当铁磁质受到外磁场作用时,它将通过以下两种方式实现磁化:在外磁场较弱时,自发磁化方向与外磁场方向相同或相近的那些磁畴的体积将逐渐增大(畴壁位移);在外磁场较强时,每个磁畴的自发磁化方向将作为一个整体,在不同程度上转向外磁场方向;当所有磁畴都沿外磁场方向排列时,铁磁质的磁化就达到了饱和。由此可见,饱和磁化强度 M_s 就等于每个磁畴中原来的磁化强度,该值是非常大的,所以铁磁质的磁性比顺磁质强得多。磁畴自发磁化方向的改变还会引起铁磁质中晶格间距的改变,从而伴随着发生磁化过程铁磁体的长度和体积的改变,称为磁致伸缩。

如果在磁化达到饱和后撤除外磁场,铁磁质将重新分裂为许多磁畴,但由于掺杂和内应力等的作用,磁畴并不能恢复到原先的退磁状态,因而表现出磁滞现象。当铁磁质的温度超过某一临界温度时,分子热运动加剧到了使磁畴瓦解的程度,从而使材料的铁磁性消失而变为顺磁性,这个临界温度称为居里点。

物理沙龙

超导是超导电性的简称,是指金属、合金或其他材料电阻变为零的性质。超导现象是荷兰物理学家翁纳斯(H. K. Onnes,1853—1926)首先发现的,1911年他在测量一个固态汞样品的电阻与温度的关系时发现,当温度下降到 4.2K 附近时,样品的电阻突然减小到仪器无法察觉的值。由于一般导体有电阻,所以为了在导体中产生恒定电流,就需要在其中加电场。电阻越大,需要加的电场也越强。对于超导体来说,由于它的电阻为零,所以在其中维持电流不需要加电场。从超导现象发现之后,科学家一直寻求在较高温度下具有超导电性的材料,20世纪80年代末,世界上掀起了寻找高温超导体的热潮,1986年出现氧化物超导体,其临界温度超过了 125K,在这个温度区上,超导体可以用廉价而丰富的液氮来冷却。此后，经科学家们不懈努力，在高压状态下把临界温度提高到了164K。超导材料最诱人的应用是发电、输电和储能。由于超导材料在超导状态下具有零电阻和完全的抗磁性，因此只需消耗极少的电能，就可以获得10万高斯以上的稳态强磁场。而用常规导体做磁体，要产生这么大的磁场，需要消耗3.5兆瓦的电能及大量的冷却水，投资巨大。超导磁体还可用于制作交流超导发电机、磁流体发电机、超导输电线路和磁悬浮列车，等等。

本 章 小 结

1. 稳恒电流：

电流：$I = \dfrac{\mathrm{d}q}{\mathrm{d}t}$

电流密度：$I = \int_S \boldsymbol{j} \cdot \mathrm{d}\boldsymbol{S}$

电源电动势：$\varepsilon = \oint_l \boldsymbol{E}_k \cdot \mathrm{d}\boldsymbol{l}$

2. 毕奥 - 萨伐尔定律：

电流元的磁场：$\mathrm{d}\boldsymbol{B} = \dfrac{\mu_0}{4\pi} \dfrac{I\mathrm{d}\boldsymbol{l} \times \boldsymbol{e}_r}{r^2}$

无限长通电直导线的磁场：$B = \dfrac{\mu_0 I}{2\pi r_0}$

通电圆环中心的磁场：$B = \dfrac{\mu_0 I}{2R}$

长直通电螺线管内的磁场：$B = \mu_0 n I$

3. 磁场的高斯定理：

(1) 磁通量：$\mathrm{d}\Phi_m = \boldsymbol{B} \cdot \mathrm{d}\boldsymbol{S}, \Phi_m = \int_S \boldsymbol{B} \cdot \mathrm{d}\boldsymbol{S}$

(2) 高斯定理：$\oint_S \boldsymbol{B} \cdot \mathrm{d}\boldsymbol{S} = 0$，说明稳恒磁场是无源场

4. 安培环路定理：$\oint_L \boldsymbol{B} \cdot \mathrm{d}\boldsymbol{l} = \mu_0 \sum I_i$，说明稳恒磁场是非保守场，是有旋场

5. 带电粒子在磁场中的运动：

(1) 洛伦兹力：$\boldsymbol{F}_m = q\boldsymbol{v} \times \boldsymbol{B}$

(2) 霍耳效应：$U_H = \dfrac{1}{nq} \dfrac{IB}{d}$

6. 安培力：

电流元受到磁场的作用力：$\mathrm{d}\boldsymbol{F} = I\mathrm{d}\boldsymbol{l} \times \boldsymbol{B}$

载流线圈的磁矩：$\boldsymbol{m} = I\boldsymbol{S} = IS\boldsymbol{e}_n$

载流线圈受均匀磁场的力矩:$M = m \times B$

7. 磁介质的磁化:

(1) 三种磁介质:抗磁质($\mu_r < 1$),顺磁质($\mu_r > 1$),铁磁质($\mu_r \gg 1$)

(2) 磁介质的磁化:

磁化强度:在各向同性的磁介质中,$M = \dfrac{\mu_r - 1}{\mu_0 \mu_r} B$

8. 磁场强度:$H = \dfrac{B}{\mu_0} - M$

对各向同性磁介质,$H = \dfrac{B}{\mu_0 \mu_r} = \dfrac{B}{\mu}$

磁介质中的安培环路定理:$\oint_L H \cdot dl = \sum I_i$

习 题

一、选择题

10.1 关于真空中恒定磁场的安培环路定理,下列说法中正确的是( )。

A. 闭合回路上各点磁感应强度都为零时,回路内一定没有电流穿过

B. 闭合回路上各点磁感应强度都为零时,回路内穿过电流的代数和一定为零

C. 磁感应强度沿闭合回路的积分为零时,回路上各点的磁感应强度必定为零

D. 磁感应强度沿闭合回路的积分不为零时,回路上任意一点的磁感应强度都不可能为零

10.2 一运动电荷 q,质量为 m,以初速 v_0 进入均匀磁场中,若 v_0 与磁场方向的夹角为 α,则电荷的( )。

    A. 动能改变,动量不变　　　　　　B. 动能和动量都改变

    C. 动能不变,动量改变　　　　　　D. 动能、动量都不变

10.3 一均匀磁场,其磁感应强度方向垂直于纸面,两带电粒子在该磁场中的运动轨迹如图所示,则( )。

    A. 两粒子的电荷必然同号

    B. 粒子的电荷可以同号也可以异号

    C. 两粒子的动量大小必然不同

    D. 两粒子的运动周期必然不同

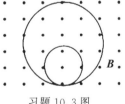

习题 10.3 图

10.4 一平面载流线圈在磁场中既不受力,也不受力矩作用,这说明( )。

A. 该磁场一定不均匀,且线圈的方向一定与磁场方向平行
B. 该磁场一定不均匀,且线圈的方向一定与磁场方向垂直
C. 该磁场一定均匀,且线圈的方向一定与磁场方向平行
D. 该磁场一定均匀,且线圈的方向一定与磁场方向垂直

10.5 如图所示,将一导线密绕成内半径为 R_1、外半径为 R_2 的圆形平面线圈,导线的直径为 $d(d \ll R_1)$,电流为 I,则此线圈磁矩的大小为( )。

A. $\pi(R_2^2 - R_1^2)I$
B. $\pi(R_2^3 - R_1^3)I/3d$
C. $\pi(R_2^2 - R_1^2)I/3d$
D. $\pi(R_2 - R_1)I/3d$

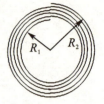

习题 10.5 图

10.6 关于有磁介质时的安培环路定理,下列说法中正确的是( )。

A. H 与 $\oint_l H \cdot dl$ 都只与环路内的传导电流有关

B. H 与 $\oint_l H \cdot dl$ 都与整个磁场空间内的所有传导电流有关

C. H 与 $\oint_l H \cdot dl$ 都与空间内的传导电流和磁化电流有关

D. H 与整个磁场空间的所有传导电流和磁化电流有关,而 $\oint_l H \cdot dl$ 只与环路 l 内的传导电流有关

二、填空题

10.7 如图所示,磁感应强度 B 沿闭合曲线的积分 $\oint_L B \cdot dl =$ _____ 。

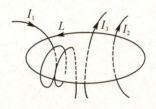

习题 10.7 图

10.8 金属中传导电流是由于自由电子沿着与电场 E 相反方向的定向漂移而形成的,设电子的电量为 e,其平均漂移速率为 v,导体中单位体积内的自由电子数为 n,则电流密度的大小 $J =$ _____ ,J 的方向与电场 E 的方向 _____ 。

三、计算题

10.9 求下列各图中 P 点的磁感应强度的大小和方向。

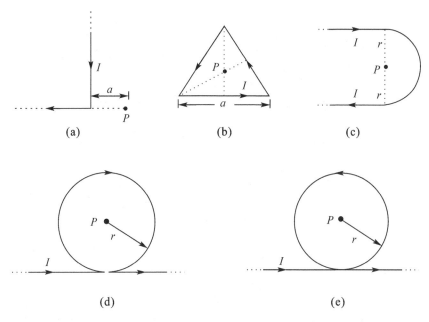

习题 10.9 图

10.10 一同轴电缆,如图所示。两导体中的电流均为 I,但电流的流向相反,导体的磁性可不考虑。求空间的磁感应强度分布。

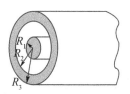

习题 10.10 图

10.11 半径为 R 的带电薄圆盘的电荷密度为 σ,并以角速度 ω 绕通过盘心垂直盘面的轴转动,求圆盘中心处的磁感应强度。

10.12 如图所示,载流长直导线的电流为 I,试求通过矩形面积的磁通量。

10.13 如图所示,在长直导线近旁放一个矩形线圈与其共面,长直导线中通的电流为 I,线圈各边分别平行和垂直于长直导线。当矩形线圈中通有电流 I_1

时,它受的磁力的大小和方向各如何?它又受到多大的磁力矩?

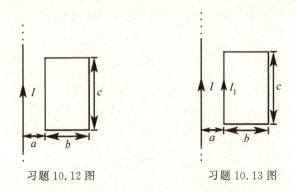

习题 10.12 图　　　　　习题 10.13 图

10.14　载流子浓度是半导体材料的重要参数,工艺上通过控制三价或五价掺杂原子的浓度,来控制 P 型或 N 型半导体的载流子浓度,利用霍耳效应可以测量载流子的浓度和类型,如图所示一块半导体材料样品,均匀磁场垂直于样品表面,样品中通过的电流为 I,现测得霍耳电压为 $U_H = U_{AA'}$,试证明:样品载流子浓度为 $n = \dfrac{IB}{edU_H}$。

10.15　如图所示,半径为 R_1 的无限长圆柱导体,与半径为 R_2 的无限长导体圆柱面同轴放置,其夹层充满磁导率为 μ_r 的均匀磁介质,这样就构成了一根无限长的同轴电缆。现在内、外分别通以电流 I 和 $-I$,并且电流在横截面上分布均匀,试求空间的磁场强度和磁感应强度。

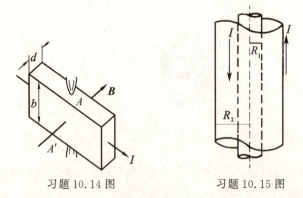

习题 10.14 图　　　　　习题 10.15 图

第 11 章 电磁感应

电磁感应现象的发现,是电磁学领域中最重大的成就之一。在理论上,它为揭示电与磁之间的相互联系和转化奠定了实验基础,而且电磁感应定律本身就是麦克斯韦电磁理论的基本组成部分之一;在实践上,它为人类获取巨大而廉价的电能开辟了道路,标志着一场重大的工业和技术革命的到来。

本章在电磁感应现象的基础上讨论电磁感应定律,以及动生电动势和感生电动势,介绍自感和互感、磁场的能量以及麦克斯韦关于位移电流的假设,并简要介绍麦克斯韦方程组。

11.1 法拉第电磁感应定律

11.1.1 电磁感应现象的发现

1820 年,奥斯特发现了电流的磁效应,从一个侧面揭示了长期以来一直认为是彼此独立的电现象和磁现象之间的联系。既然电流可以产生磁场,人们自然地联想到,磁场是否也能产生电流呢?

法拉第(M. Faraday,1791—1867)深信磁产生电流一定会成功,并决心用实验来证实这一信念。然而,在早期的实验中,法拉第因发现恒定电流对它附近的导线并不产生可觉察的影响而感到迷惑。从 1822 年到 1831 年,经过一个又一个的失败和挫折,法拉第终于发现,感应电流并不是与原电流本身有关,而是与原电流的变化有关。1831 年,法拉第在关于电磁感应的第一篇重要论文中,总结出以下五种情况都可以产生感应电流:变化着的电流,变化着的磁场,运动着的恒定电流,运动着的磁铁,在磁场中运动着的导体。

1832 年法拉第发现,在相同的条件下,不同金属导体中产生的感应电流的大小与导体的电导率成正比。他由此意识到,感应电流是由与导体性质无关的感应电动势产生的;即使不形成闭合回路,这时不存在感应电流,但感应电动势却仍然有可能存在。在解释电磁感应现象的过程中,法拉第把他自己首先提出的描述静态相互作用的力线图像发展到动态。他认为,当通过回路的磁力线根数(即磁通量)变化时,回路里就会产生感应电流,从而揭示出了产生感应电动势的原因。

1834年,楞次(H. E. E. Lenz,1804—1865)通过分析实验资料总结出了判断感应电流方向的法则——**楞次定律**。

1845年,诺依曼(F. E. Neumann,1798—1895)借助于安培的分析方法,从矢量的角度推出了电磁感应定律的数学形式。

11.1.2 法拉第电磁感应定律

电磁感应现象可以概括为以下几个基本实验现象:

(1) 如图11.1(a)所示,将磁棒插入未接电源的线圈,线圈中有电流;当磁棒在线圈内停止不动时,线圈中没有电流;将磁棒从线圈内拔出,线圈中的电流与磁棒插入时方向相反。磁棒插入或拔出的速度越快,线圈中产生的电流越大。

(2) 如图11.1(b)所示,用一通有电流的线圈代替上述实验中的磁棒,结果与上述实验完全相同。

(3) 如图11.1(c)所示,两个线圈位置都固定,改变与电源串联的原线圈中的电流,也会在另一线圈(副线圈)内引起电流。若原线圈内带有磁介质棒,则效果更明显。

(4) 如图11.1(d)所示,把一边可滑动的导体线框放在均匀的恒定磁场中,在滑动过程中线框里有电流产生。

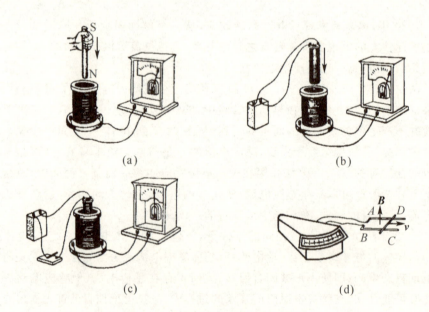

图 11.1 电磁感应现象的演示实验

由以上四个实验可以得出结论：当穿过闭合回路的磁通量发生变化时，回路中将产生感应电流或感应电动势。定量的实验表明，导体回路中感应电动势 ε 的大小，与穿过导体回路的磁通量的变化率 $\mathrm{d}\Phi_m/\mathrm{d}t$ 成正比，称为**法拉第电磁感应定律**。在国际单位制中，法拉第电磁感应定律的数学表达式为

$$\varepsilon = -\frac{\mathrm{d}\Phi_m}{\mathrm{d}t} \tag{11.1}$$

即感应电动势等于穿过回路的磁通量的时间变化率的负值。

对于 N 匝回路，若每匝中穿过的磁通量分别为 $\Phi_{m1}, \Phi_{m2}, \cdots, \Phi_{mn}$ 时，考虑到匝与匝之间是串联的，整个电路的电动势等于各匝电动势之和，可得

$$\varepsilon = \varepsilon_1 + \varepsilon_2 + \cdots + \varepsilon_n = -\frac{\mathrm{d}}{\mathrm{d}t}(\Phi_{m1} + \Phi_{m2} + \cdots + \Phi_{mn}) = -\frac{\mathrm{d}\Psi}{\mathrm{d}t} \tag{11.2}$$

其中，$\Psi = \Phi_{m1} + \Phi_{m2} + \cdots + \Phi_{mn}$ 称为磁通匝链数，简称磁链。

如果各匝的磁通量均为 Φ_m，则有

$$\varepsilon = -\frac{\mathrm{d}\Psi}{\mathrm{d}t} = -N\frac{\mathrm{d}\Phi_m}{\mathrm{d}t} \tag{11.3}$$

由于电动势和磁通量都是标量，它们的正负都是相对于某一指定的方向而言的，因此在应用法拉第电磁感应定律确定电动势方向时，首先要标定回路的绕行方向，并规定电动势方向与绕行方向一致时为正。然后，根据回路的绕行方向，按右手螺旋定则定出回路所包围面积的正法线方向 e_n。若 $\boldsymbol{B}$ 与 e_n 的夹角 $\theta < \frac{\pi}{2}$，则回路的磁通量 $\Phi_m > 0$；若 $\theta > \frac{\pi}{2}$，则 $\Phi_m < 0$。最后，再根据磁通量变化率的正负确定 ε 的正负。

如图 11.2(a) 和 (b) 所示，若正的 Φ_m 随时间增大，或负的 Φ_m 的绝对值随时间减小，则有 $\mathrm{d}\Phi_m/\mathrm{d}t > 0$, $\varepsilon < 0$，这表明感应电动势的方向与回路绕行方向（中心附近虚线箭头所示）相反；反之，如图 11.2(c) 和 (d) 所示，若正的 Φ_m 随时间减小，或负的 Φ_m 的绝对值随时间增大，则有 $\mathrm{d}\Phi_m/\mathrm{d}t < 0$, $\varepsilon > 0$，这表明感应电动势的方向与回路绕行方向相同。然而，在任何情况下，而且无论回路绕行方向如何选择，感应电动势 ε 的正负总是与磁通量的变化率 $\mathrm{d}\Phi_m/\mathrm{d}t$ 的正负相反的。

（a）$\Phi > 0$, Φ 增加　　（b）$\Phi > 0$, $|\Phi|$ 减小　　（c）$\Phi > 0$, Φ 减小　　（d）$\Phi < 0$, $|\Phi|$ 增加

图 11.2　感应电动势的方向

11.1.3 楞次定律

楞次定律可以表述为:闭合回路中感应电流的方向,总是使得它所激发的磁场来阻止引起感应电流的磁通量的变化(增大或减小)。或者,也可以表述为:感应电流的效果,总是反抗引起感应电流的原因。

楞次定律是能量守恒定律在电磁感应现象上的具体体现。按照楞次定律,把磁棒插入线圈或从线圈中拔出,都必须克服斥力或引力做机械功,而正是这部分机械功转化成了感应电流所释放的焦耳热。在实际中,运用楞次定律来确定感应电动势的方向往往是比较方便的。特别是,在有些问题中并不要求具体确定感应电流的方向,而只要判断感应电流所引起的机械效果,这时采用楞次定律的后一种表述来分析更为方便。

例 11.1 试分析涡电流的产生和应用。

图 11.3 高频感应电炉

解 处在变化磁场中(或相对于磁场运动)的大块导体内部,会产生闭合的涡旋状的感应电流,称为涡电流或涡流。圆柱形金属块可看成由一系列半径逐渐变化的圆柱状薄壳组成,每层薄壳自成一个闭合回路。若在金属块上绕一线圈并通以交变电流,金属块就处在交变磁场中,沿着一层层壳壁都会产生感应电流。由于大块金属的电阻很小,如果交变电流频率很高,则涡电流可以是非常大的,从而释放出大量的焦耳热,可用于冶炼金属,这便是(高频)感应电炉的原理(图 11.3)。这种冶炼方法的优点是温度高且易于控制,特别是可以把坩埚放在真空中无接触地加热,从而避免了氧化和玷污。涡流的焦耳热有时是很有害的。例如,在电机和变压器中,为了增大磁感应强度都采用了铁心。为了减少涡流损耗,通常用绝缘叠合起来的电阻率较高的硅钢片代替整块铁心,并使硅钢片平面与磁感应线平行。

除了热效应外,涡流产生的机械效应在实际中也有广泛的应用。如图 11.4 所示,把一块铝片悬挂在电磁铁的一对磁极之间形成一个摆。当电磁铁被励磁之后,由于穿过运动导体的磁通量发生变化,铝片内将产生感应电流。根据楞次定律,感应电流的效果总是反抗引起感应电流的原因的,因此铝片的摆动会受到阻力而迅速停止,这种现象称为电磁阻尼。电磁仪表中的指针的摆动能够迅速稳定下来,电气火车中的电磁制动,都是电磁阻尼原理的应用。

与电磁阻尼相对的是电磁驱动作用,即当金属

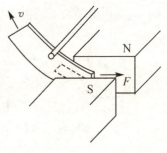

图 11.4 电磁阻尼

圆盘紧靠旋转着的磁铁的两极而不接触时,在圆盘中所产生的涡流会阻碍它与磁铁的相对运动,从而使圆盘跟随磁铁转动起来。这种驱动作用是因感应现象产生的,因此圆盘的转速总是小于磁铁的转速,感应(异步)电动机的运转就是根据这个道理。

11.2 动生电动势

法拉第电磁感应定律表明,只要穿过回路的磁通量发生了变化,就会有感应电动势产生。实际上,磁通量的变化有两种原因:一种是回路或其一部分在磁场中有相对运动,所产生的感应电动势称为**动生电动势**;另一种是仅由磁场的变化而产生的感应电动势,称为**感生电动势**。下面我们先来讨论动生电动势。

如图 11.5 所示,长为 l 的导体棒与导轨所构成的矩形回路 $abcd$ 平放在纸面内,均匀磁场 $\boldsymbol{B}$ 垂直纸面向里。导体棒 ab 以速度 v 沿导轨向右滑动,其余的边不动。某时刻穿过回路所围的面积的磁通量为

$$\Phi_m = BS = Blx$$

随着棒 ab 的运动,回路所围绕的面积扩大,因而回路中的磁通量发生变化。根据(11.1)式,回路中的感应电动势大小为

$$|\varepsilon| = \frac{\mathrm{d}\Phi_m}{\mathrm{d}t} = \frac{\mathrm{d}}{\mathrm{d}t}(Blx) = Bl\frac{\mathrm{d}x}{\mathrm{d}t} = Blv \quad (11.4)$$

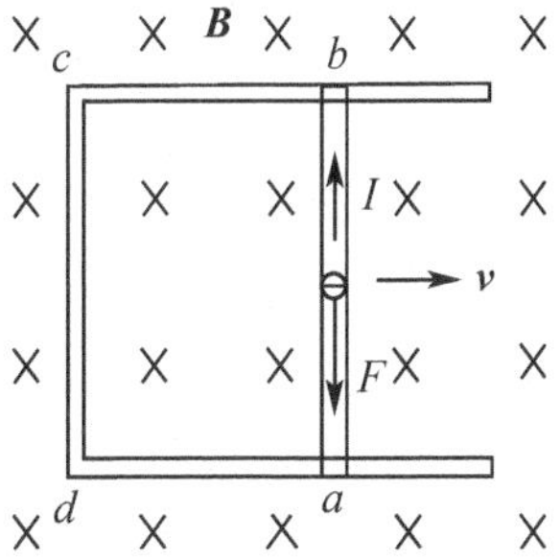

图 11.5 动生电动势

电动势的方向可用楞次定律判定为逆时针方向。由于只有 ab 棒运动其他边都未动,所以动生电动势只在 ab 棒内产生。回路中感应电动势为逆时针方向说明在 ab 棒中的动生电动势方向应沿由 a 到 b 的方向。像这样一段导体在磁场中运动时所产生的电动势的方向可以简便地用右手定则判断:伸平右手掌并使拇指与其他四指垂直,让磁感应线从掌心穿入,当拇指指着导体运动的方向时,四指就指着导体中产生的动生电动势的方向。当感应电动势集中于回路的一段内时,这一段可视为整个回路中的电源部分。由于在电源内电动势的方向是由低电势处指向高电势处,所以在棒 ab 上,b 点的电势高于 a 点的电势。

动生电动势的产生也可以用洛伦兹力来解释。当导体棒 ab 以速度 v 沿导轨向右滑动时,导体棒内的自由电子也以速度 v 随之一起向右运动,因而每个自由电子都受到如图 11.5 所示的洛伦兹力 $\boldsymbol{F}$ 的作用

$$\boldsymbol{F} = (-e)\boldsymbol{v} \times \boldsymbol{B}$$

洛伦兹力 $\boldsymbol{F}$ 的方向从 b 指向 a,在其作用下自由电子向下运动。如果导轨是导体,在回路中将形成沿着 $abcd$ 逆时针方向的电流;如果导轨是绝缘体,则洛伦

兹力将使自由电子在 a 端累积,从而使 a 端带负电,b 端带正电,在 ab 棒上产生自上而下的静电场。当作用在自由电子上的静电力与洛伦兹力大小相等时达到平衡,ab 间电压达到稳定值,b 端电势比 a 端高。由此可见,这一段运动的导体相当于一个电源,它的非静电力就是洛伦兹力。

电动势定义为单位正电荷从负极通过电源内部移到正极的过程中,非静电力所做的功。这里的非静电力就是作用在单位正电荷上的洛伦兹力,所以非静电场 E_k 为

$$E_k = \frac{F}{-e} = v \times B$$

根据式(10.5),动生电动势为

$$\varepsilon = \int_-^+ E_k \cdot dl = \int_-^+ (v \times B) \cdot dl \tag{11.5}$$

动生电动势的产生,与导体在磁场中的运动情况密切相关。在图 11.5 所示的均匀场情况下,若 $v \perp B$,则有 $\varepsilon = Blv$;若导体顺着磁场方向运动,$v // B$,则有 $v \times B = 0$,没有动生电动势产生。因此,可以形象地说,只有当导线切割磁感应线而运动时,才产生动生电动势。

对于普遍情况,在任意的恒定磁场中,一个任意形状的导线线圈 L(闭合的或不闭合的)在运动或发生形变时,各个线元 dl 的速度 v 的大小和方向都可能是不同的。这时,在整个线圈 L 中产生的动生电动势为

$$\varepsilon = \oint (v \times B) \cdot dl \tag{11.6}$$

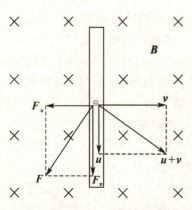

图 11.6 洛伦兹力不做功

我们知道,洛伦兹力总是垂直于电荷的运动速度,对电荷不做功。然而,当导体棒与导轨构成回路时会有感应电流出现,这时感应电动势却是要做功的,这个矛盾如何解决?可以这样来解释,如图 11.6 所示,当导体棒运动时,自由电子随导体棒一起以速度 v 运动,所受的洛伦兹力 $F_v \perp v$,但是运动导体中的自由电子不但具有导体本身的运动速度 v,而且还具有相对于导体的定向运动速度 u,而与此相应的洛伦兹力 $F_v \perp u$。于是,自由电子受到的总的洛伦兹力为

$$F = -e(u+v) \times B = F_u + F_v$$

它与合成速度 $u+v$ 垂直,所以总的洛伦兹力不对电子做功,这与我们所知的洛伦兹力不做功是一致的。

实际上,为了使导体棒能够在磁场中以速度 v 匀速运动,必须施加外力 F_0,以克服洛伦兹力的一个分力 $F_u = -eu \times B$。洛伦兹力的另一个分量 $F_v = -ev \times B$ 对

电子的定向运动做了正功,从而全部转化成了感应电流的能量。因此,洛伦兹力并不提供能量,而只是传递能量。洛伦兹力在这里起了能量转化作用,其前提是运动物体中必须有能够自由移动的电荷。

例 11.2 如图 11.7 所示,在均匀恒定磁场 B 中,一根长为 L 的导体棒 ab,在垂直于磁场的平面内绕其一端做匀速转动,角速度为 ω。试求这导体棒两端的电势差 U_{ab}。

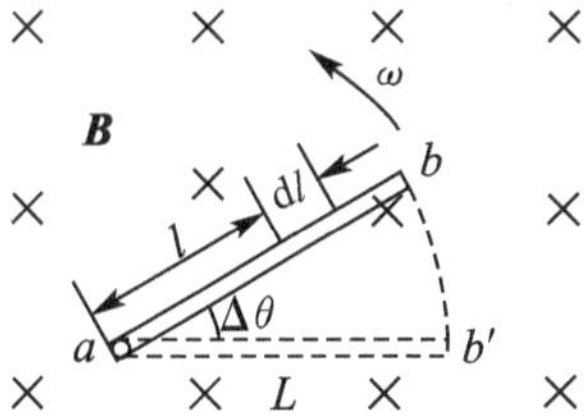

解(解法一)

由于导体棒 ab 在均匀磁场中匀速转动,所以棒上各处的线速度 v 不同。若在距中心为 l 处取一线元 dl,则其线速度的方向既垂直于棒,又垂直于 B,大小为 $v = \omega l$。利用式(11.5),导体棒 ab 上所产生的动生电动势为

图 11.7 旋转的导体棒

$$\varepsilon = \int_a^b (\boldsymbol{v} \times \boldsymbol{B}) \cdot d\boldsymbol{l} = -\int_a^b Bv l \, dl = -\frac{1}{2} L^2 \omega B$$

式中的负号来源于 $v \times B$ 的方向与积分路径的方向相反,这表示感应电动势的方向是从 b 指向 a 的。于是,ab 两点间的电势差为

$$U_{ab} = -\varepsilon = \frac{1}{2} L^2 \omega B$$

(解法二)

为了直接运用式(11.1)来求解,设想有一个回路 $abb'a$,如图 11.7 所示。ab' 是导体棒在 $t = 0$ 的位置,$\Delta S = L^2 \Delta\theta / 2$ 是 Δt 时间内导体棒扫过的面积。由于回路的 $abb'a$ 绕行方向所确定的面元矢量 $\Delta \boldsymbol{S}$ 的方向与 $\boldsymbol{B}$ 一致,所以该回路的磁通量为

$$\Delta \Phi_m = \boldsymbol{B} \cdot \Delta \boldsymbol{S} = B \Delta S = \frac{1}{2} B L^2 \Delta \theta$$

代入式(11.1)可得

$$\varepsilon = -\frac{d\Phi_m}{dt} = -\frac{1}{2} B L^2 \frac{d\theta}{dt} = -\frac{1}{2} B L^2 \omega$$

式中的负号表示电动势 ε 的方向由 b 指向 a。

例 11.3 试分析交流发电机的基本原理。

解 如图 11.8(a)所示,一个单匝线圈 $abcd$ 可以绕固定轴在磁极 N 和 S 所激发的近似均匀的磁场中转动;线圈的两端分别接在两个与线圈一起转动的铜环上,铜环通过两个带有弹性的金属触头与外电路接通。当线圈在汽轮机或水轮机的带动下在均匀磁场中匀速转动时,线圈的 ab 和 cd 两边切割磁感应线而产生感应电动势。如果外电路是闭合的,则在线圈和外电路所组成的闭合回路中就会出现感应电流。

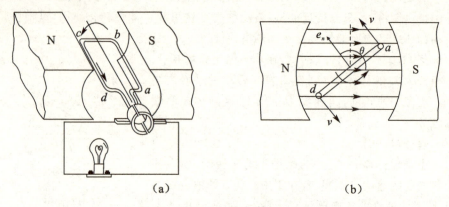

图 11.8 交流发电机的基本原理

考虑某一瞬间,线圈处在如图 11.8(b) 所示的位置,线圈平面的法向 e_n 与 $\boldsymbol{B}$ 间的夹角为 θ。由式(11.5)可得,在边长为 l 的 ab 和 cd 两边中产生的感应电动势分别为

$$\varepsilon_{ab} = \int_a^b (\boldsymbol{v} \times \boldsymbol{B}) \cdot \mathrm{d}\boldsymbol{l} = \int_0^l vB\sin\theta \mathrm{d}l = vBl\sin\theta$$

$$\varepsilon_{cd} = \int_c^d (\boldsymbol{v} \times \boldsymbol{B}) \cdot \mathrm{d}\boldsymbol{l} = \int_0^l vB\sin(\pi - \theta) \mathrm{d}l = vBl\sin\theta$$

线圈回路中这两个电动势的方向相同,因此整个回路中的感应电动势为

$$\varepsilon = \varepsilon_{ab} + \varepsilon_{cd} = 2vBl\sin\theta$$

设线圈旋转的角速度为 ω,并取线圈平面的法线刚好处在水平位置时作为计时的零点,则 $\theta = \omega t$,又因为 $v = l'\omega/2$,代入上式可得

$$\varepsilon = BS\omega\sin\omega t$$

式中,$S = ll'$ 为线圈的面积,l' 为线圈的 bc 和 da 边长。

实际上,直接应用式(11.1)来计算将会更加简便。当线圈平面的法向 e_n 与 $\boldsymbol{B}$ 的夹角为 $\theta = \omega t$ 时,矩形线圈面积的磁通量为

$$\Phi_m = \boldsymbol{B} \cdot \boldsymbol{S} = BS\cos\theta = BS\cos\omega t$$

由此可直接得到线圈中的感应电动势为

$$\varepsilon = -\frac{\mathrm{d}\Phi_m}{\mathrm{d}t} = BS\omega\sin\omega t$$

从计算结果可以看出,这种电动势随时间变化的曲线是正弦曲线,称为简谐交变电动势,简称简谐交流电。这种电动势及其在回路中所产生的感应电流,它们的大小和方向都在做周期性的变化。图 11.8(a) 所示的装置,就是一种最简单的交流发电机。当线圈中形成了感应电流时,它在磁场中要受到安培力的作用,

其方向是阻碍线圈运动的。为了继续发电，必须用汽轮机或水轮机来克服阻力矩做功。因此，发电机是利用电磁感应现象将机械能转化为电能的装置。

实际的发电机构造都比较复杂，例如线圈的匝数很多，它们都镶嵌在硅钢片制成的铁心上，组成电枢；磁场是用电磁铁激发的，磁极一般不止一对。大型发电机的电压较高，电流也很大，为了便于电流的输出，一般采用转动磁极式，即电枢不动，磁体转动。

11.3 感生电动势

现在我们来讨论当导体回路固定不动，而由于磁场变化导致穿过回路的磁通量发生变化，以致在导体回路中产生感生电动势的原因。

根据法拉第电磁感应定律，在导体回路中产生的感生电动势为

$$\varepsilon = -\frac{\mathrm{d}\Phi_m}{\mathrm{d}t} = -\frac{\mathrm{d}}{\mathrm{d}t}\int_S \boldsymbol{B} \cdot \mathrm{d}\boldsymbol{S} = -\int_S \frac{\partial \boldsymbol{B}}{\partial t} \cdot \mathrm{d}\boldsymbol{S} \tag{11.7}$$

又根据电动势的定义(式(10.6))，导体回路中的感生电动势为

$$\varepsilon = \oint \boldsymbol{E}_k \cdot \mathrm{d}\boldsymbol{l}$$

那么，式中的非静电场 $\boldsymbol{E}_k$ 是什么呢？由于导体回路不动，所以非静电力不是洛伦兹力，应是电场力。麦克斯韦(J.C. Maxwell, 1831—1879)在分析电磁感应现象的基础上，1861年提出了感生电场的假设，认为：变化的磁场在其周围空间激发感生电场，用 $\boldsymbol{E}_k$ 表示。

必须注意到，对于麦克斯韦假设而言，只要有变化的磁场，周围就会产生感生电场，不管有无导体，也不管是在真空中或介质中都会产生感生电场。这个假设已被近代科学实验所证实。

比较式(10.6)和式(11.7)，可得

$$\oint \boldsymbol{E}_k \cdot \mathrm{d}\boldsymbol{l} = -\int_S \frac{\partial \boldsymbol{B}}{\partial t} \cdot \mathrm{d}\boldsymbol{S} \tag{11.8}$$

式中 S 表示以回路 L 为边界的任意曲面面积，而右侧改用偏导数是因为 $\boldsymbol{B}$ 还是空间坐标的函数。

在一般的情况下，空间的电场可能既有静电场 $\boldsymbol{E}_0$，又有感生电场 $\boldsymbol{E}_k$。根据叠加原理，总电场沿某一闭合路径的环路积分应是静电场的环路积分和感生电场的环路积分之和。由于前者为零，所以

$$\oint \boldsymbol{E} \cdot \mathrm{d}\boldsymbol{l} = \oint (\boldsymbol{E}_0 + \boldsymbol{E}_k) \cdot \mathrm{d}\boldsymbol{l} = \oint \boldsymbol{E}_k \cdot \mathrm{d}\boldsymbol{l} = -\int_S \frac{\partial \boldsymbol{B}}{\partial t} \cdot \mathrm{d}\boldsymbol{S} \tag{11.9}$$

这是关于电场和磁场关系的又一个普遍的基本规律。

感生电场与静电场都是一种客观存在的物质，它们都对带电粒子有作用力。

然而,与静电场不同的是:感生电场不是由电荷激发的,而是由变化的磁场激发的;感生电场不是保守场,其环流不等于零,即 $\oint \boldsymbol{E}_k \cdot \mathrm{d}\boldsymbol{l} = -\int_s \frac{\partial \boldsymbol{B}}{\partial t} \cdot \mathrm{d}\boldsymbol{S}$,因而描述感生电场的电场线是一组闭合的曲线,而静电场是保守场,其环流等于零,电场线起始于正电荷,终止于负电荷。

例 11.4 半径为 R 的圆柱形空间分布着均匀磁场,其横截面如图 11.9 所示。磁感应强度 B 随时间以恒定速率 $\mathrm{d}B/\mathrm{d}t$ 变化,试求感生电场的分布。

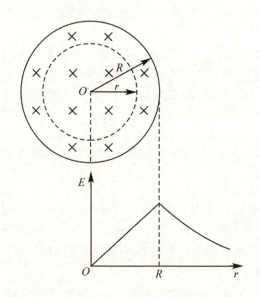

图 11.9 变化磁场的电场

解 磁场分布的轴对称性表明,感生电场的电场线处在垂直于轴线的平面内,它们是以轴心为圆心的一系列同心圆。设想以 O 为圆心、以 r 为半径作一圆形闭合回路,则回路上任意一点处感生电场的场强大小相等,方向与回路相切。选取回路的正方向是顺时针方向,根据(11.8)式有

$$\oint \boldsymbol{E}_k \cdot \mathrm{d}\boldsymbol{l} = -\int_s \frac{\partial \boldsymbol{B}}{\partial t} \cdot \mathrm{d}\boldsymbol{S}$$

$$E_k 2\pi r = -\frac{\mathrm{d}B}{\mathrm{d}t}\int \mathrm{d}\boldsymbol{S}$$

(1) 当 $0 < r < R$ 时,有

$$E_k 2\pi r = -\frac{\mathrm{d}B}{\mathrm{d}t}\pi r^2 \Rightarrow E_k = -\frac{1}{2}r\frac{\mathrm{d}B}{\mathrm{d}t}$$

E_k 表示场强 $\boldsymbol{E}_k$ 在顺时针切线方向上的投影,其大小与 r 成正比。当 $\frac{\mathrm{d}B}{\mathrm{d}t} > 0$ 时,

$E_k < 0$，电场线沿逆时针方向；当时 $\frac{dB}{dt} < 0, E_k > 0$，电场线沿顺时针方向。

（2）当 $r > R$ 时，回路中一部分空间的磁场为零，随着 r 的增加，回路的磁通量不会增加，于是有

$$E_k 2\pi r = -\frac{dB}{dt}\pi R^2 \Rightarrow E_k = -\frac{R^2}{2r}\frac{dB}{dt}$$

即感生电场 E_k 与 r 成反比。

例 11.5 试分析电子感应加速器的基本原理。

解 应用感生电场加速电子的电子感应加速器，是感生电场存在的最重要的例证之一，其结构示意图如图 11.10(a) 所示。在圆形磁铁的两极之间有一环形真空室，用交变电流励磁的电磁铁在两极之间产生交变磁场，从而在环形室内感生出很强的有旋电场，其电场线为同心圆。用电子枪将电子注入环形室，它们在有旋电场的作用下被加速，同时在洛伦兹力的作用下沿圆形轨道运动。

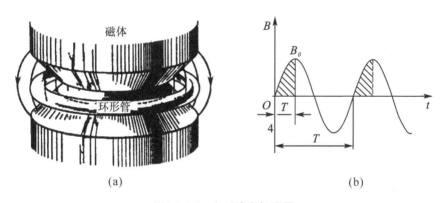

图 11.10 电子感应加速器

如图 11.10(b) 所示，只有磁场变化是在第一个或第四个 1/4 周期（约 5ms）的情况下，所产生的有旋电场才能使带负电的电子加速而沿圆形轨道运动。实际上，在比上述时间还短得多的极短时间内，约 10^{-1}ms，电子已经能够绕轨道回旋数十万圈，从而获得很高的能量。最后，将电子引入靶室，进行实验工作。

电子感应加速器加速电子，并不会受到电子质量随其速度增大而增大这一相对论效应的影响，100MeV 的大型电子感应加速器可将电子加速到 $0.999\,986c$。然而，电子被加速时要辐射能量，这就限制了被加速电子能量的进一步提高。

11.4 自感与互感

在生活中，当我们把家用电器的插头迅速地从插座中拔出时，常会看到有电

火花产生,这是由于高电压引起的。那么,这个高电压又是从何而来的呢?汽车引擎中要使火花塞点火需要上万伏的高电压,而汽车蓄电池所能提供的电压仅为12伏,火花塞是如何实现在该电压下点火的呢?诸如此类的现象或工程技术问题就需要我们学习这一节的内容。

11.4.1 互感

当一个线圈中的电流发生变化时,将在它周围空间产生变化的磁场,从而在它附近的另一个线圈中产生感应电动势,这称为**互感现象**。这种电动势称为互感电动势。显然,一个线圈中的互感电动势不仅与另一个线圈中电流变化的快慢有关,而且也与两个线圈的结构以及它们之间的相对位置有关。

如图 11.11 所示,线圈 1 中的电流 I_1 在空间各点产生磁场 $\boldsymbol{B}_1$,它穿过与线圈 1 相邻的线圈 2 的磁链为 Ψ_{21}。若线圈的形状、大小和相对位置均保持不变,周围又无铁磁质,则由毕奥-萨伐尔定律可知,Ψ_{21} 正比于 I_1,即

$$\Psi_{21} = M_{21} I_1 \tag{11.10}$$

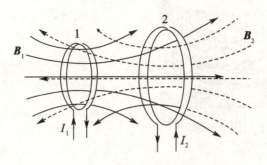

图 11.11　两线圈之间的互感

按照法拉第电磁感应定律,当 I_1 发生变化时,在线圈 2 中产生的感应电动势为

$$\varepsilon_2 = -\frac{\mathrm{d}\Psi_{21}}{\mathrm{d}t} = -M_{21}\frac{\mathrm{d}I_1}{\mathrm{d}t} \tag{11.11}$$

同理,设线圈 2 中的电流 I_2 所激发的磁场为 $\boldsymbol{B}_2$,它穿过线圈 1 的磁链为 Ψ_{12},则有

$$\Psi_{12} = M_{12} I_2 \tag{11.12}$$

当 I_2 发生变化时,在线圈 1 中产生的感应电动势为

$$\varepsilon_1 = -\frac{\mathrm{d}\Psi_{12}}{\mathrm{d}t} = -M_{12}\frac{\mathrm{d}I_2}{\mathrm{d}t} \tag{11.13}$$

比例系数 M_{21} 和 M_{12} 称为互感系数或互感。式(11.10)和式(11.13),或者式

(11.10)和式(11.12),给出了互感的两种定义。互感的计算一般都比较复杂,实际中常采用实验的方法来测定。在国际单位制中,互感的单位是 H(亨利)。$1H = 1Wb/A = 1V \cdot s/A$。

可以证明,M_{21} 和 M_{12} 相等,一般用 M 表示,即

$$M_{12} = M_{21} = M \tag{11.14}$$

因此,对于具有互感的两个线圈中的任何一个,只要线圈中的电流变化相同,就会在另一线圈中产生大小相同的感应电动势。

在无线电技术和电磁测量中,常常通过互感线圈使能量或信号由一个线圈传递到另一个线圈,例如电源变压器、中周变压器、输入(或输出)变压器以及电压和电流互感器等。但是,在某些情况下,互感是有害的。例如,电路之间会由于互感而互相干扰,可采用磁屏蔽等方法来减小这种干扰。在一些物理实验和精密测量中,还可采用这类磁屏蔽装置来屏蔽地磁场的影响。

11.4.2 自感

当一个线圈中的电流发生变化时,它所激发的磁场穿过这个线圈自身的磁通量也随之发生变化,从而在这个线圈中也会产生感应电动势,这种现象称为**自感现象**;这样产生的感应电动势,称为自感电动势。

类似于互感,自感系数(简称自感)L 也有两种定义,即

$$\Psi = LI \tag{11.15}$$

$$\varepsilon = -\frac{d\Psi}{dt} = -L\frac{dI}{dt} \tag{11.16}$$

式中 I 为周围没有铁磁质的线圈中通过的电流,Ψ 为穿过线圈自身的磁链。自感的单位与互感相同。

自感现象的应用也很广泛。例如,利用线圈具有阻碍电流变化的特性可以稳定电路中的电流;无线电设备中常以自感线圈和电容器组合构成共振电路或滤波器等。在某些情况下自感现象又是有害的,要设法避免。例如,在具有很大自感线圈的电路断开时,由于电路中的电流变化很快,在电路中会产生很大的自感电动势,它甚至会使线圈击穿或在电闸间隙产生强电弧。

例 11.6 在一匝数为 N_1 的密绕长直螺线管外,绕一匝数为 N_2 的线圈,它们的长度都为 l,截面积都为 S,共用铁心的相对磁导率为 μ_r。试求:(1) 这两个线圈的自感;(2) 它们的互感与自感的关系。

解 (1) 设螺线管 1 中有电流 I_1,管内的磁感应强度 B_1 及穿过它自身的磁链 Ψ_1 分别为

$$B_1 = \frac{\mu_0 \mu_r N_1 I_1}{l}, \quad \Psi_1 = N_1 B_1 S = \frac{\mu_0 \mu_r N_1^2 S I_1}{l}$$

由式(11.15)可得螺线管 1 的自感 L_1 为

$$L_1 = \frac{\Psi_1}{I_1} = \frac{\mu_0 \mu_r N_1^2 S}{l}$$

用同样的方法可以求得,螺线管 2 的自感 L_2 为

$$L_2 = \frac{\Psi_2}{I_2} = \frac{\mu_0 \mu_r N_2^2 S}{l}$$

(2) 当螺线管 1 中有电流 I_1 时,螺线管 2 的磁链为

$$\Psi_{21} = N_2 B_1 S = \frac{\mu_0 \mu_r N_1 N_2 S I_1}{l}$$

由式(11.10)可得两螺线管之间的互感的平方为

$$M^2 = \left(\frac{\mu_0 \mu_r N_1 N_2 S}{l}\right)^2 = \frac{\mu_0 \mu_r N_1^2 S}{l} \cdot \frac{\mu_0 \mu_r N_2^2 S}{l} = L_1 L_2$$

则

$$M = \sqrt{L_1 L_2}$$

应该强调,只有完全耦合的线圈才有上述关系。一般情况下,有

$$M = k\sqrt{L_1 L_2} \tag{11.17}$$

其中,k 称为耦合因数,$0 \leqslant k \leqslant 1$,具体数值取决于两线圈的相对位置。如果有两个单层密绕线圈 1 和 2,当线圈 1 中通以电流 I_1 时,在线圈 1 和线圈 2 中产生的磁通的大小分别为 Φ_{m1} 和 $k_2 \Phi_{m1}$;而当线圈 2 中通以电流 I_2 时,在线圈 2 和线圈 1 中的磁通的大小分别为 Φ_{m2} 和 $k_1 \Phi_{m2}$。可以证明,这种情况下有 $k = \sqrt{k_1 k_2}$。

例 11.7 如图 11.12 所示,有两个共轴的密绕螺线管,它们的长度、面积和匝数分别为 $l_1 = 30.0 \text{cm}, S_1 = 10.0 \text{cm}^2, N_1 = 1600, l_2 = 5.00 \text{cm}, S_2 = 11.0 \text{cm}^2, N_2 = 150$,螺线管 1 中电流变化率为 50.0mA/s,试求两螺线管间的互感 M 以及螺线管 2 中的感应电动势。

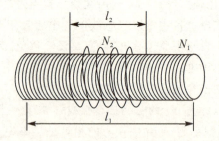

图 11.12 两螺线管之间的互感

解 (1) 设在螺线管 1 中通以电流 I_1,它在管的中部所产生的磁场为

$$B_1 = \mu_0 n_1 I_1 = \mu_0 \frac{N_1}{l_1} I_1$$

穿过螺线管 2 的磁链为

$$\Psi_{21} = N_2 B_1 S_1 = N_2 \mu_0 \frac{N_1}{l_1} I_1 S_1$$

利用式(11.10),可求得两螺线管间的互感为

$$M = \frac{\Psi_{21}}{I_1} = \frac{\mu_0 N_1 N_2 S_1}{l_1} = 1.01(\text{mH})$$

(2) 利用式(11.11)可得螺线管 2 中的感应电动势的大小为

$$|\varepsilon| = M \frac{\mathrm{d}I_1}{\mathrm{d}t} = 50.51(\text{V})$$

如果从螺线管 2 中通有电流 I_2 出发来讨论,则由于该螺线管的长度与其截面的直径相当,不能应用式 $B = \mu_0 n I$ 来计算通过螺线管 1 的磁链。

11.5 磁场能量

11.5.1 自感磁能

在图 11.13 所示的电路中,当开关 S 倒向 1 时,自感为 L 的线圈与电源接通,电流 i 将由零逐渐增大到恒定值 I,灯泡逐渐亮起来。这一电流变化在线圈中产生的自感电动势的方向与电流方向相反,起着阻碍电流增大的作用,因此,自感电动势 $\varepsilon_L = -L\frac{\mathrm{d}i}{\mathrm{d}t}$,做负功。

在建立电流 I 的整个过程中,外电源不仅要供给电路中产生焦耳热所需要的能量,而且还要抵抗自感电动势做功 W,即

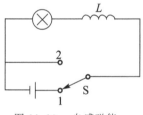

图 11.13 自感磁能

$$W_L = \int \mathrm{d}W = \int_0^\infty (-\varepsilon_L) i \mathrm{d}t = \int_0^\infty L \frac{\mathrm{d}i}{\mathrm{d}t} i \mathrm{d}t = \int_0^I L i \mathrm{d}i = \frac{1}{2} L I^2$$

电源抵抗自感电动势所做的功 W_L 转化成储存在线圈中的能量,称为自感磁能,用 W_m 来表示。

在图 11.13 所示的电路中,开关 S 倒向 2 时,电源被切断,线圈中的电流 i 将由恒定值 I 减小到零,灯泡逐渐熄灭。电流的减小在线圈中所产生的自感电动势的方向是与电流方向一致的,起着阻碍电流减小的作用,自感电动势 $\varepsilon_L = -L \frac{\mathrm{d}i}{\mathrm{d}t}$ 做正功,即

$$W_L = \int \varepsilon_L i \mathrm{d}t = \int (-L \frac{\mathrm{d}i}{\mathrm{d}t}) i \mathrm{d}t = -\int_I^0 L i \mathrm{d}i = \frac{1}{2} L I^2$$

切断电源后,线圈中储存的自感磁能通过自感电动势做功全部释放出来,转变成

焦耳热。

总之，自感为 L 的线圈，通有电流 I 时所储存的自感磁能为

$$W_m = \frac{1}{2}LI^2 \tag{11.18}$$

11.5.2 磁场的能量

与电场类似，我们可以从自感储存磁能的公式 $W_m = \frac{1}{2}LI^2$ 导出磁场的能量密度公式。设细螺绕环的平均半径为 R，总匝数为 N，其中充满相对磁导率为 μ_r 的各向同性线性磁介质。根据安培环路定理，当螺绕环通有电流 I 时，可以得到（见例题 11.3）

$$H = nI, \quad B = \mu_r\mu_0 nI$$

于是，按定义式(11.15)，可得螺绕环的自感为

$$L = \frac{\psi}{I} = \frac{NBS}{I} = \frac{N\mu_r\mu_0 nIS}{I} = \mu_r\mu_0 n^2 V$$

式中，$V = S2\pi R$，$n = N/2\pi R$。按式(11.18)，该螺绕环储存的自感磁能为

$$W_m = \frac{1}{2}LI^2 = \frac{1}{2}\mu_r\mu_0 n^2 I^2 V = \frac{1}{2}(\mu_r\mu_0 nI)(nI)V$$

即

$$W_m = \frac{1}{2}BHV$$

上式表明，磁能 W_m 的大小与磁场所占体积 V 成正比，即磁能分布在磁场中。因此，我们可以定义磁能密度为

$$\omega_m = \frac{W_m}{V} = \frac{1}{2}BH \tag{11.19}$$

上述结果虽是由一个简单的特例导出的，但是对于任意磁场都普遍适用。式(11.19)与电场能量密度公式(9.58)具有相似的形式，它表明：任何磁场都具有能量，磁能定域在磁场中。利用上式可以求得任意磁场中储存的能量

$$W_m = \int \omega_m \mathrm{d}V \tag{11.20}$$

上式积分范围应遍及整个磁场分布的空间。

例 11.8 如图 11.14 所示，同轴电缆由半径分别为 R_1 和 R_2 的两个无限长同轴长导体柱面组成，它们所通过的电流大小相等、方向相反。试求无限长同轴电缆中长度为 l 的一段的磁场能量及其自感。

解 根据安培环路定理，磁场只存在于两导体面之间，即当 $R_1 < r < R_2$ 时，有

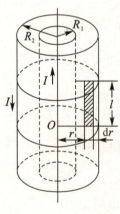

图 11.14 同轴电缆

$$H = \frac{I}{2\pi r}, \quad B = \mu_r \mu_0 H = \frac{\mu_r \mu_0 I}{2\pi r}$$

$$\omega_m = \frac{1}{2} BH = \frac{\mu_r \mu_0 I^2}{8\pi^2 r^2}$$

在长度为 l 的一段同轴线内的总磁能为

$$W_m = \int_{R_1}^{R_2} \omega_m 2\pi l r \, dr = \frac{\mu_r \mu_0 I^2 l}{4\pi} \int_{R_1}^{R_2} \frac{dr}{r}$$

$$= \frac{\mu_r \mu_0 I^2 l}{4\pi} \ln \frac{R_2}{R_1}$$

再根据式(11.18)，可以得到这段同轴电缆的自感为

$$L_l = \frac{2 W_m}{I^2} = \frac{\mu_r \mu_0 l}{2\pi} \ln \frac{R_2}{R_1}$$

另一种解法是，先利用两柱面间的磁感应强度分布求出面元 $l dr$ 的磁通量 $d\Phi$，然后求出长度为 l 的一段同轴线内的总磁通量

$$\Phi_m = \int d\Phi_m = \int_{R_1}^{R_2} \frac{\mu_0 \mu_r I l}{2\pi r} dr = \frac{\mu_0 \mu_r I l}{2\pi} \ln \frac{R_2}{R_1}$$

最后利用自感的定义式(11.15)可得上述结果。

11.6　位移电流　麦克斯韦方程组

自从1820年奥斯特发现电现象与磁现象之间的联系以后，由于安培、法拉第、亨利等人的工作，电磁学的理论又有了很大的发展。到了19世纪50年代，电磁技术也有了明显的进步，各种各样的电流计、电压计制造出来了，发电机、电动机和弧光灯已从实验室步入人们的生活和生产领域，有线电报也从实验室的研究走向社会。这时，在电磁学范围内已建立了许多定律、定理和公式。然而，人们迫切地企盼能像经典力学归纳出牛顿运动定律和万有引力定律那样，也能对众多的电磁学定律进行归纳总结，找出电磁学的基本方程。正是在这种情况下，麦克斯韦总结了从库仑到安培、法拉第以来电磁学的全部成就，并发展了法拉第场的思想，针对变化磁场能激发电场以及变化电场能激发磁场的现象，提出了感生电场和位移电流的概念，从而于1864年归纳出电磁场的基本方程——麦克斯韦方程组。

11.6.1　位移电流

在第10章我们曾经讨论了恒定电流磁场中的安培环路定理

$$\oint_L \boldsymbol{B} \cdot d\boldsymbol{l} = \mu_0 \sum I_i$$

式中 $\sum I_i$ 是穿过以闭合回路 L 为边界的任意曲面 S 的传导电流的代数和。那么，在非恒定电流的磁场中，安培环路定理是否仍然成立呢？

我们以图 11.15 所示的电容器充电、放电电路为例，具体分析在非恒定情况下安培环路定理是否仍然成立。电容器在充电、放电时，导线内的传导电流将随时间变化，传导电流不能在电容器两极板之间通过，因而对整个回路来说，传导电流是不连续的。

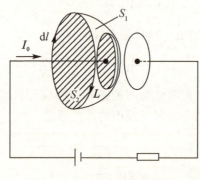

图 11.15　电容器的充放电

如果围绕导线取闭合回路 L，并以 L 为边界作曲面 S_2 与导线相交，根据安培环路定理，应有

$$\oint_L \boldsymbol{B} \cdot \mathrm{d}\boldsymbol{l} = \mu_0 I_0$$

I_0 是穿过曲面 S_2 的传导电流。若以同一回路 L 为边界作曲面 S_1，使 S_1 通过电容器两极板之间，由于没有传导电流穿过，则根据安培环路定理，应有

$$\oint_L \boldsymbol{B} \cdot \mathrm{d}\boldsymbol{l} = 0$$

显然，在非恒定电流的磁场中，如果仍然沿用恒定磁场中的安培环路定理，必将导致矛盾的结果。这就是说，在非恒定电流情况下，安培环路定理不再适用，应以新的规律代替。

1681 年麦克斯韦在研究电磁场的规律时，想把安培环路定理推广到非恒定电流的情况。它注意到在电容器的充、放电过程中，传导电流在电容器极板上终止的同时，将在极板表面引起自由电荷积累的增加或减少，从而引起两极板间的电场随之变化。他大胆地假设电场的变化与磁场相联系，并从理论的要求出发给出了这种联系的定量关系为

$$\oint_L \boldsymbol{B} \cdot \mathrm{d}\boldsymbol{l} = \mu_0 \varepsilon_0 \frac{\mathrm{d}\Phi_e}{\mathrm{d}t} = \mu_0 \varepsilon_0 \frac{\mathrm{d}}{\mathrm{d}t} \int \boldsymbol{E} \cdot \mathrm{d}\boldsymbol{S} \tag{11.21}$$

式中 S 是以闭合回路 L 为边界的任意形状的曲面。此式说明和变化电场相联系的磁场跟闭合路径的环路积分等于以该路径为边界的任意曲面的电通量 Φ_e 的变化率的 $\mu_0\varepsilon_0$ 倍。电场和磁场的这种联系常被称为变化的电场产生磁场，式(11.21)就成了变化的电场产生磁场的规律。

如果一个面 S 处既有传导电流(即电荷移形成的电流)I_C 通过，同时还有变化的电场存在，则沿此面积的边界 L 的磁场的环路积分为

$$\oint_L \boldsymbol{B} \cdot \mathrm{d}\boldsymbol{l} = \mu_0 \left(I_C + \varepsilon_0 \frac{\mathrm{d}}{\mathrm{d}t} \int \boldsymbol{E} \cdot \mathrm{d}\boldsymbol{S} \right) = \mu_0 \int \left(\boldsymbol{J}_C + \varepsilon_0 \frac{\partial \boldsymbol{E}}{\partial t} \right) \cdot \mathrm{d}\boldsymbol{S} \quad (11.22)$$

这一公式被称为普遍的安培环路定理。后来的实验证明，麦克斯韦的假设和他提出的定量关系是完全正确的。

由于(11.22)式中第一个等号右侧括号内第二项具有电流的量纲，所以也可以把它叫做"电流"，麦克斯韦把它叫位移电流。以 I_d 表示通过面 S 的位移电流，则有

$$I_d = \varepsilon_0 \frac{\mathrm{d}\Phi_e}{\mathrm{d}t} = \varepsilon_0 \frac{\mathrm{d}}{\mathrm{d}t} \int \boldsymbol{E} \cdot \mathrm{d}\boldsymbol{S} \quad (11.23)$$

而位移电流密度 J_d 则直接和电场的变化相联系，即

$$\boldsymbol{J}_d = \varepsilon_0 \frac{\partial \boldsymbol{E}}{\partial t} \quad (11.24)$$

注意，从本质上看来，真空中的位移电流不过是变化电场的代称，并不是电荷的运动，而且除了在产生磁场方面与电荷运动形成的传导电流等效外，和传导电流并无其他共同之处。

传导电流和位移电流之和，即(11.22)式第一个等号右侧括号中两项之和称为全电流。以 I 表示全电流，则通过面 S 的全电流为

$$I = I_C + I_d = \int \left(\boldsymbol{J}_C + \varepsilon_0 \frac{\partial \boldsymbol{E}}{\partial t} \right) \cdot \mathrm{d}\boldsymbol{S} \quad (11.25)$$

11.6.2 麦克斯韦方程组

现在我们综合回顾一下前面所学的有关静电场与稳恒磁场的一些基本规律，归纳为以下四个方程：

(1) 静电场的高斯定理：$\oint_S \boldsymbol{D} \cdot \mathrm{d}\boldsymbol{S} = \sum q_i$，表明静电场是有源场，电荷是产生电场的源。

(2) 静电场的环路定理：$\oint_l \boldsymbol{E} \cdot \mathrm{d}\boldsymbol{l} = 0$，表明静电场是保守力场或保守场，是无旋场。

(3) 稳恒磁场的高斯定理：$\oint_S \boldsymbol{B} \cdot \mathrm{d}\boldsymbol{S} = 0$，表明稳恒磁场是无源场。

(4) 稳恒磁场的安培环路定理：$\oint_l \boldsymbol{H} \cdot \mathrm{d}\boldsymbol{l} = \sum I_i$，表明稳恒磁场是非保守场，是有旋场（或涡旋场）。

麦克斯韦在引入了"感生电场"和"位移电流"的概念后，对以上的基本定理进行了修正，并把它们推广到一般的电场和磁场中，建立了麦克斯韦方程组。他揭示了电场与磁场的内在联系，把电场与磁场统一为电磁场，建立了统一的电磁场理论体系。麦克斯韦方程组的积分形式分别为：

(1) $\oint_S \boldsymbol{D} \cdot \mathrm{d}\boldsymbol{S} = \sum q_i$，是电场的高斯定理，说明了电场强度和电荷的关系。尽管电场和磁场的变化也有联系（如感生电场），但总的电场和电荷的关系总服从这一高斯定理。

(2) $\oint_l \boldsymbol{E} \cdot \mathrm{d}\boldsymbol{l} = -\int_S \frac{\partial \boldsymbol{B}}{\partial t} \cdot \mathrm{d}\boldsymbol{S}$，是推广后的电场环路定理，式中的 $\boldsymbol{E}$ 是静电场和感生电场的矢量叠加。由于静电场是保守力场，其环路积分为零，因此，说明了变化的磁场与电场的关系。

(3) $\oint_S \boldsymbol{B} \cdot \mathrm{d}\boldsymbol{S} = 0$，是磁场中的高斯定理，式中的 $\boldsymbol{B}$ 是由传导电流和位移电流共同激发的磁场，说明目前的电磁场理论认为在自然界中没有单一的"磁荷"（或磁单极子）存在。

(4) $\oint_L \boldsymbol{H} \cdot \mathrm{d}\boldsymbol{l} = I_c + \int_S \frac{\partial \boldsymbol{D}}{\partial t} \cdot \mathrm{d}\boldsymbol{S}$，是推广后的安培环路定理，它说明磁场与电流以及变化的电场之间的关系。

麦克斯韦方程组是对整个电磁场理论的总结，它的数学形式简洁优美，逻辑体系严密，显示了电场与磁场以及时间和空间的明显对称性的特点。麦克斯韦的电磁理论是物理学史上最伟大的成就之一，它奠定了经典电动力学的基础，也为无线电技术的进一步发展开辟了广阔的前景。

11.7　电磁波

麦克斯韦电磁学理论最卓越的成就之一是预言了电磁波的存在。"感生电场"假设的实质是变化的磁场能够激发电场，"位移电流"假设的实质是变化的电场能够激发磁场。电场和磁场相互激发，以波动的形式在空间传播，从而形成了**电磁波**。麦克斯韦预言电磁波的存在完全是凭借他的理论推断，当时并没有得到实验的证实。直到二十多年后，才由德国物理学家赫兹从实验上证实了电磁波的存在。

11.7.1 电磁波的波动方程

在自由空间中,既不存在自由电荷,也没有传导电流,电场和磁场互相激发。根据麦克斯韦方程组,经过数学处理,可得到关于电场 $\boldsymbol{E}$ 和磁场 $\boldsymbol{H}$ 的两个偏微分方程

$$\nabla^2 \boldsymbol{E} - \mu\varepsilon \frac{\partial^2 \boldsymbol{E}}{\partial t^2} = 0 \tag{11.26}$$

$$\nabla^2 \boldsymbol{H} - \mu\varepsilon \frac{\partial^2 \boldsymbol{H}}{\partial t^2} = 0 \tag{11.27}$$

式中 $\nabla^2 = \frac{\partial^2}{\partial x^2} + \frac{\partial^2}{\partial y^2} + \frac{\partial^2}{\partial z^2}$ 称为拉普拉斯算子。

如图 11.16 所示,设电磁波沿 x 轴正方向传播,电场方向沿 y 轴方向,磁场方向沿 z 轴方向,则

$$\frac{\partial^2 E_y}{\partial x^2} - \mu\varepsilon \frac{\partial^2 E_y}{\partial t^2} = 0 \tag{11.28}$$

$$\frac{\partial^2 H_z}{\partial x^2} - \mu\varepsilon \frac{\partial^2 H_z}{\partial t^2} = 0 \tag{11.29}$$

偏微分方程(11.28)和(11.29)具有完全相同的形式,由于它们的解具有波动的形式,所以这类偏微分方程叫做波动方程。电场和磁场分量以波的形式沿 x 轴方向传播,这就是电磁波,且波速为 $u = \frac{1}{\sqrt{\mu\varepsilon}}$。如图 11.17 所示,画出了某时刻,平面电磁波沿 x 轴正方向传播的波形图。式(11.28)和式(11.29)称为电磁场的波动方程。

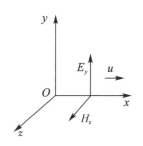

图 11.16 平面电磁波

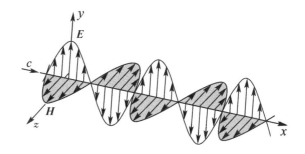

图 11.17 平面电磁波的波形图

在真空中,电磁波的传播速度

$$\mu = \frac{1}{\sqrt{\mu_0 \varepsilon_0}} = 2.9979667 \times 10^8 \mathrm{m \cdot s^{-1}} \tag{11.30}$$

可见,电磁波在真空中的传播速度与光在真空中的传播速度精确地一致,故而麦克斯韦认为:光的本质是电磁波。

11.7.2 电磁波的性质

根据上面的讨论,自由空间中传播的平面电磁波,主要性质可概括为:

(1) 电磁波是横波。任何时刻、任何地点,电磁波中的电场 E 和磁场 H 都与传播方向垂直,并且 E,H 和电磁波的传播方向满足右手螺旋关系,即 $E \times H$ 的方向总是沿着电磁波的传播方向。

(2) 电磁波的电场 E 和磁场 H 振动同相位。电场 E 和磁场 H 同步变化,同时达到最大,同时达到最小。

(3) E 和 H 振幅成比例。任一时刻,任一位置,E 和 H 的大小始终满足关系

$$H = \frac{E}{u} \quad \text{或} \quad H_0 = \frac{E_0}{u} \tag{11.31}$$

(4) 电磁波的传播速度为

$$u = \frac{1}{\sqrt{\varepsilon\mu}} = \frac{1}{\sqrt{\varepsilon_r\varepsilon_0\mu_r\mu_0}} = \frac{c}{\sqrt{\varepsilon_r\mu_r}} \tag{11.32}$$

真空中 $\varepsilon_r = \mu_r = 1$,电磁波的传播速度为 $c \approx 3.0 \times 10^8 \text{m} \cdot \text{s}^{-1}$,与真空中的光速相同。

(5) 电磁波的传播伴随着能量的传播,电磁波的能量包含电场能量和磁场能量,前面讨论的电场能量密度公式(9.58)和磁场能量密度公式(11.19)当然也适用于电磁波。因此,电磁波的能量密度为

$$\omega = \omega_e + \omega_m = \frac{1}{2}\varepsilon E^2 + \frac{1}{2}\mu H^2 \tag{11.33}$$

能流密度可以衡量波在传播过程中能量的流动,定义单位时间内通过与传播方向垂直的单位面积的能量叫能流密度,而电磁波的能流密度又称为**玻因廷矢量**,用 S 表示,其方向沿电磁波的传播方向,大小为

$$S = u\omega \tag{11.34}$$

考虑到 E,H 和电磁波的传播方向之间的相互关系,式(11.34)可以表示为如下的矢量公式:

$$S = E \times H \tag{11.35}$$

电磁波中的 E 和 H 都随时间迅速变化,在实际中重要的是 S 在一个周期内的平均值,即平均能流密度 $\overline{S}$,又称为波强,用 I 表示。对于平面电磁波,其波强为

$$I = \overline{S} = \frac{1}{2}E_0H_0 = \frac{1}{2\mu}E_0^2 = \frac{u}{2}H_0^2 \tag{11.36}$$

式中 E_0 和 H_0 分别是电场和磁场的振幅。可见,平面电磁波的波强正比于电场强

度或磁场强度振幅的平方。

11.7.3 电磁波的发射与接收

电磁波是电磁振荡在空间的传播,它是由发射台通过天线辐射出来的。原则上,任何一个 LC 共振电路都可以作为发射电磁波的振源。然而,为了产生持续的电磁振荡,必须把 LC 电路接在晶体管或电子管上组成振荡器,由电路中的直流电源不断补给能量。

在通常的集中性元件所组成的 LC 振荡电路中,电磁场和电磁能绝大部分都集中在电感和电容元件中。为了把电磁场和电磁能有效地发射出去,必须改造电路使其尽可能开放,使电磁场尽可能分散到空间中去。同时,由于电磁波在单位时间内辐射的能量是与频率的四次方成正比的,而且

$$f_0 \propto \frac{1}{\sqrt{LC}} \tag{11.37}$$

所以,为了有效地把电路中的电磁能发射出去,必须尽量减小 L 和 C 的值,以提高电磁振荡频率 f_0。

设想把 LC 振荡电路按图 11.18(a),(b),(c),(d) 的顺序逐步加以改造,使电路越来越开放,L 和 C 越来越小。最后,演化成直线型振荡电路,电流在其中往复振荡,两端出现正负交替的等量异号电荷,这样的电路称为偶极振子或振荡偶极子。发射台的实际天线要比上述偶极振子复杂得多,但所发射的电磁波都可以看成是偶极振子所发射的电磁波的叠加。

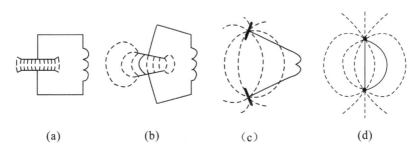

图 11.18 从 LC 振荡电路过渡到偶极振子

在偶极振子中心附近的近场区内,即在离振子中心的距离 r 远小于电磁波波长 λ 的范围内,电磁波传播速度有限性的影响可以忽略,电场的瞬时分布与静态偶极子的电场很相近。设 $t=0$ 时偶极振子的正负电荷都在中心,然后分别做简谐振动;于是,起始于正电荷终止于负电荷的电场线的形状也随时间而变化。图 11.19 定性地画出了在偶极振子附近,一条电场线从出现到形成闭合圈,然后

脱离电荷并向外扩张的过程。当然,在电场变化的同时也有磁场产生,磁场线是以偶极振子为轴的疏密相间的同心圆。电场线与磁场线互相套合,以一定的速度由近及远向外传播。在距离偶极振子足够远的地方,即在 $r \gg \lambda$ 的区域,波面逐渐趋于球形,如图 11.20 所示。

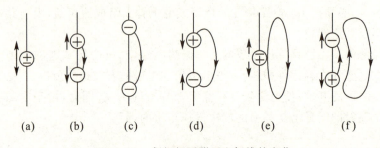

图 11.19　偶极振子附近电场线的变化

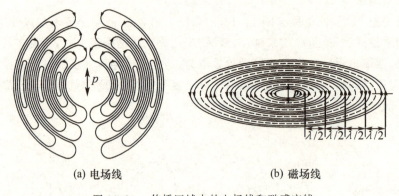

(a) 电场线　　　　　　　　　(b) 磁场线

图 11.20　传播区域内的电场线和磁感应线

11.7.4　电磁波谱

在实验的基础上人们发现,X 射线和 γ 射线与光波和无线电波一样都是电磁波,只是频率或波长有很大的差别。如图 11.21 所示,按照电磁波的频率 ν 及其在真空中的波长 λ 的顺序,把各种电磁波排列起来,称为电磁波谱。由于电磁波的频率或波长范围很广,在图中用对数刻度标出。在图中还给出了与频率和波长相对应的能量量子 $h\nu$ 的值,它的单位是 eV(电子伏特),h 是普朗克常量。

不同频率或波长的电磁波显示出不同的特征,具有不同的用途。各频段电磁波传输电磁能的方式是不同的。对于低频段,可用两根普通导线传输;对于电视用的米波段,需要用平行双线或同轴线传输;对于雷达和定向通信等使用的微波

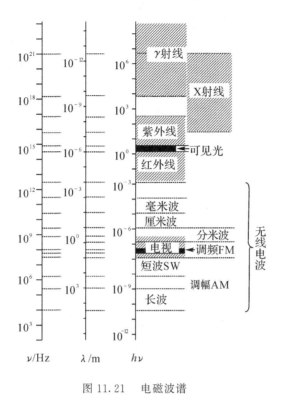

图 11.21 电磁波谱

段,则需要用波导管(即空心的金属管)来传输,以避免辐射损耗和介质损耗,并减小电流的焦耳热损耗;对于激光等光波段的电磁波,则需要用光导纤维等介质波导来传输。

物理沙龙

1864 年 12 月 8 日,麦克斯韦在英国皇家学会宣读了总结性论文"电磁场的动力学理论"。该文从麦克斯韦方程组出发,导出了电磁场的波动方程,算出了电磁波的传播速度与当时已知的光速很接近,从而得出"光是按照电磁定律经过场传播的电磁扰动"的结论,但麦克斯韦并未提出产生电磁波的方法。1883 年,斐兹杰惹(G. F. Fitzgerald,1851—1901)提出,应该能用纯电的方法产生电磁波。他指出载有高频交流电的线圈应当向周围空间辐射电磁波。1886 年春,29 岁的赫兹在作课堂演示时发现,当电池或莱顿瓶通过一对线圈中的一个放电时,很容易在另一个线圈里产生火花。有一次他把一根铜线弯成长方形,两端之间有一个小间隙,构成一个开路(称为副电路);然后用一根导线把这个副电路连接到正在由感应线圈激发而火花放电的回路上,这时他看到副电路的间隔中也有电火花出现。他发现,连接到副电路上的导线的连接点位置对副电路中电火花的强度有影响,他理解到这是电磁振荡的共振现象。他还发现,即使副电路不连接到放电回路上,也有电火花出现。为了最有效地发出电火花,赫兹在放电回路上产生电火花的部分使用了不同大小和形状的导体,最后他采用的是图 11.22 所示的导体,称为赫兹振子。1888 年,赫兹完成了空气中电磁波反射的实验,由实验总结出电磁感应作用是以波动形式在空气中传播的。他第一次使用了"电磁波"一词。

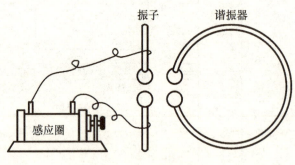

图 11.22　赫兹振子

本 章 小 结

1. 法拉第电磁感应定律:$\varepsilon = -\dfrac{d\Phi}{dt}$

$$\varepsilon = -\dfrac{d\Psi}{dt}$$

其中,$\Psi = \Phi_1 + \Phi_2 + \cdots + \Phi_N$,称为磁链。

2. 动生电动势:$\varepsilon = \int_{-}^{+} (\boldsymbol{v} \times \boldsymbol{B}) \cdot d\boldsymbol{l}$

$$\varepsilon = \oint (\boldsymbol{v} \times \boldsymbol{B}) \cdot d\boldsymbol{l}$$

3. 感生电动势:$\varepsilon = -\dfrac{d\Phi}{dt} = -\dfrac{d}{dt}\int_S \boldsymbol{B} \cdot d\boldsymbol{S} = -\int_S \dfrac{\partial \boldsymbol{B}}{\partial t} \cdot d\boldsymbol{S}$

4. 互感:$\varepsilon_2 = -\dfrac{d\psi_{21}}{dt} = -M_{21}\dfrac{dI_1}{dt}$

$$\varepsilon_1 = -\dfrac{d\psi_{12}}{dt} = -M_{12}\dfrac{dI_2}{dt}$$

其中,$M_{12} = M_{21} = M$,称为互感系数。

5. 自感:$\varepsilon = -\dfrac{d\psi}{dt} = -L\dfrac{dI}{dt}$

其中，L 称为自感系数。

6. 磁场的能量密度：$w_m = \dfrac{1}{2}BH$

7. 位移电流：$I_d = \varepsilon_0 \dfrac{\mathrm{d}\Phi_e}{\mathrm{d}t} = \varepsilon_0 \dfrac{\mathrm{d}}{\mathrm{d}t}\int \boldsymbol{E} \cdot \mathrm{d}\boldsymbol{S}$

8. 麦克斯韦方程组：在真空中，

$$\oint_S \boldsymbol{E} \cdot \mathrm{d}\boldsymbol{S} = \dfrac{\sum q_i}{\varepsilon_0}$$

$$\oint_L \boldsymbol{E} \cdot \mathrm{d}\boldsymbol{l} = -\int_S \dfrac{\partial \boldsymbol{B}}{\partial t} \cdot \mathrm{d}\boldsymbol{S}$$

$$\oint_S \boldsymbol{B} \cdot \mathrm{d}\boldsymbol{S} = 0$$

$$\oint_L \boldsymbol{B} \cdot \mathrm{d}\boldsymbol{l} = \mu_0 \left(I_C + \varepsilon_0 \dfrac{\mathrm{d}}{\mathrm{d}t}\int \boldsymbol{E} \cdot \mathrm{d}\boldsymbol{S} \right) = \mu_0 \int \left(J_C + \varepsilon_0 \dfrac{\partial \boldsymbol{E}}{\partial t} \right) \cdot \mathrm{d}\boldsymbol{S}$$

9. 电磁波的性质：电磁波是横波；电场 $\boldsymbol{E}$ 和磁场 $\boldsymbol{B}$ 振动同相位，振幅成比例；真空中电磁波的传播速度与光速相同，即

$$u = \dfrac{1}{\sqrt{\mu_0 \varepsilon_0}} = c$$

习　题

一、选择题

11.1　一线圈回路中，规定满足如图所示的旋转方向时，电动势 ε 和磁通量 Φ_m 为正值。若磁铁沿线圈轴线插入线圈，则有（　　）。

A. $\dfrac{\mathrm{d}\Phi_m}{\mathrm{d}t} < 0, \varepsilon < 0$　　　　B. $\dfrac{\mathrm{d}\Phi_m}{\mathrm{d}t} < 0, \varepsilon > 0$

C. $\dfrac{\mathrm{d}\Phi_m}{\mathrm{d}t} > 0, \varepsilon < 0$　　　　D. $\dfrac{\mathrm{d}\Phi_m}{\mathrm{d}t} > 0, \varepsilon > 0$

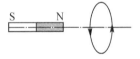

习题 11.1 图

11.2　若尺寸相同的铁环与铜环所包围的面积中穿过相同变化率的磁通量，则在两环中（　　）。

A. 感应电动势不同，感应电流相同

B. 感应电动势相同，感应电流也相同

C. 感应电动势不同，感应电流也不同

D. 感应电动势相同，感应电流不同

11.3　一圆形线圈 C_1 有 N_1 匝，线圈半径为 r，将此线圈放在另一半径为 $R(R \gg r)$ 的圆形大线圈 C_2 的中心，两者同轴，大线圈有 N_2 匝，则此二线圈的互

感系数 M 为(　　)。

A. $\dfrac{\mu_0 N_1 N_2 \pi R}{2}$
B. $\dfrac{\mu_0 N_1 N_2 \pi R^2}{2r}$

C. $\dfrac{\mu_0 N_1 N_2 \pi r^2}{2R}$
D. $\dfrac{\mu_0 N_1 N_2 \pi r}{2}$

11.4　关于位移电流,下述四种说法中正确的是(　　)。

A. 位移电流是由变化电场产生的

B. 位移电流是由线性变化磁场产生的

C. 位移电流的热效应服从焦耳－楞次定律

D. 位移电流的磁效应不服从安培环路定理

11.5　如图所示,当无限长直电流导线旁的边长为 l 的正方形回路 $abcda$(回路与 I 共面且 bc,da 与 I 平行)以速率 v 向右运动时,则某时刻(ad 距 I 为 r) 回路的感应电动势的大小及感应电流的流向是(　　)。

A. $\varepsilon = \dfrac{\mu_0 I v l}{2\pi r}$,逆时针方向

B. $\varepsilon = \dfrac{\mu_0 I v l}{2\pi r}$,顺时针方向

C. $\varepsilon = \dfrac{\mu_0 I v l^2}{2\pi r(r+l)}$,逆时针方向

D. $\varepsilon = \dfrac{\mu_0 I v l^2}{2\pi r(r+l)}$,顺时针方向

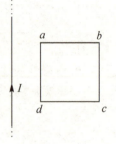

习题 11.5 图

二、填空题

11.6　产生动生电动势的非静电力是_____,产生感生电动势的非静电场是_____。

11.7　两个任意形状的导体回路 1 和回路 2,通有相同的稳恒电流,若以 Ψ_{12} 表示回路 2 中的电流产生的磁场穿过回路 1 的磁通,Ψ_{21} 表示回路 1 中的电流产生的磁场穿过回路 2 的磁通,则_____。

三、计算题

11.8　如图所示,在通有电流 I 的长直导线近旁有一导线段 AB,当它沿平行于长直导线的方向以速率 v 平移时,导线段中的感应电动势是多少?A,B 哪端的电势高?

11.9　如图所示,一根无限长导线通以电流 $I = kt^2$(其中 k 为正常数),线框平面与直导线处在同一平面内,试求线框中的感应电动势。

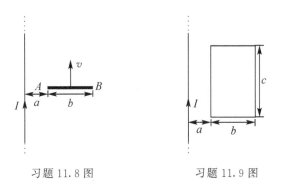

习题 11.8 图   习题 11.9 图

11.10 在半径为 R 的圆柱形空间内,充满磁感应强度为 $\boldsymbol{B}$ 的均匀磁场,有一长为 L 的金属棒 AB 放在磁场中,如图所示。设磁场在增强,并且 $\dfrac{\mathrm{d}B}{\mathrm{d}t}$ 已知,求棒中的感应电动势,并指出哪端电势高。

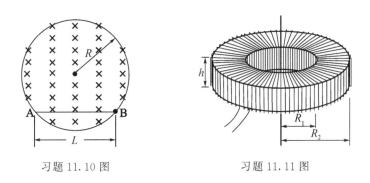

习题 11.10 图   习题 11.11 图

11.11 如图所示,横截面为矩形的环形均匀密绕螺绕环,总匝数为 N。
(1) 求该螺绕环的自感系数;
(2) 沿环的轴线拉一根直导线,求直导线与螺绕环的互感系数 M。

第5篇 光　学

  光学是一门古老而又不断发展的学科。最初人们从物体成像规律的研究中总结出光的直线传播规律,并以此建立了几何光学。关于光的本性的探索,在17世纪,主要表现为以牛顿为代表的微粒说和以惠更斯为代表的波动说之争。进入19世纪,对一些光的干涉和衍射实验的成功解释使人们逐渐认识到光是一种波动。麦克斯韦电磁理论的建立又赋予光以电磁波的本性,从而圆满解释了当时已知的所有光学现象,由此形成了光的波动理论。19世纪末到20世纪初,光学又深入到对发光原理、光与物质相互作用的研究,发现光在这一领域又表现出粒子性,从而最终使人们认识到光不但具有波动性,还具有粒子性,即光具有波粒二象性。

  光学的研究内容十分广泛,包括光的发射、传播和接收等规律,以及光和其他物质的相互作用(如光的吸收、散射和色散,光的机械作用和光的热、电、化学和生理效应等)。光学既是物理学中最古老的一门基础学科,又是当前科学领域中最活跃的前沿阵地之一,具有强大的生命力和不可估量的发展前途。

  本篇从光的波动性出发,研究光的干涉、衍射和偏振等现象发生的条件和规律,并简单介绍其应用,最后介绍几何光学。

第12章 光的干涉

本章通过光的干涉现象的分析来介绍光的波动性。首先讨论关于光波和光的干涉的一些基本概念,以杨氏干涉为例介绍光的干涉的基本特征;通过薄膜干涉的几个典型实例的讨论,说明光的干涉的应用;最后介绍迈克尔孙干涉仪。

12.1 光源 相干光

12.1.1 光源

发射光波的物体称为光源,一般普通光源的发光机理是处于激发态的原子或分子的自发辐射。原子或分子每次发光的持续时间是 $10^{-10} \sim 10^{-8}$ s,所发出的光波是持续时间很短、长度有限的波列。普通光源中各个原子的激发和辐射是彼此独立地、随机地、间歇性地进行,因而同一瞬时不同原子发射的光波,或同一原子先后发射的光波,其频率、振动方向和初相位都不相同。光源中大量原子发出的许许多多的波列,宏观上就是连续的光波。

可见光是波长在 400 ~ 760nm(频率在 $3.9 \times 10^{14} \sim 7.5 \times 10^{14}$ Hz)之间的电磁波。只具有单一波长(或频率)的光称为**单色光**,由许多不同波长(或频率)的单色光叠加而成的光称为**复色光**。显然,普通光源发出的光是复色光,实用上常用一些设备如滤光片、三棱镜、光栅等从复色光中获得近似单色的准单色光。准单色光是由一些波长(或频率)相差很小的单色光组成的,常用准单色光中强度为最大光强 1/2 以上的波长(或频率)成分所占据的波长范围 Δλ(或频率范围 Δν)来表征准单色光的单色程度,如图 12.1 所示。Δλ 越小,则谱线的单色性越好。

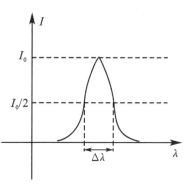

图 12.1 准单色光

在激光光源中,所有的发光原子或分子都是步调一致的动作,辐射光波的波列很长,单色性和方向性都很好,在各个领域有着广泛的应用。

12.1.2 光波的电磁性质

对于光波来说,振动着的是电场强度 E 和磁场强度 H,其中能对人眼视觉和感光仪器起作用的是电场强度 E,因而我们只关心电场的振动,常把矢量 E 称为光矢量。平面单色光波的光矢量可表示为

$$E = E_0 \cos\left(\omega t - 2\pi \frac{r}{\lambda} + \varphi\right) \quad (12.1)$$

式中,E_0 为光振动的振幅。光波的平均能流密度就是光强,用 I 表示。在光学中,通常只考察同一种媒质中光强的相对分布,根据波的强度与其振幅平方成正比的关系,光强可以表示为

$$I = E_0^2$$

12.1.3 光的相干性

光的干涉现象表现为在两束光的相遇区域形成稳定的、有强有弱的光强分布。即在某些地方光振动始终加强(明条纹),在某些地方光振动始终减弱(暗条纹),从而出现明暗相间的干涉条纹图样。两束满足相干条件的光称为**相干光**,即只要这两束光在相遇区域满足:① 振动频率相同;② 存在相互平行的振动分量;③ 相位相同或相位差保持恒定。相应的光源就称为**相干光源**。

设两列光波由各自的光源发出,分别传播了 r_1 和 r_2 的距离到达相遇点 P,如图 12.2 所示。根据叠加原理,它们在相遇点 P 引起的光振动应是两列光波各自在该点引起的光振动的合成

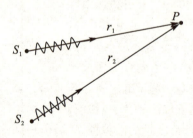

图 12.2　光波的合成

$$\begin{aligned} E &= E_1 + E_2 \\ &= E_{10}\cos\left(\omega_1 t - 2\pi \frac{r_1}{\lambda_1} + \varphi_{10}\right) + E_{20}\cos\left(\omega_2 t - 2\pi \frac{r_2}{\lambda_2} + \varphi_{20}\right) \end{aligned} \quad (12.2)$$

由矢量加法可得出合光矢量的平方

$$E^2 = E_{10}^2 + E_{20}^2 + 2E_{10} \cdot E_{20} \cos\Delta\varphi$$

式中，$\Delta\varphi = 2\pi\left(\dfrac{r_2}{\lambda_2} - \dfrac{r_1}{\lambda_1}\right) - (\omega_2 - \omega_1)t - (\varphi_{20} - \varphi_{10})$ 为两列光波在相遇点 P 的相位差。由于测量光的各种探测器的响应时间远大于光矢量的振动周期，所以上式各项取时间平均值，才得到合光强

$$I = \overline{\boldsymbol{E}^2} = E_{10}^2 + E_{20}^2 + 2\boldsymbol{E}_{10} \cdot \boldsymbol{E}_{20} \overline{\cos\Delta\varphi} \\ = I_1 + I_2 + 2\boldsymbol{E}_{10} \cdot \boldsymbol{E}_{20} \overline{\cos\Delta\varphi} \tag{12.3}$$

其中干涉项

$$I_{12} = 2\boldsymbol{E}_{10} \cdot \boldsymbol{E}_{20} \overline{\cos\Delta\varphi} \tag{12.4}$$

在光波叠加原理中遵从相加规则的是光矢量，合光强一般并不等于分光强之和，干涉项决定着空间各点光强的实际差异。下面讨论相干叠加的三个条件。首先，若两光波矢量完全垂直，则 $\boldsymbol{E}_{10} \cdot \boldsymbol{E}_{20} = 0$；另外，当 $\omega_2 \neq \omega_1$ 时，在相位差中包含 $-(\omega_2 - \omega_1)t$ 项，对一个周期求平均值使得 $\overline{\cos\Delta\varphi} = 0$；又若 φ_{10} 与 φ_{20} 各自独立，且随机地取值，也将使 $\overline{\cos\Delta\varphi} = 0$，都将导致干涉项为零。此时 P 点的光强等于两光波在该点的光强之和，这种叠加称为光的非相干叠加。两个普通光源或从同一普通光源的不同部分发出的光的叠加都属于非相干叠加。

可见，要得到干涉项不为零的相干叠加，相干光的三个条件缺一不可。当相互叠加的两列光波振动方向相同，频率相同，初相差恒定时，合光强

$$I = I_1 + I_2 + 2\sqrt{I_1 I_2}\cos\Delta\varphi \tag{12.5}$$

式中，$\Delta\varphi = \dfrac{2\pi}{\lambda}(r_2 - r_1) - (\varphi_{20} - \varphi_{10})$。

当 $\Delta\varphi = \pm 2k\pi, k = 0, 1, 2, \cdots$ 时，$I = I_1 + I_2 + 2\sqrt{I_1 I_2}$，在这些位置光强最大，称为**相长干涉**。当 $\Delta\varphi = \pm(2k+1)\pi, k = 0, 1, 2, \cdots$ 时，$I = I_1 + I_2 - 2\sqrt{I_1 I_2}$，在这些位置光强最小，称为**相消干涉**。从式(12.5)可见，在 I_1 和 I_2 确定的情况下，相遇点 P 的光强取决于两光束光波间的相位差 $\Delta\varphi$。而 $\Delta\varphi$ 在 $\varphi_{20} - \varphi_{10}$ 恒定时仅取决于 $r_2 - r_1$，即合光强取决于 P 点相对于点光源 S_1 和 S_2 的位置，与时间无关。在叠加区域内，空间各点光强一般不同，因此形成一个稳定的光强分布干涉图样。

12.1.4 获得相干光的一般方法

由两个独立的普通光源或同一光源的不同部分发出的光是不相干的。由普通光源获得相干光，必须将由光源上同一点发出的光设法分成两部分，使它们经过不同的传播路径后再相遇，实现同一波列自身相干涉的目的。这一对由同一光束光分出来的光的频率和振动方向相同，在相遇点的相位差也是恒定的，相干条件得到满足。

把同一光源发出的光分成两部分的方法一般有两种：

(1) **分波阵面法**：由于同一波阵面上各点的振动具有相同的相位，从同一波阵面上取出两部分可作为相干光源。杨氏双缝干涉是分波阵面法的典型实例。

(2) **分振幅法**：利用透明薄膜的上下两个表面对入射光进行反射和折射，产生两束反射光或一束反射光与一束透射光，这两束光波是从原光波波阵面上同一部分分出来的，一定满足相干条件。薄膜干涉和迈克耳逊干涉仪等就采用了这种方法。

激光光源具有高度的相干稳定性。从激光束中任意两点引出的光都是相干的，可以方便地观察到干涉现象，因而不必采用上述获得相干光束的方法。

12.2 光程 光程差

两束光始终在同一种媒质中传播，它们到达某一点叠加时，两光振动的相位差决定于两相干光束间的波程差。对于光在不同媒质中的传播，常引入光程的概念，这对分析相位关系将带来很大方便。

12.2.1 光程 光程差

波长为 λ 的光在真空中传播 L 的路程，其相位的变化 $\Delta\varphi = 2\pi\dfrac{L}{\lambda}$。在折射率为 n 的媒质中传播时，波长变为 $\lambda_n = \dfrac{\lambda}{n}$，通过长为 l 的路程后，相位改变为

$$\Delta\varphi = 2\pi\frac{l}{\lambda_n} = 2\pi\frac{nl}{\lambda}$$

这表明，光波在媒质中传播时，其相位的变化不仅与光波传播的路程和真空中的波长有关，还与媒质的折射率有关。光在折射率为 n 的媒质中传播 l 的路程引起的相位变化，与在真空中传播 nl 的路程所引起的相位变化是相等的。根据这个道理，我们把光传播的路程 l 与所在媒质折射率 n 的乘积，定义为**光程**，用 L 表示

$$L = nl \tag{12.6}$$

引入光程，相当于把光在不同媒质中的传播都折算到真空中计算。定义光程后，两束光的干涉情况，取决于它们的光程差。光程差 Δ 与相位差 $\Delta\varphi$ 的关系为

$$\Delta\varphi = 2\pi\frac{\Delta}{\lambda} \tag{12.7}$$

式中，$\Delta = n_2 r_2 - n_1 r_1$，其中，$n_2, n_1$ 分别为第二种介质和第一种介质的折射率；r_2, r_1 分别为光在第二种介质和第一种介质中传播的距离。

在引入光程的概念后，两光干涉加强和减弱的条件为

$$\Delta\varphi = 2\pi\frac{\Delta}{\lambda} = \begin{cases} \pm 2k\pi, & k=0,1,2,\cdots \quad \text{干涉加强} \\ \pm(2k+1)\pi, & k=0,1,2,\cdots \quad \text{干涉减弱} \end{cases}$$

或
$$\Delta = \begin{cases} \pm k\lambda, & k=0,1,2,\cdots \quad \text{干涉加强} \\ \pm(2k+1)\dfrac{\lambda}{2}, & k=0,1,2,\cdots \quad \text{干涉减弱} \end{cases}$$

由此可见,两束相干光在不同介质中传播时,对干涉加强和减弱条件起决定作用的不是这两束光的几何路程差,而是两者间的光程差。

12.2.2 物像之间的等光程性

在干涉和衍射实验中,常需用薄透镜将平行光线汇聚成一点,使用透镜后会不会使平行光的光程引起变化呢?

如图 12.3 所示,从同相位面上的 $A,B,C\cdots$ 各点经过透镜到达 F 点的各光线,虽然几何路程长度不等,但是几何路程长的在透镜内的路程短,而几何路程短的在透镜内的路程长。总的效果,从物点经透镜到像点的各光线的光程是相等的。平行光通过透镜后,汇聚于焦平面上,相互加强成一亮点 F。这是由于在垂直于平行光的某一波阵面上的各点的相位相同,到达焦平面后相位仍然相同,因而相互加强。这说明使用透镜等观测仪器只能改变光的传播方向,而不会带来附加的光程差。

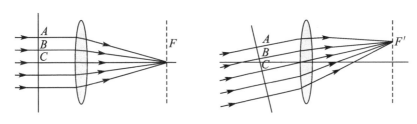

图 12.3 透镜的等光程性

12.3 分波阵面干涉

12.3.1 杨氏双缝干涉

托马斯·杨(Thomas Young)在 1801 年首先用实验方法观察到光的干涉现象,使光的波动理论得到证实。

杨氏双缝干涉实验装置如图 12.4 所示,用单色光照射到单缝 S 上,S 后放置两个相距很近且与 S 平行等距的狭缝 S_1,S_2。S_1,S_2 发出的光是从同一波前上分离出来的两部分,无疑是相干的,它们在空间相遇,将发生干涉现象。如果在双缝后放置一屏幕,屏幕上将出现明暗相间的干涉条纹,条纹间的距离彼此相等。

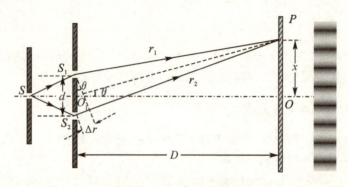

图 12.4 杨氏双缝干涉

下面定量分析屏幕上干涉明、暗条纹所满足的条件。设双缝的间距为 d,双缝到屏幕的距离为 D,且缝屏间距远大于双缝间的距离,$D \gg d$。在屏幕上任取一点 P,P 点到 S_1 和 S_2 的距离分别为 r_1 和 r_2,到屏幕上对称中心 O 点的距离为 x。设整个装置放在真空或空气中,S_1、S_2 无相位差,故两光波在 P 点的光程差仅决定于 P 点到 S_1 和 S_2 的距离差

$$\Delta = r_2 - r_1 \approx d\sin\theta$$

此处 θ 是 O_1O 和 O_1P 所成之角。

因为 $D \gg d$,所以

$$\Delta = r_2 - r_1 \approx d\sin\theta \approx d\tan\theta = \frac{d}{D}x \tag{12.8}$$

若 Δ 满足 $\Delta = \frac{d}{D}x = \pm k\lambda$,则 P 点处为明条纹,各级明纹中心离 O 点的距离为

$$x = \pm k\frac{D}{d}\lambda, \quad k = 0,1,2,\cdots$$

式中正负号表示干涉条纹在 O 点两侧呈对称分布,当 $k = 0$ 时,$x = 0$,表示屏幕中心 O 为零级明条纹,称为**中央明纹**;$k = 1,2,3,\cdots$ 的明条纹分别称为第一级、第二级、第三级 …… 明条纹。

若 Δr 满足 $\Delta = \frac{d}{D}x = \pm(2k-1)\frac{\lambda}{2}$,则 P 点处为暗条纹,各级暗纹中心离 O 点的距离为

$$x = \pm(2k-1)\frac{D}{d}\frac{\lambda}{2}, \quad k = 1,2,\cdots$$

相邻明纹中心或相邻暗纹中心的距离称为条纹间距,它反映干涉条纹的疏密程度。明纹间距和暗纹间距均为

$$\Delta x = \frac{D}{d}\lambda \tag{12.9}$$

这表明条纹间距与级次 k 无关,是等距离分布的。如果测出相邻明纹(或暗纹)的条纹间距 Δx,则可由已知的 d 和 D 求得光波的波长,这在物理学发展史上第一次为测定光波波长提供了切实可行的方法。

杨氏双缝干涉条纹的位置及间隔将随入射光波长而变,如用白光入射,中央明纹仍为白色,而在其两侧则因各单色光干涉图样的交错而呈现由紫到红的彩色条纹。

例 12.1 在杨氏实验中,双缝间距为 0.45mm,使用波长为 540nm 的光观测。(1) 要使屏幕上条纹间距为 1.2mm,屏幕应离双缝多远?(2) 若用折射率为 1.5、厚度为 $h = 9.0\mu m$ 的薄玻璃片遮盖狭缝 S_2,光屏上干涉条纹将发生什么变化?

解 (1) 根据屏幕上条纹间距的表达式

$$\Delta x = \frac{D}{d}\lambda$$

屏幕与双缝的距离为

$$D = \frac{d\Delta x}{\lambda} = \frac{0.45 \times 10^{-3} \times 1.2 \times 10^{-3}}{540 \times 10^{-9}} = \frac{0.54 \times 10^{-6}}{5.4 \times 10^{-7}} = 1.0(\text{m})$$

(2) S_2 遮盖前,中央亮纹在 $x = 0$ 处,遮后光程差为

$$\Delta = (n-1)h + r_2 - r_1 = (n-1)h + \frac{d}{D}x$$

中央亮条纹应满足 $\Delta = 0$ 的条件,于是得

$$(n-1)h + \frac{d}{D}x = 0$$

遮盖后中央亮纹位置为

$$x = -\frac{(n-1)hD}{d} = -\frac{(1.5-1) \times 9.0 \times 10^{-6} \times 1.0}{0.45 \times 10^{-3}} = -1.0 \times 10^{-2}(\text{m})$$

这表示干涉条纹整体向下平移了 10mm。

12.3.2 洛埃德镜实验

洛埃德(H. Lloyd)于 1834 年提出了一种更简单的观察干涉现象的装置。如图 12.5 所示,MN 为一平玻璃片,用做反射镜。从狭缝 S_1 射出的光,一部分直接射到屏幕 P 上,以 a 表示;另一部分掠入射到平板玻璃上,经过玻璃反射后到达屏幕,以 b 表示,反射光可看成是由虚光源 S_2 发出的。S_1、S_2 构成一对相干光源,在两束光的叠加区域(屏上阴影区域)可以看到明、暗相间的干涉条纹。

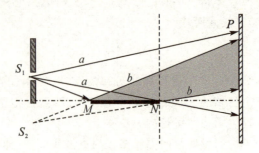

图 12.5 洛埃德镜实验

在洛埃德镜实验中,若将屏幕移近到和镜面边缘 N 相接触,这时从 S_1,S_2 发出的光到接触点 N 的路程是相等的。在 N 点应该出现明条纹,但实验结果却是暗条纹,其他条纹也有相应的变化。这表明由镜面反射出来的光和直接射到屏幕上的光在 N 处的相位相反,相位差为 π。由于入射光的相位不会变化,所以只能认为光从空气射向玻璃平板发生反射时,反射光的相位跃变了 π。

进一步的实验表明,光从光疏媒质到光密媒质的界面反射时,反射光的相位较之入射光的相位有 π 的突变,相当于反射光在反射过程中附加了半个波长的光程,常称为**半波损失**。今后在讨论光波叠加时,若有半波损失,在计算波程差时必须计及,否则会得出与实际情况不同的结果。

*12.3.3 光的空间相干性和时间相干性

1. 空间相干性

在杨氏双缝实验中,狭缝 S 就相当于一个线光源。如果增加狭缝的宽度,则屏上的干涉条纹就会变模糊,甚至完全消失。这是因为具有一定宽度的面光源 S 可以看成是由无数条互不相干的线光源组成的,每条线光源各自在屏上形成自己的一套干涉条纹。由于各线光源的位置不同,它们在屏上的干涉条纹之间有一定的相对位移。光源宽度越大,同级条纹在空间的分布范围也越大。屏上显示的干涉图样是由所有各套干涉条纹的光波非相干叠加而成的,因此,扩展光源上不同线光源所产生的干涉条纹之间的位移会使整个干涉图样的明暗对比度降低,条纹变得模糊。当各套条纹的最大位移等于或大于条纹间距时,干涉条纹消失。这种与扩展光源宽度有关的干涉性称为光的**空间相干性**。光源的宽度越大,空间相干性越差。点光源和线光源的空间相干性最好。

2. 时间相干性

任何实际光源,特别是普通光源都不是理想的单色光源,总有一定的谱线宽度 $\Delta\lambda$,由于 $\Delta\lambda$ 范围内的每一个波长都会形成自己的一套干涉条纹,且除零级外各套条纹间都有一定的位移,所以它们非相干叠加的结果会使总的干涉条纹的清晰度下降。当波长为 $\lambda+\Delta\lambda$ 的第 k_c 级亮纹中心与波长为 λ 的 k_c+1 级亮纹中心重合时,总的干涉条纹消失。由此可以确定能产生干涉条纹的最大干涉级次 k_c 以及相应的最大光程差 Δ_c。

$$k_c = \frac{\lambda}{\Delta\lambda}, \quad \Delta_c = k_c(\lambda+\Delta\lambda) \approx \frac{\lambda^2}{\Delta\lambda}$$

另一方面,普通光源所发出的光是由许多持续时间很短的波列组成的,各波列之间不满足相干条件,不能产生干涉现象。所以相干光必须来自同一个原子同一次发射的波列,波列长度

$$l_0 = c\tau_0$$

其中,τ_0 为波列持续的时间。在杨氏双缝实验中,将一长度为 l_0 的波列分成两部分后,再让两部分经历不同的路径后相遇而发生干涉。这就要求光波的这两部分到达相遇点的光程差不能太大,以保证同一波列的两部分有机会相遇。显然,波列的长度越长,则这两个波列在相遇点相互叠加的时间就越长,干涉现象越明显,这个性质称为**时间相干性**。

12.4 薄膜干涉

日常在太阳光下见到的肥皂膜、水面上的油膜以及许多昆虫翅膀上呈现的彩色花纹,都是薄膜干涉的实例。薄膜干涉是由一种光波经薄膜两表面反射(或透射)后相互叠加形成的干涉现象。由于反射波和透射波的能量是由入射波的能量分出来的,而能量与振幅的平方成正比,这样获得相干光的方法常形象地说成是将入射波的振幅分成若干部分,称为分振幅法。

薄膜干涉一般分为两类,即厚度均匀的薄膜在无穷远处形成的等倾干涉和厚度不均匀的薄膜表面的等厚干涉。

12.4.1 平行平面膜的等倾干涉

如图 12.6 所示,在折射率为 n_1 的均匀媒介中,有一折射率为 n_2 的薄膜,且 $n_2 > n_1$,薄膜厚度为 d。由单色扩展光源上点 S 发出的一束光经薄膜的上、下两个表面 M_1,M_2 反射成为两束光 a 和 b,并经历了不同的光程。由于薄膜很薄,引起的光程差不是很大,这两束光出自同一波列,是相干的。因为薄膜的厚度均匀,上下两个表面互相平行,所以 a 光和 b 光将在无限远处交叠并发生干涉。若用透镜汇聚,干涉条纹将呈现在透镜的焦面上。

相遇点 P 的光振动决定于 a 光和 b 光之间的光程差。过薄膜上表面 M_1 上 b 光的折射点 C 作 a 光的垂线,并与 a 光交于 D 点。由 D 点和 C 点到达汇聚点 P 的

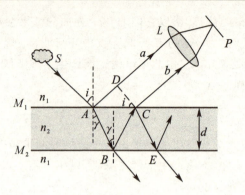

图 12.6　薄膜干涉

光程相等,所以 a 光与 b 光的光程差,就是 AD 与 ABC 之间的光程差;考虑由于半波损失引起的附加光程差,总的光程差

$$\Delta = n_2(AB+BC) - n_1 AD + \frac{\lambda}{2} \tag{12.10}$$

设光在薄膜上表面 A 点的入射角为 i,折射角为 γ,则根据图 12.6 所表示的几何关系,可以求得

$$AB = BC = \frac{d}{\cos\gamma}, \quad AD = AC\sin i = 2d\tan\gamma\sin i$$

将以上两式代入式(12.10),得

$$\Delta = 2\frac{d}{\cos\gamma}(n_2 - n_1\sin\gamma\sin i) + \frac{\lambda}{2}$$

由折射定律 $n_1\sin i = n_2\sin\gamma$,上式可写成

$$\Delta = \frac{2d}{\cos\gamma}n_2(1-\sin^2\gamma) + \frac{\lambda}{2} = 2n_2 d\cos\gamma + \frac{\lambda}{2} \tag{12.11}$$

这就是由薄膜上、下两个表面所形成的反射光 a 和 b 之间的光程差公式。对于给定波长的单色光,a 与 b 的光程差决定于薄膜的折射率 n_2、厚度 d 和折射角 γ(或入射角 i)。当光程差 Δ 满足

$$\Delta = 2n_2 d\cos\gamma + \frac{\lambda}{2} = k\lambda, \quad k=1,2,3,\cdots$$

时,a 光与 b 光的相遇点干涉加强,处于亮条纹上;当光程差 Δ 满足

$$\Delta = 2n_2 d\cos\gamma + \frac{\lambda}{2} = (2k+1)\frac{\lambda}{2}, \quad k=0,1,2,3,\cdots$$

时,a 光与 b 光的相遇点干涉减弱,处于暗条纹上。

对于厚度均匀的薄膜,光程差只决定于光在薄膜的入射角 i(或折射角 γ)。相同倾角的入射光所形成的反射光,到达相遇点的光程差相同,必定处于同一条干涉条纹上。或者说,处于同一条干涉条纹上的各个光点,是由从光源到薄膜的

相同倾角的入射光所形成的,故把这种干涉称为**等倾干涉**。

从光源 S 上任一点以相同倾角 i 入射到膜表面的光线在同一圆锥面上,它们的反射光在屏上汇聚在同一个圆周上,因此整个等倾干涉图样是一系列明暗相间的同心圆环。并且半径越大的圆环对应的 i 越大,光程差 Δ 越小,干涉级也越低。所以等倾干涉中心处的干涉级最高,越向外干涉级越低。并且中央的环纹间距较大,环纹较稀疏;越向外,环纹间距越小,环纹越密集。

利用薄膜干涉的原理,可以制成增透膜和高反膜。

1. 增透膜

在光学元件表面镀上一层折射率介于空气和光学元件之间的媒质膜(如 MgF_2,$n=1.38$),当膜的厚度适当时,可使某波长的反射光因干涉相消而减弱,从而使透射光增强,这就是增透膜。

最简单的单层增透膜如图 12.7 所示,当光垂直入射时,薄膜两表面反射光的光程差等于 $2n_2d$,由于在膜的上、下表面反射时都有相位突变 π,结果没有附加的光程差。于是两反射光干涉相消时应满足

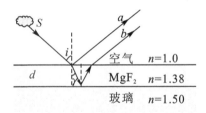

图 12.7 增透膜

$$2n_2d = (2k+1)\frac{\lambda}{2}, \quad k=0,1,2,\cdots \tag{12.12}$$

膜的最小光学厚度 $n_2d = \dfrac{\lambda}{4}$。在照相机等光学仪器的镜头表面镀上 MgF_2 薄膜后,能使对人眼视觉最灵敏的黄绿光($\lambda = 550\text{nm}$)透射光加强。这样的镜头在白光照射下,其反射常给人以蓝紫色的视觉,这是因为白光中波长大于和小于黄绿光的光不完全满足干涉的缘故。

2. 高反膜

在镜面上镀上同样光学厚度的高折射率的透明薄膜(如 ZnS,$n=2.32$)后,能使相应波长的反射光因干涉而增强,这种使反射光增强的薄膜称为高反膜。

如要进一步提高反射率,可在玻璃表面交替镀上高折射率的 ZnS 和低折射率的 MgF_2 膜层,每层膜的光学厚度均为 $\dfrac{\lambda}{4}$。这种媒质膜对光的吸收很少,比镀

银、镀铝的反射镜有更佳的效果。

利用类似的方法,采用多层镀膜使某一特定波长的单色光能透过,这就制成了干涉滤光片。

例 12.2 在水面上漂浮着一层厚度为 $0.316\mu m$ 的油膜,其折射率为 1.40。中午的阳光垂直照射在油膜上,油膜呈现什么颜色?

解 由图 12.8 可见,垂直入射的阳光被油膜上、下两个表面反射为光 a 和光 b,光 a 有半波损失,光程差为

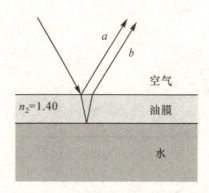

图 12.8 水面上的油膜

$$\Delta = 2n_2 d + \frac{\lambda}{2}$$

油膜所表现的颜色是干涉加强光波的颜色,满足干涉加强的条件是

$$\Delta = 2n_2 d + \frac{\lambda}{2} = k\lambda, \quad k = 1, 2, 3, \cdots$$

或者写为

$$\lambda = \frac{2n_2 d}{k - 1/2}$$

由此我们得到

(1) 当 $k = 1$ 时,干涉加强的波长为 $\lambda = \dfrac{2 \times 1.40 \times 0.316}{0.5} = 1.77(\mu m)$

(2) 当 $k = 2$ 时,干涉加强的波长为 $\lambda = 0.590(\mu m)$

(3) 当 $k = 3$ 时,干涉加强的波长为 $\lambda = 0.354(\mu m)$

只有对应于 $k = 2$,波长 $\lambda = 0.590\mu m$ 的黄色光处于可见光范围,所以油膜呈黄色。

12.4.2 楔形平面膜的等厚干涉

若薄膜厚度不均匀,在入射角、薄膜折射率及周围媒质确定后,对某一波长的光来说,两相干光的光程差仅取决于薄膜的厚度。所以薄膜上厚度相同的地方

的反射光到达相遇点时将有相同的光程差,产生同一干涉条纹。或者说,同一干涉条纹是由薄膜上厚度相同的地方所产生的反射光形成的,故称这种干涉为**等厚干涉**。在等厚干涉中,干涉条纹不再呈现于无限远处,而是在薄膜表面附近,如图 12.9 中的点 P 所示。由于入射光相对薄膜的取向不同,点 P 可能在薄膜的下方,也可能在薄膜的上方,只要薄膜很薄,光的入射角不大,总可以认为干涉条纹都呈现在薄膜的表面。

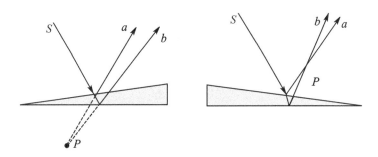

图 12.9　等厚干涉的定域

1. 劈尖膜

劈尖膜形成的干涉是一种常见的等厚干涉。如图 12.10(a) 所示,两块平板玻璃的一端相接触,另一端夹一薄片,则在两块平板玻璃之间就形成了空气劈尖。当单色平行光垂直照射两玻璃片时,由空气劈尖的上、下两个表面所反射的光 a 和 b 的光程差可以表示为

$$\Delta = 2n_2 d + \frac{\lambda}{2}$$

式中 d 为在光的入射点处气隙的厚度。明暗条纹应满足的条件为

$$\Delta = 2n_2 d + \frac{\lambda}{2} = \begin{cases} k\lambda, & k = 1,2,3,\cdots \quad \text{明条纹} \\ (2k+1)\frac{\lambda}{2}, & k = 0,1,2,3,\cdots \quad \text{暗条纹} \end{cases}$$

等厚干涉条纹的级次 k 与薄膜厚度 d 有关,薄膜越厚的地方级次越高。条纹的形状取决于薄膜上厚度相等的点的轨迹。对于厚度均匀变化的劈形薄膜,干涉条纹是平行于劈刃、等间距的亮暗相间的直线,如图 12.10(b) 所示。在劈刃 AB 处厚度 $d = 0$,满足干涉减弱的条件,为暗条纹,这是相位突变的又一个有力证据。两个相邻明纹或暗纹对应的薄膜厚度差

$$\Delta d = d_{k+1} - d_k = \frac{\lambda}{2n_2}$$

两个相邻明纹或暗纹之间的距离

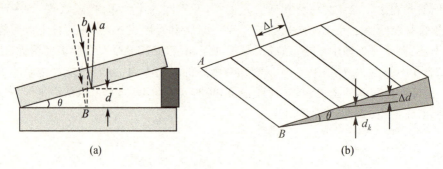

图 12.10 劈尖干涉

$$\Delta l = \frac{\Delta d}{\sin\theta} \approx \frac{\lambda}{2n_2\theta} \tag{12.13}$$

式中 θ 为劈尖的夹角。干涉条纹是等间距的，θ 越大，干涉条纹越密。条纹间距与入射光波长有关，如用白光照射，则会产生彩色条纹，水面上的油膜和肥皂泡所呈现的艳丽色彩，正是这种干涉的结果。

由式(12.13)可见，如果已知劈尖的夹角，测出干涉条纹的间距 Δl，就可以求出单色光的波长；反过来，如果单色光的波长是已知的，就可以测出微小的角度。利用这个原理，工程上常用来测定细丝的直径或薄片的厚度。

也可以利用空气劈尖产生的等厚干涉条纹检查光学元件表面的平整度。取一块光学平面的标准玻璃块（称为平晶），放在另一块待检测的平面上，观察干涉条纹是否等距、平行的直线，就可以判断待检平面的平整度。因为相邻两条明纹之间的空气层厚度相差 $\frac{\lambda}{2}$，所以从条纹的几何形状，就可以测得表面上凹凸缺陷或沟纹的情况。这种方法很精密，能检测出约 $\frac{\lambda}{4}$ 的凹凸缺陷，精度可达 $0.1\mu m$ 左右。

例 12.3 有一玻璃劈尖，放在空气中，劈尖夹角 $\theta \approx 8 \times 10^{-5}$ rad，用波长 $\lambda = 589$ nm 的单色光垂直入射时，测得干涉条纹的宽度为 $l = 2.4$ mm，求玻璃的折射率。

解 由于 $\Delta l = \frac{\Delta d}{\theta} = \frac{\lambda}{2n\theta}$，所以玻璃的折射率

$$n = \frac{\lambda}{2\Delta l \theta} = \frac{5890 \times 10^{-10}}{2 \times 2.4 \times 10^{-3} \times 8 \times 10^{-5}} = 1.53$$

2. 牛顿环

将一个曲率半径很大的平凸透镜放在一块平整的玻璃板上，如图 12.11(a) 所示，则在它们之间就形成了环状的劈形气隙。若用单色平行光垂直照射透镜，由气隙上、下表面形成的反射光在气隙表面相干涉，形成以接触点为中心的明暗

相间的同心圆环,称为牛顿环,如图 12.11(b) 所示。

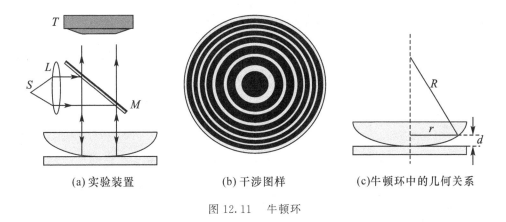

(a)实验装置　　　　(b)干涉图样　　　(c)牛顿环中的几何关系

图 12.11　牛顿环

牛顿环是由透镜下表面的反射光和平面玻璃上表面反射的光发生干涉而形成的,这也是一种等厚条纹。明、暗条纹处所对应的空气层厚度 d 应满足

$$\Delta = 2nd + \frac{\lambda}{2} = \begin{cases} k\lambda, & k=1,2,3,\cdots \quad \text{明条纹} \\ (2k+1)\frac{\lambda}{2}, & k=0,1,2,\cdots \quad \text{暗条纹} \end{cases}$$

在环心,气隙厚度为零,由于相位突变形成暗点。如图 12.11(c) 所示,如果透镜的曲率半径为 R,从中心向外数第 k 个暗环的半径为 r,则有

$$(R-d)^2 + r^2 = R^2$$

由于 $R \gg d$,将上式展开并略去高阶小量 d^2,可得

$$d = \frac{r^2}{2R}$$

上式说明 d 与 r^2 成正比,所以离开中心越远,光程差增加越快,牛顿环也变得越来越密。第 k 级暗环的半径为

$$r_k = \sqrt{kR\lambda} \quad k = 0,1,2,\cdots \tag{12.14}$$

利用牛顿环可准确地测定透镜的曲率半径,或由已知曲率半径测定光波波长。利用牛顿环还可以很方便地检查透镜曲面的质量,如果平整玻璃板的表面是标准的光学平面,而平凸透镜的凸面也是标准的球面,则牛顿环是规则的同心圆;若透镜的凸面不是标准的球面,则牛顿环将发生畸变。

例 12.4　用 He-Ne 激光器发出的 $\lambda = 0.633\mu m$ 的单色光,在牛顿环实验时,测得第 k 个暗环半径为 5.63mm,第 $k+5$ 个暗环半径为 7.96mm,求平凸透镜的曲率半径 R。

解　由暗纹公式(12.14),可知

两式联立,可得

$$r_k = \sqrt{kR\lambda}, \quad r_{k+5} = \sqrt{(k+5)R\lambda}$$

$$5R\lambda = r_{k+5}^2 - r_k^2$$

所以

$$R = \frac{r_{k+5}^2 - r_k^2}{5\lambda} = \frac{(7.96^2 - 5.63^2) \times 10^{-6}}{5 \times 6.33 \times 10^{-10}} = 10.0 \text{(m)}$$

$$k = \frac{r_k^2}{R\lambda} = \frac{(4.00 \times 10^{-3})^2}{10.0 \times 0.400 \times 10^{-6}} = 4$$

12.5 迈克耳逊干涉仪

迈克耳逊干涉仪是利用光的干涉精确测量长度和长度变化的仪器。它是很多近代干涉仪的原型,在物理学发展史上也起过重要作用。本节介绍迈克耳逊干涉仪的原理。

迈克耳逊干涉仪基本结构如图 12.12 所示,M_1,M_2 两块平面反射镜分别置于相互垂直的两平台顶部,其中 M_2 是固定的,M_1 由螺旋控制,可前后移动。G_1 和 G_2 是两块相同的平行平板玻璃,在 G_1 的下表面镀有半透明的薄银膜,G_1,G_2 与 M_1,M_2 成 45°角。来自光源的光,入射到分光板 G_1 上,被 G_1 下表面镀的半透明的薄银膜分解为透射光和反射光。反射光穿过 G_1 向 M_1 传播,经 M_1 反射后再穿过 G_1 向 E 传播(图中光 a);透射光穿过 G_2 向 M_2 传播,经 M_2 反射后,再穿过 G_2 经 G_1 下表面的银膜反射后也向 E 传播(图中光 b)。显然,a,b 是按分振幅法获得的两相干光束,在 E 处可看到干涉条纹。玻璃板 G_2 的作用是使两相干光束都三次穿越等厚的玻璃板,不致引起额外的光程差,因此 G_2 也叫补偿板。

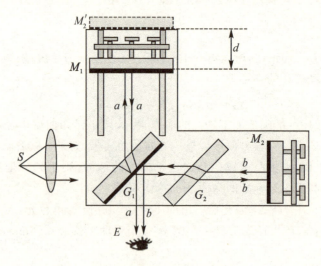

图 12.12　迈克耳逊干涉仪

固定镜 M_2 经银膜成一虚像 M_2'，射到 E 的两相干光束形成的干涉图样可视为由 M_1 和 M_2' 之间的空气膜产生，光程差由 G_1 到 M_1 和 M_2' 的距离差 d 决定。如果 M_1 与 M_2 严格垂直，则 M_1 与 M_2' 严格平行，这时发生的干涉是等倾干涉，观察到的干涉条纹是一组亮暗相间的同心圆环。如果 M_1 与 M_2 不严格垂直，则 M_1 与 M_2' 也不严格平行，它们之间就形成一空气劈尖，这时发生的干涉就是等厚干涉，观察到的干涉条纹是一组亮暗相间的直线或弧线。

干涉条纹的位置随可动镜 M_1 的移动而变化，当 M_1 平移的距离为 $\frac{\lambda}{2}$ 时，干涉条纹将移过一条。所以数出视场中移过的条纹数目 Δn，就可算出 M_1 平移的距离

$$\Delta d = \Delta n \frac{\lambda}{2} \quad (12.15)$$

根据这个公式就可以利用迈克耳逊干涉仪测量长度或长度的变化。如果长度已知，则可以测量光波的波长。

迈克耳逊干涉仪的主要特点是两相干光束在空间上是完全分开的，并且可用移动反射镜或在光路中加入另外媒质的方法改变两光束的光程差，这就使迈克耳逊干涉仪具有广泛的用途。

例 12.5 在迈克耳逊干涉仪的两臂中，分别插入 $l = 10.0 \text{cm}$ 长的玻璃管，其中，一个抽成真空，另一个则储有压强为 $1.013 \times 10^5 \text{Pa}$ 的空气，用以测量空气的折射率 n。设所用光波波长为 546nm，实验时，向真空玻璃管中逐渐充入空气，直至压强达到 $1.013 \times 10^5 \text{Pa}$ 为止。在此过程中，观察到 107.2 条干涉条纹的移动，试求空气的折射率。

解 设玻璃管充入空气前，两相干光之间的光程差为 Δ_1，充入空气后两相干光的光程差为 Δ_2，根据题意

$$\Delta_2 - \Delta_1 = 2(n-1)l$$

干涉条纹每移动一条，对应于光程变化一个波长，所以

$$2(n-1)l = 107.2\lambda$$

空气的折射率

$$n = 1 + \frac{107.2\lambda}{2l} = 1 + \frac{107.2 \times 546 \times 10^{-7}}{2 \times 10.0} = 1.000\ 29$$

本 章 小 结

1. 相干光

(1) 相干光的条件：① 振动频率相同；② 存在相互平行的振动分量；③ 相位相同或相位差保持恒定。

(2) 获得相干光的方法：分波阵面法，分振幅法。

(3) 干涉加强和减弱的条件：

$$\Delta\varphi = 2\pi\frac{\Delta}{\lambda} = \begin{cases} \pm 2k\pi, & k = 0,1,2,\cdots \quad \text{干涉加强} \\ \pm(2k+1)\pi, & k = 0,1,2,\cdots \quad \text{干涉减弱} \end{cases}$$

或

$$\Delta = \begin{cases} \pm k\lambda, & k = 0,1,2,\cdots \quad \text{干涉加强} \\ \pm(2k+1)\dfrac{\lambda}{2}, & k = 0,1,2,\cdots \quad \text{干涉减弱} \end{cases}$$

2. 由分波阵面法获得相干光

(1) 杨氏双缝干涉

条纹形状：明暗相间的等间距的直条纹。

$$\Delta = \frac{d}{D}x = \begin{cases} \pm k\lambda, & k = 0,1,2,\cdots \quad \text{明纹} \\ \pm(2k-1)\dfrac{\lambda}{2}, & k = 1,2,\cdots \quad \text{暗纹} \end{cases}$$

条纹间距：$\Delta x = \dfrac{D}{d}\lambda$

(2) 洛埃德镜实验：半波损失。

3. 由分振幅法获得相干光

(1) 薄膜干涉的光程差与明暗条纹的条件（计入半波损失）

$$\Delta = 2n_2 d\cos\gamma + \frac{\lambda}{2} = \begin{cases} k\lambda, & k = 1,2,\cdots \quad \text{明纹} \\ \pm(2k+1)\dfrac{\lambda}{2}, & k = 0,1,2,\cdots \quad \text{暗纹} \end{cases}$$

(2) 等倾干涉条纹（薄膜厚度均匀）：明暗相间的同心圆环，同一条纹是由来自相同倾角的入射光形成的。

(3) 等厚干涉条纹（光线垂直入射）：

① 劈尖的干涉条纹：明暗相间的等间距且与棱边平行的直条纹。

相邻明（暗）纹之间的劈尖的厚度差：$\Delta d = \dfrac{\lambda}{2n_2}$

条纹间距：$\Delta l = \dfrac{\Delta d}{\sin\theta} = \dfrac{\lambda}{2n_2\theta}$

② 牛顿环：内疏外密的同心圆环。

第 k 级暗环的半径：$r_k = \sqrt{kR\lambda}, \quad k = 0,1,2\cdots$

4. 迈克耳逊干涉仪：动镜移动距离与条纹移动数的关系：$\Delta d = \Delta n\dfrac{\lambda}{2}$

习　　题

一、选择题

12.1　在双缝干涉中，屏幕上的 P 点处是明条纹，若将缝 S_2 盖住，并在

S_1S_2 连线的垂直平分面处放一反射镜 M,如图所示,则此时(　　)。

A. P 点处仍为明条纹

B. P 点处为暗条纹

C. 不能确定 P 点处是明条纹还是暗条纹

D. 无干涉条纹

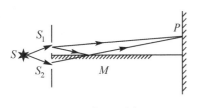

习题 12.1 图

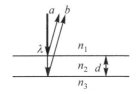

习题 12.2 图

12.2　单色平行光垂直照射在薄膜上,经上、下两表面反射的两束光发生干涉,如图所示,若薄膜的厚度为 d,且 $n_1 < n_2 > n_3$,λ_1 为入射光在 n_1 中的波长,则两束光的光程差为(　　)。

A. $2n_2 d$

B. $2n_2 d - \lambda_1/(2n_1)$

C. $2n_2 d - (1/2) n_1 \lambda_1$

D. $2n_2 d - (1/2) n_2 \lambda_1$

12.3　用劈尖干涉法可检测工件表面缺陷,当波长为 λ 的单色平行光垂直入射时,若观察到的干涉条纹如图所示,每一条纹弯曲部分的顶点恰好与其左边条纹的直线部分的连线相切,则工件表面与条纹弯曲处对应的部分(　　)。

A. 凸起,且高度为 $\lambda/4$

B. 凸起,且高度为 $\lambda/2$

C. 凹陷,且深度为 $\lambda/2$

D. 凹陷,且深度为 $\lambda/4$

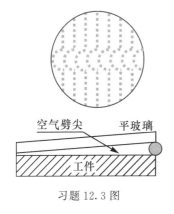

习题 12.3 图

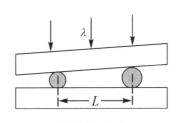

习题 12.4 图

12.4　如图所示,两个直径有微小差别的彼此平行的滚柱之间的距离为 L,夹在两块平晶的中间,形成空气劈尖,当单色光垂直入射时,产生等厚干涉条纹,如果滚柱之间的距离 L 变小,则在 L 范围内干涉条纹的(　　)。

A. 数目减少,间距变大

B. 数目不变,间距变小

C. 数目增加,间距变小

D. 数目减少,间距不变

12.5 在牛顿环实验装置中,曲率半径为 R 的平凸透镜与平玻璃板在中心恰好接触,它们之间充满折射率为 n 的透明介质,垂直入射到牛顿环装置上的平行单色光在真空中的波长为 λ,则反射光形成的干涉条纹中暗环半径 r_k 的表达式为(　　)。

A. $r_k = \sqrt{k\lambda R}$ B. $r_k = \sqrt{k\lambda R/n}$

C. $r_k = \sqrt{kn\lambda R}$ D. $r_k = \sqrt{k\lambda/(Rn)}$

12.6 用单色光垂直照射牛顿环装置,设其平凸透镜可以在垂直的方向上移动,在透镜离开平玻璃的过程中,可以观察到这些环状干涉条纹(　　)。

A. 向中心收缩,条纹间隔变小

B. 向中心收缩,环心呈明暗交替变化

C. 向外扩张,环心呈明暗交替变化

D. 向外扩张,条纹间隔变大

12.7 在迈克耳逊干涉仪的一条光路中,放入一折射率为 n,厚度为 d 的透明薄片,放入后,这条光路的光程改变了(　　)。

A. $2(n-1)d$ B. $(n-1)d + \lambda/2$

C. $2nd$ D. $(n-1)d$

二、填空题

12.8 如图所示,两个同相的相干点光源 S_1 和 S_2,发出波长为 λ 的光。A 是它们连线的中垂线上的一点,若在 S_1 与 A 之间插入厚度为 d、折射角为 n 的薄玻璃片,则两光源发出的光在 A 点的位相差 $\Delta\varphi =$ _____。若已知 $\lambda = 5000$Å,$n = 1.5$,A 点恰为第四级明纹中心,则 $d =$ _____Å。

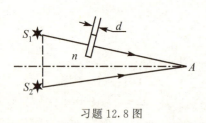

习题 12.8 图

12.9 把双缝干涉实验装置放在折射率为 n 的媒质中,双缝到观察屏的距离为 D,两缝间的距离为 $d(d \ll D)$,入射光在真空中的波长为 λ,则屏上干涉条纹中相邻明纹的间距是_____。

12.10 在空气中有一劈尖形透明物,劈尖角 $\theta = 1.0 \times 10^{-4}$ rad,在波长 $\lambda = 7000$Å 的单色光垂直照射下,测得两相邻干涉条纹间距 $\Delta l = 0.25$ cm,则此透明

材料的折射率 $n = $ _____。

12.11 若在迈克耳逊干涉仪的可动反射镜 M 移动 0.620mm 的过程中,观察到干涉条纹移动了 2300 条,则所用光波的波长为 _____ Å.

三、计算题

12.12 在杨氏双缝实验中,设两缝之间的距离为 0.2mm,在距双缝 1m 远的屏上观察干涉条纹,若入射光是波长为 400nm 至 760nm 的白光,问屏上离零级明纹 20mm 处,哪些波长的光最大限度地加强?($1nm = 10^{-9}m$)

12.13 在双缝干涉实验中,两缝的间距为 0.6mm,照亮狭缝 S 的光源是汞弧灯加上绿色滤光片。在 2.5m 远处的屏幕上出现干涉条纹,测得相邻两明条纹中心的距离为 2.27mm。试计算入射光的波长,如果所用仪器只能测量 $\Delta x \geqslant$ 5mm 的距离,则对此双缝的间距 d 有何要求?

12.14 白光垂直照射在空气中厚度为 $0.40\mu m$ 的玻璃片上,玻璃的折射率为 1.50. 试问在可见光范围内,哪些波长的光在反射中增强?哪些波长的光在透射中增强?

12.15 如图所示,G_1 是用来检验加工件质量的标准件,G_2 是待测的加工件。它们的端面都经过磨平抛光处理。将 G_1 和 G_2 放置在平台上,用一光学平板玻璃 T 盖住。设垂直入射的光的波长 $\lambda = 589.3nm$,G_1 与 G_2 相隔 $d = 0.5cm$,T 与 G_1 以及 T 与 G_2 间的干涉条纹的间隔都是 0.5mm。求 G_1 与 G_2 的高度差 Δh。

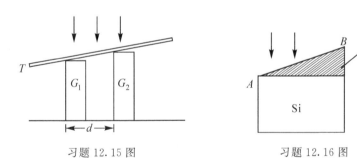

习题 12.15 图   习题 12.16 图

12.16 在 Si 的平表面上氧化了一层厚度均匀的 SiO_2 薄膜,为了测量薄膜厚度,将它的一部分磨成劈形(习题 12.16 图的 AB 段)。现用波长为 600nm 的平行光垂直照射,观察反射光形成的等厚干涉条纹。在图中 AB 段共有 8 条暗纹,且 B 处恰好是一条暗纹,求薄膜的厚度。(Si 折射率为 3.42,SiO_2 折射率为 1.50)

12.17 如图所示,牛顿环装置的平凸透镜与平板玻璃有一小缝 d_0,现用波长为 λ 的单色光垂直照射。已知平凸透镜的曲率半径为 R,求反射光形成的牛顿环的各暗环半径。

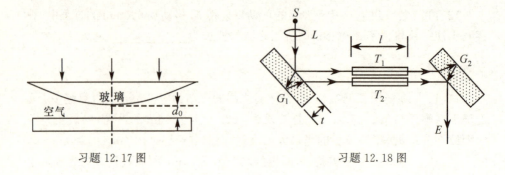

习题 12.17 图　　　　　　　　习题 12.18 图

12.18　常用雅敏干涉仪来测定气体在各种温度和压力下的折射率。干涉仪的光路如图。S 为光源，L 为聚光透镜，G_1，G_2 为两块等厚而且互相平行的玻璃板，T_1，T_2 为等长的两个玻璃管，长度为 l。进行测量时，先将 T_1，T_2 抽成真空，然后将待测气体徐徐导入一管中。在 E 处观察干涉条纹的变化，即可求出待测气体的折射率。某次测量时，将气体徐徐放入 T_2 管直到气体达到标准状态，在 E 处看到有 98 条干涉条纹移过。所用入射光波长为 589.3nm，$l = 20\text{cm}$，求该气体在标准状态下的折射率。

第13章 光的衍射

衍射和干涉一样,是波动的基本特征。光的衍射具有重要的应用价值,衍射光栅和 X 射线衍射技术已分别应用于光谱分析和物质结构的研究。本章以惠更斯-菲涅耳原理为基础,介绍光的衍射,着重讨论单缝衍射和光栅衍射的特点和规律,简单介绍圆孔衍射、光学仪器的分辨本领和 X 射线衍射。

13.1 光的衍射

13.1.1 光的衍射现象

光在传播过程中若遇到尺寸比光的波长大得不多的障碍物时,会传到障碍物的阴影区并形成明暗变化的光强分布现象,称为**光的衍射**。如图 13.1 所示,平行光通过狭缝照在光屏上,当缝宽较大时,屏上呈现狭缝的像。若缩小缝宽到可与光波波长相比拟时,在屏上就会出现明暗相间的衍射条纹。

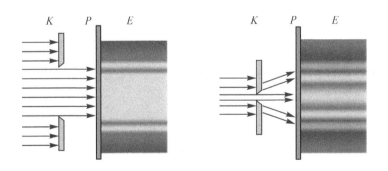

图 13.1 光的衍射

衍射效应是否显著,取决于障碍物的线度与光的波长的相对比值。只有障碍物的线度与光的波长可以比拟时,衍射效应才显著。光束在衍射屏上的什么方向上受到了限制,则在接收屏上的衍射图样就沿该方向扩展。光孔越小,对光束的限制越厉害,则衍射图样越扩展,衍射效应越明显。图 13.2 给出了各种孔径的小孔对光的衍射图样。

(a) 正三边形孔　　(b) 正四边形孔　　(c) 正六边形孔　　(d) 单缝

图 13.2　各种孔径的小孔对光的衍射

13.1.2　菲涅耳衍射和夫琅禾费衍射

观察衍射现象的实验装置一般由光源、衍射屏和接收屏三部分组成。按它们相互间的距离关系,通常将衍射分为菲涅耳衍射和夫琅禾费衍射两类。

衍射屏离光源或接收屏的距离为有限远的衍射,称为**菲涅耳衍射**。在菲涅耳衍射中,入射光或衍射光不是平行光,或两者都不是平行光,如图 13.3(a) 所示。衍射屏离光源和接收屏的距离都为无穷远的衍射,称为**夫琅禾费衍射**。在夫琅禾费衍射中,入射光和离开衍射屏的衍射光都是平行光,如图 13.3(b) 所示。在实验室里,夫琅禾费衍射可用两个汇聚透镜来实现,把光源放置在透镜 L_1 的焦点上,并把接收屏 P 放置在透 L_2 的焦面上,如图 13.3(c) 所示。这样,入射光和衍射光都满足夫琅禾费衍射的条件。下面我们将要讨论的衍射现象都属于夫琅禾费衍射。

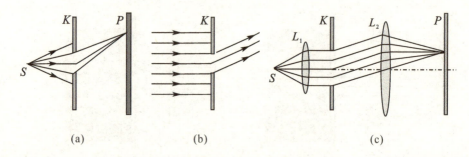

图 13.3　菲涅耳衍射和夫琅禾费衍射

13.1.3　惠更斯－菲涅耳原理

光的衍射现象可用惠更斯原理作定性说明,解释光绕过障碍物,改变传播方向的现象,但不能说明为什么衍射时会出现明暗相间的条纹,即衍射图样中光强的分布问题。菲涅耳发展了惠更斯原理，提出了子波相干叠加的概念。他假定：**波在传播的过程中，同一波阵面上各点都可以认为是发射球面子波的波源，空间任一点的光振动是所有这些子波在该点的相干叠加**。衍射现象中出现的亮、暗条纹是由于从同一个波阵面上发出的子波产生干涉的结果。

菲涅耳还指出，给定波阵面 S 上，每一面元 dS 发出的子波，在波阵面前方某点 P 所引起的光振动的振幅，与面元面积 dS 成正比，与面元到 P 点的距离 r 成反比（图 13.4）。并且随面元法线 e_n 与 r 间夹角 θ 的增大而减小，当 $\theta \geqslant \dfrac{\pi}{2}$ 时，振幅为零。计算整个波阵面上所有面元发出的子波在 P 点引起的光振动的总和，就可得到 P 点处的光强。

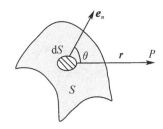

图 13.4　惠更斯 - 菲涅耳原理

惠更斯 - 菲涅耳原理是波动光学的基本原理，是分析和处理衍射问题的理论基础，但是计算相当复杂。如果衍射接收区域不大，即衍射角 θ 比较小，可以认为每个子波在 P 点引起的光振动的振幅相等，P 点的合振动视为振幅相等的子波在 P 点引起的光振动的合成。这时子波的差异仅在于在 P 点的相位不同，可以用相对简单的振幅矢量法来研究衍射现象。

后面我们用振幅矢量法和菲涅耳半波带法来解释光的衍射现象，可简单地得到比较清晰的物理图像。

13.2　单缝的夫琅禾费衍射

单缝的夫琅禾费衍射如图 13.5 所示，单色平行光垂直入射到单缝上后，由缝平面上各面元发出的向不同方向传播的平行光束，被透镜汇聚到放在其焦平面处的屏幕 P 上，则在屏幕上可以观察到衍射条纹。单缝的夫琅禾费衍射图样是一组平行于狭缝的明暗相间的衍射条纹，屏幕中心为亮而宽的明条纹，两侧对称分布着其他明暗条纹。

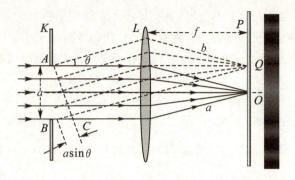

图 13.5 单缝的夫琅禾费衍射

13.2.1 单缝衍射的明暗条件

单缝衍射可用菲涅耳半波带法进行研究。如图 13.6 所示,设单缝宽度为 a,在单色平行光的垂直照射下,位于单缝所在处的波阵面 AB 上各点所发出的子波沿各个方向传播,定义衍射光线与入射光线方向的夹角 θ 为**衍射角**。衍射角为零的子波射线经过透镜后,汇聚在处于焦面的接收屏上的点 O,由于透镜不产生附加的光程差,点 O 必定处于亮条纹上,这个亮条纹称为中央亮条纹。衍射角为 θ 的子波射线经透镜后,汇聚于接收屏上的点 Q,点 Q 条纹的明暗决定于这些子射线到达此处的光程差。缝上边缘 A 与下边缘 B 发出的子波射线到达点 Q 的光程差为

$$\Delta = a\sin\theta \tag{13.1}$$

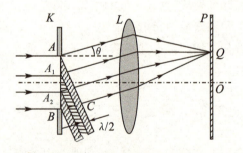

图 13.6 单缝的菲涅耳半波带

菲涅耳在惠更斯-菲涅耳原理的基础上,提出了将波阵面分割成许多等面积半波带的方法。为此,过单缝上边缘 A 作子波射线的垂直平面 AC,则由 AC 面上各点到 Q 点光程相等,这组平行光的光程差仅取决于它们从缝面各点到达 AC 面时的光程差。设想作一些相距为半个波长且平行于 AC 的平面,这些平面恰好

把波阵面 AB 分成 $AA_1, A_1A_2, \cdots$ 整数个半波带。由于各个半波带的面积相等，所以各个半波带在 Q 点所引起的光振幅接近相等。两个相邻半波带上，任意两个对应点所发出的子波的光程差都是 $\lambda/2$，相位差为 π，它们将相互抵消。因此任何两个相邻半波带所发出的衍射光在 Q 点都将干涉相消。

由此可见，对于给定的衍射角 θ，当 BC 是半波长的偶数倍时，单缝可分成偶数个半波带，所有半波带成对的相互抵消，在 Q 点将出现暗纹。如果 BC 是半波长奇数倍，亦即单缝可分成奇数个半波带，相互抵消后还留有一个半波带的作用，在 Q 点将出现明纹。若对某个衍射角 θ，AB 不能分成整数个半波带，则屏幕上的对应点将介于最明和最暗之间的中间区域。

上述结果可用数学式表示如下

$$\Delta = a\sin\theta = \begin{cases} 0 & k=0 & \text{中央明纹} \\ \pm 2k\dfrac{\lambda}{2}, & k=1,2,3,\cdots & \text{暗纹} \\ \pm(2k+1)\dfrac{\lambda}{2}, & k=1,2,3,\cdots & \text{明纹} \end{cases}$$

式中，k 称为衍射级，$2k$ 和 $2k+1$ 为单缝面上可分出的半波带数目，"$\pm$"表示明暗条纹对称分布在中央明纹的两侧。

13.2.2 单缝衍射的条纹分析

1. 条纹宽度

在两个第一级暗纹之间的区域称为中央明纹，中央明纹宽度可用 $k=\pm 1$ 的两条暗条纹之间的角距离来表示。对中央明纹来说

$$-\lambda < a\sin\theta < \lambda$$

在单缝的夫琅禾费衍射中，衍射角 θ 一般很小，有 $\sin\theta \approx \theta$，因而上式可写成

$$-\frac{\lambda}{a} < \theta < \frac{\lambda}{a}$$

中央明纹角宽度

$$\Delta\theta_0 = \frac{\lambda}{a} - \left(-\frac{\lambda}{a}\right) = \frac{2\lambda}{a} \tag{13.2}$$

中央明纹在屏上的线宽度

$$l_0 = 2f\tan\frac{\Delta\theta_0}{2} \approx 2f\frac{\Delta\theta_0}{2} = 2f\frac{\lambda}{a} \tag{13.3}$$

式中，f 为透镜 L 的焦距。第 k 级和 $k+1$ 级暗纹中心对透镜 L 的张角称为第 k 级明纹的角宽度，对第 k 级明纹

$$\Delta\theta = \theta_{k+1} - \theta_k \approx \frac{k+1}{a}\lambda - \frac{k}{a}\lambda = \frac{\lambda}{a} \tag{13.4}$$

可见中央明纹角宽度等于其他明纹角宽度的 2 倍。

2. 单缝衍射的光强分布

在单缝衍射条纹中,光强分布并不是均匀的。中央明纹最亮,其他明纹的亮度随级次的增大而迅速减小。这是由于对于中央明纹,所有子波干涉均加强;随着级次的增大,分成的半波带数增多,未被抵消的波带面积仅占单缝面积的一小部分。各级明纹的光强随着级次的增加迅速减小,单缝衍射的光强分布如图 13.7 所示。

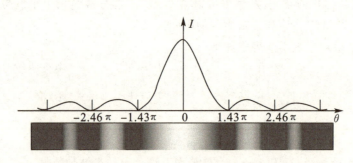

图 13.7　单缝衍射的光强分布

3. 缝宽和波长对衍射条纹的影响

由式(13.2)和式(13.4)可知,对一定的波长 λ 的光来说,各级明纹的角宽度与缝宽 a 成反比,a 越小,条纹铺展越宽,衍射效应越显著;反之,条纹将收缩变窄,衍射效应减弱。当 $a \gg \lambda$ 时,与各级条纹相应的衍射角很小,条纹全部集中于 O 附近,形成一亮线,衍射效应可以忽略。

当缝宽 a 不变时,各级条纹的位置将因波长而异。如用白光照射,因各种波长的中央明纹都在屏中央,所以中央明纹仍是白色。但由中央至两侧的其他各级明纹则会随波长不同而位置互相错开,因而呈现由紫到红的彩色衍射图样,称为衍射光谱。

单缝衍射的规律在实际生活中有较多的应用。例如,运用单缝测量物体之间的微小间隔和位移,或用于测量细微物体的线度等。

例 13.1　用单色平行可见光垂直照射到缝宽为 $a = 0.5$ mm 的单缝上,在缝后放一焦距 $f = 1.0$ m 的透镜,在位于焦平面的观察屏上形成衍射条纹。已知屏上离中央亮纹中心为 1.5 mm 处的 P 点为明纹,求:

(1) 入射光的波长;

(2) P 点的明纹级次和对应的衍射角以及此时单缝波面可分成的半波带数;

(3) 中央明纹的宽度。

解 (1) 对 P 点，$\tan\theta = \dfrac{x}{f} = \dfrac{1.5 \times 10^{-3}}{1.0} = 1.5 \times 10^{-3}$

当 θ 很小时，$\tan\theta \approx \sin\theta \approx \theta$。

由 P 点为明纹的条件可知 $\lambda = \dfrac{2a\sin\theta}{2k+1} = \dfrac{2a\tan\theta}{2k+1}$

当 $k = 1$ 时，$\lambda = 500\text{nm}$

当 $k = 2$ 时，$\lambda = 300\text{nm}$

在可见光范围内，入射光波长为 $\lambda = 500\text{nm}$。

(2) P 点为第一级明纹，$k = 1$

$$\theta = \sin\theta = \frac{3\lambda}{2a} = 1.5 \times 10^{-3} (\text{rad})$$

半波带数为：$2k+1 = 3$

(3) 中央明纹宽度为：

$$l_0 = 2f\frac{\lambda}{a} = 2 \times 1.0 \times \frac{500 \times 10^{-9}}{0.5 \times 10^{-3}} = 2 \times 10^{-3} (\text{m})$$

13.3 衍射光栅

光栅衍射可以产生明亮细锐的亮纹，且相邻条纹之间分得很开，可精确测量。复色光透过光栅能展开为光谱以进行光谱分析，有着广泛的应用。

13.3.1 光栅衍射

大量等宽等间距的平行狭缝排列起来构成的光学元件称为**光栅**。光栅有两种：利用透射光衍射的透射光栅和利用反射光衍射的反射光栅。常用的透射光栅是在玻璃片上刻出大量平行刻痕制成。刻痕为不透光部分，两刻痕之间的光滑部分相当于透光的狭缝。反射光栅则是在镀有金属层的表面上刻出许多平行刻痕，两刻痕间的光滑金属面可以反射光。

平面透射光栅的夫琅禾费衍射如图 13.8 所示。设光栅的总缝数为 N，光栅上每一条透光狭缝的宽度为 a，相邻两缝之间不透光部分的宽度为 b。$d = a + b$ 代表相邻两缝对应点之间的距离，称为**光栅常量**。光栅常量是代表光栅性能的重要参数，一般的光栅常量约 $10^{-5} \sim 10^{-6}\text{m}$ 的数量级。

单色平行光垂直照射到光栅上，从各缝发出的衍射角 θ 相同的平行光由透镜 L 汇聚于屏上的同一点，衍射角 θ 不同的各组平行光则汇聚于不同的点，从而形成光栅衍射图样，在屏上呈现出一系列明暗相间的条纹。由每条狭缝射出的光都是衍射光，遵从单缝衍射的规律；而由不同狭缝射出的光都是相干的，还会产生缝与缝之间的干涉效应。因此，光栅的衍射条纹是单缝衍射和缝间干涉的共同结果。

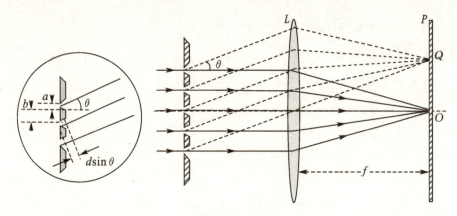

图 13.8　光栅衍射

13.3.2　光栅方程

下面我们来分析在屏上某处出现光栅衍射明条纹所应满足的条件。

在图 13.8 中，设任意两相邻狭缝发出的沿衍射角 θ 方向的光，经透镜 L 后汇聚于点 Q，若它们对应点的光程差 $\Delta = d\sin\theta$ 恰好是入射光波长 λ 的整数倍，则这两束光线相互干涉加强。显然，其他任意相邻两缝沿 θ 方向的光的干涉效果也都是相互加强的。总的看起来，光栅衍射明条纹的条件是

$$(a+b)\sin\theta = \pm k\lambda, \quad k = 0,1,2,\cdots \tag{13.5}$$

上式通常称为**光栅方程**，由光栅方程决定的衍射角 θ 方向上产生光栅衍射的主极大条纹。当

$$(a+b)\sin\theta = \pm \frac{k'}{N}\lambda, \quad k' = 1,2,3,\cdots N-1, N+1,\cdots \tag{13.6}$$

时，多缝干涉完全抵消，产生暗条纹。应该注意，上式中 k' 取值时应该去掉 $k' = kN$ 属于主极大的情况。可见在两个相邻的主极大之间有 $N-1$ 条暗条纹。两暗条纹间应为明条纹，故必有 $N-2$ 条明条纹，这些明条纹的光强比主极大小得多，通常称为次极大。

通常光栅的缝数 N 很大，其结果是在两相邻主极大明条纹之间，布满了暗条纹和弱的次极大，明纹分得很开且很细、很亮。因此光栅衍射图样的特点是：在暗弱的背景上呈现一系列分得很开的细锐亮线。图 13.9 画出了 $N = 3$ 的光栅衍射条纹大致强度分布。

考虑到单缝衍射的调制作用，各级主极大的光强是不同的。特别是，某些主极大的角位置恰好处在单缝衍射的零值上，这些主极大就会消失，这一现象称为**缺级**。光栅衍射缺级的级次为

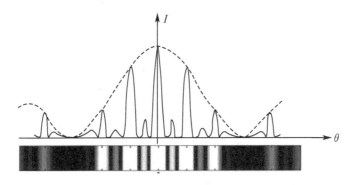

图 13.9　光栅衍射光强分布($N=3,\dfrac{a+b}{a}=3$)

$$k=\pm\frac{a+b}{a}k',\quad k'=1,2,3,\cdots \tag{13.7}$$

例如当 $\dfrac{a+b}{a}=3$ 时,缺级的级数为 $\pm3,\pm6,\cdots$,图 13.9 就是这种情形。

13.3.3　光栅光谱

单色光经过光栅衍射后形成各级细而亮的明纹,从而可以精确地测定其波长。如果用复色光照射到光栅上,除中央明条纹外,其他各级次的明纹由各种颜色的条纹组成,并按波长由短到长的次序自中央向外侧依次分开排列。在较高级次时,各谱线可能相互重叠。光栅衍射产生的这种按波长排列的谱线称为光栅光谱,如图 13.10 所示。

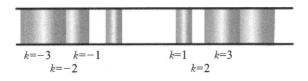

图 13.10　光栅光谱

各种元素或化合物有它们自己特定的谱线,测定光谱中各谱线的波长和相对强度,可以确定该物质的成分及其含量。这种分析方法叫做光谱分析,在科学研究和工程技术上有着广泛的应用。

例 13.2　用波长为 500nm 的单色光垂直照射到每毫米有 500 条刻痕的光栅上,求:(1) 第一级和第三级明纹的衍射角;(2) 若缝宽与缝间距相等,则用此光栅最多能看到几条明条纹。

解 (1) 光栅常量 $a+b = 1\times 10^{-3}/500 = 2\times 10^{-6}$ (m)

根据光栅方程

第一级明纹 $k=1, \sin\theta_1 = \pm\dfrac{\lambda}{a+b} = \pm\dfrac{500\times 10^{-9}}{2\times 10^{-6}} = \pm 0.25, \theta_1 = \pm 14°28'$

第三级明纹 $k=3, \sin\theta_3 = \pm\dfrac{3\lambda}{a+b} = \pm\dfrac{3\times 500\times 10^{-9}}{2\times 10^{-6}} = \pm 0.75, \theta_3 = \pm 48°35'$

(2) 理论上能看到的最高级谱线对应衍射角 $\theta = \pi/2$,

$$k_{\max} = \dfrac{a+b}{\lambda} = \dfrac{2\times 10^{-6}}{500\times 10^{-9}} = 4$$

即最多能看到第 4 级明条纹。考虑缺级 $\dfrac{a+b}{a} = 2$, 第 $\pm 2, \pm 4$ 级明条纹不出现, 从而实际出现的只有 $0, \pm 1, \pm 3$ 级, 因而只能看到 5 条明条纹。

13.4 圆孔的夫琅禾费衍射　光学仪器的分辨本领

当光波照射到圆孔上时, 也会产生衍射现象。大多数光学仪器上所用的孔径光阑、透镜边框等均为圆形, 它们的边缘和孔径在光路中常引起衍射而影响成像质量。研究圆孔的夫琅禾费衍射具有重要的实际意义, 这对于分析光学仪器的分辨本领是必不可少的。

13.4.1 圆孔的夫琅禾费衍射

在单缝的夫琅禾费衍射装置中, 若用一小孔代替狭缝, 用点光源代替线光源, 如图 13.11 所示, 接收屏上就得到圆孔的夫琅禾费衍射图样, 由中央圆形亮斑以及外围一系列明暗相间的同心圆环组成。中央亮斑集中了衍射光能的 83.8%, 通常称为**艾里斑**, 其中心就是圆孔的几何光学的像点。艾里斑的大小反映了衍射光的弥散程度, 而第一暗环的衍射角 θ_0 给出了艾里斑的半角宽度

$$\theta_0 = \arcsin 1.22\dfrac{\lambda}{D} \approx 1.22\dfrac{\lambda}{D} \tag{13.8}$$

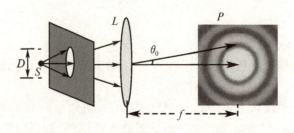

图 13.11　圆孔的夫琅禾费衍射

式中，D 为圆孔的直径，λ 是入射光波的波长。若透镜 L 的焦距为 f，则艾里斑的半径

$$r_0 = f\theta_0 \approx 1.22\frac{\lambda f}{D} \tag{13.9}$$

由以上两式可见，艾里斑的大小与衍射孔的孔径 D 成反比。对于光学仪器而言，总是希望得到清晰的像，这就要求衍射光的弥散程度尽量小，即艾里斑尽量小，所以应该尽可能增大光学仪器的孔径 D。

13.4.2 光学仪器的分辨率

光的衍射现象限制了光学系统的分辨能力。由于光的衍射，点状物经光学仪器成像后实际上是一小圆斑。如果两个物点间的距离很小，它们的像将重叠在一起以至不能分辨，这是光学系统普遍存在的问题。

图 13.12 画出了两个独立的发光点 S_1 和 S_2 通过光学系统 L 的成像情况。其中图(a)表示 S_1 和 S_2 相距较远，两像点的艾里斑分得较开，两亮斑中心对 L 的张角 θ 也较大，可清楚地分辨这两个物点所成的像。图(c)表示 S_1 和 S_2 相距很近，两像点的艾里斑大部分相重叠，两亮斑中心对 L 的张角 θ 很小，无法分辨这到底是一个物点所成的像还是两个物点所成的像。从图(a)的可以分辨到图(c)的不能分辨之间不存在明显界限。

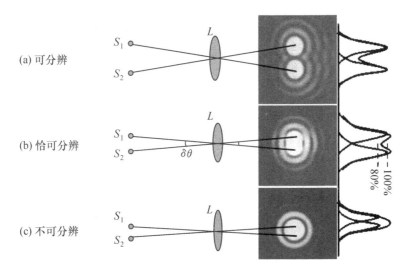

图 13.12　光学仪器的分辨本领

为了建立一个较客观的标准，瑞利提出，对两个强度相等且不相干的点光

源,当一个像点的艾里斑的中心刚好与另一像点的衍射图样的第一极暗环重合,如图 13.12(b) 所示,则这两个物点恰能被这一光学仪器所分辨。在这种情况下,两个艾里斑重叠区域中心的光强,约为每个艾里斑中心光强的 80%,这种光强差别对正常人的眼睛来说是恰好可以分辨的。这一条件称为**瑞利判据**。恰能分辨时,两物点 S_1 和 S_2 对透镜 L 中心的张角称为光学仪器的最小分辨角

$$\delta\theta = 1.22\frac{\lambda}{D} \qquad (13.10)$$

式中 λ 是所用光波的波长,D 是光学系统的孔径。显然,最小分辨角就是艾里斑的半角宽度 θ_0。最小分辨角的倒数称为光学仪器的分辨率或分辨本领

$$R = \frac{1}{\delta\theta} = \frac{D}{1.22\lambda} \qquad (13.11)$$

由上式可知,光学仪器的分辨率与仪器的孔径成正比,与所用的光波波长成反比。例如人眼瞳孔的直径约为 2.5mm,而入射白光的平均波长为 550nm,则人眼的最小分辨角为 2.7×10^{-4} rad,约为 $1'$,这恰与人眼视网膜上相邻的两个视觉细胞之间的角距离相对应。

对于任何光学系统,如果它所观察的物体上最远两点对它的张角小于最小分辨角 $\delta\theta$,那么这个系统对该物体实际上是无法分辨的。要提高光学系统的分辨本领,必须增大光学系统的孔径 D,使用波长 λ 短的光。显微镜的最大分辨本领取决于物镜的最大分辨本领,要提高物镜的分辨本领,就应增大物镜的孔径,并使用波长短的光观察。增大物镜孔径的余地是有限的,而使用短波光却是提高显微镜分辨本领的有效途径。例如,利用电子的波动性制成的电子显微镜(波长约 0.1nm),其分辨率比普通光学显微镜可提高几千倍,为研究分子、原子的结构提供了有力的工具。

例 13.3 假设汽车两盏灯相距 $r = 1.5$m,人的眼睛瞳孔直径 $D = 2.5$mm,则最远在多少米的地方,人眼恰好能分辨出这两盏灯?

解 假设所求距离只取决于眼睛瞳孔的衍射效应,并以视觉感受最敏感的黄绿光 $\lambda = 550$nm 进行讨论,人眼的最小分辨角

$$\delta\theta = 1.22\frac{\lambda}{D} = \frac{1.22\times 550\times 10^{-9}}{2.5\times 10^{-3}} = 2.684\times 10^{-4} \text{rad} = 1'$$

设人眼距汽车车灯的距离为 s,则两车灯对人眼的张角

$$\theta = \frac{r}{s}$$

恰能分辨时,应有 $\delta\theta = \theta_0$ 所以

$$s = \frac{rD}{1.22\lambda} = \frac{1.5\times 2.5\times 10^{-3}}{1.22\times 550\times 10^{-9}} = 5.59\times 10^3 \text{m}$$

*13.5　X射线在晶体中的衍射

X射线也称伦琴射线,是伦琴(W. K. Roentgen)于1895年发现的。由于X射线的发现具有重大的理论意义和实用价值,伦琴于1901年获得首届诺贝尔物理学奖。

13.5.1　X射线在晶体中的衍射

X射线是在高速电子流轰击金属靶的过程中产生的一种波长极短的电磁辐射。产生X射线的X射线管如图13.13所示,K是发射电子的热阴极,P是由钼、钨或铜等金属制成的阳极。两极之间加有数万伏的高电压,使阴极产生的电子流加速,向阳极撞击而产生X射线。

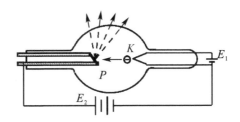

图 13.13　X射线管

研究表明,X射线是波长大约在$10^{-3} \sim 1\text{nm}$范围内的电磁波,其特点是波长短,穿透力强;能使某些物质发出荧光,使气体电离,底片感光;在电磁场中不发生偏转。

X射线也是一种电磁波,也可以产生干涉、衍射现象。但由于X射线的波长极短,通常的衍射光栅对它不起作用。1912年劳厄提出,晶体中的原子排列成有规则的空间点阵,原子间距与X射线的波长接近,可作为X射线的衍射光栅。

这种设想得到了实验验证。如图13.14所示,X射线通过铅板B的小孔射到晶体C上,经晶体衍射后在底片P上形成一些规则分布的斑点,称为劳厄斑点。劳厄斑的出现是X射线通过晶体点阵发生衍射的结果。晶体的X射线衍射实验证明了X射线的波动性,同时还证实了晶体中原子排列的规则性,其间隔与X射线的波长同数量级。对劳厄斑点的位置及强度进行研究,可以推断晶体中原子的排列。

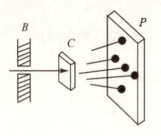

图 13.14　劳厄实验

13.5.2　布拉格公式

1913 年，布拉格父子提出了一种较为简单的研究 X 射线在晶体上衍射的方法。

他们把晶体的空间点阵简化，当做反射光栅处理。认为晶体是由一系列平行的原子层组成的，这些原子层称为晶面，各晶面之间的距离为 d。不同晶面族的 d 值不同，在空间的取向也不同。

当 X 射线以掠射角 θ 入射到晶体上时，一部分为表面层原子散射，其余部分为内层原子散射，如图 13.15 所示。在各原子层所散射的射线中，只有沿满足反射定律的反射方向的射线强度最大。相邻两层所发出的反射线的光程差

$$\Delta = BC + CD = 2d\sin\theta$$

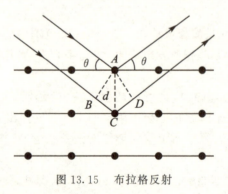

图 13.15　布拉格反射

显然，各层散射线相互加强形成亮点的条件为

$$2d\sin\theta = \pm k\lambda, \quad k = 1, 2, 3, \cdots \tag{13.12}$$

此公式称为**布拉格公式**。

当 X 射线从一定方向入射到晶体表面时，对不同晶面族的掠射角 θ 也不同，因此从不同的晶面族散射出去的 X 射线，只有在满足布拉格公式时，才能相互加

强,在底片上形成劳厄斑点。

X 射线的衍射有着广泛的应用。若已知波长的 X 射线在晶体上发生衍射,通过对衍射光斑的位置和强度的分析,精确测定 θ 角,就可以确定晶体的面间距,从而确定晶体结构。反之,如果作为衍射光栅的晶体的结构为已知,就可用来测定 X 射线的波谱,对原子结构的研究极为重要。

物理沙龙:全息照相

普通照相是将物体发出光波的强度记录在底片上,看到的是物体的平面像。全息照相能够记录物体发出光波的振幅和相位,当被摄物体再现时,就能得到物体的立体图像。

1. 全息照片的拍摄

全息照相利用光的干涉现象,不但能记录入射光波的强度,而且还能记录入射光波的相位。拍摄全息照片的基本光路如图 13.16 所示,来自同一激光光源(波长为 λ)的光分成两部分:一部分直接照到照相底片上,叫参考光;另一部分用来照射被拍摄物体,经物体反射(或透射)后也照到照相底片上,这部分光叫物光。参考光和物光在底片上各处相遇时将发生干涉。所产生的干涉条纹既记录了来自物体各处的光的强度,也记录了这些光波的相位。

干涉条纹为什么能记录相位呢?如图 13.17 所示,设 O 为物体上某一发光点,它发的光和参考光在底片上形成干涉条纹。设 a,b 为底片上两条相邻的暗纹。要形成暗纹,在 a,b 两处的物光和参考光必须都反相。由于参考光在 a,b 两处是同相位的,所以到达 a,b 两处的物光的光程差必相差 λ。由图中几何关系可知

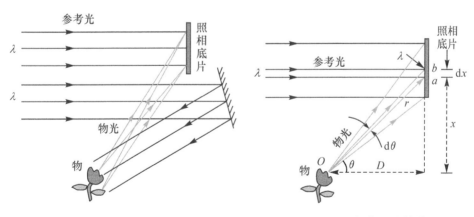

图 13.16　全息照片的拍摄　　图 13.17　相位记录说明

$$\lambda = \sin\theta \mathrm{d}x, \quad \mathrm{d}x = \lambda/\sin\theta = \frac{\lambda r}{x}$$

这说明,在底片上同一处,来自物体上不同发光点的光,由于它们的 θ 或 r 不同,与参考光形成的干涉条纹的间距就不同,因此底片上各处干涉条纹的间距(以及条纹的方向)就反映了物光相位的不同,实际上反映了物体上各发光点的位置的不同。整个底片上形成的干涉条纹实际上是物体上各发光点发出的物光与参考光所形成的干涉条纹的叠加。所以,全息底片并不直接显示物体的形象,而是一幅复杂的条纹图像,图 13.18 是一张全息照片的部分放大图。

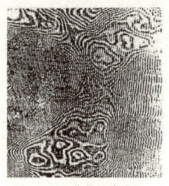

图 13.18　全息照片外观

全息照相是利用光的干涉现象,它要求参考光和物光是彼此相干的。由于拍摄物体的尺寸比较大,这就要求光源有很高的时间相干性和空间相干性,激光正好满足了这些条件。拍摄全息照片时对拍摄装置的稳定性有较高的要求,一般应在抗震台上进行。否则,被拍摄的物体稍一振动就会影响其到达底片处的光的相位,造成拍摄的失败。

2. 全息图像的观察

观察全息照片所记录的物体的形象时,必须用拍摄该照片时所用的同一波长的光沿原参考光的方向照射照片,如图 13.19 所示。这时在照片的背面向照片看,就可看到在原位置处原物体的完整的立体像。其成像原理可作如下简单说明:全息照片包含大量的、细密的干涉条纹,它相当于一个透射光栅,照明光透过它们时将发生衍射。仍考虑两相邻的条纹 a 和 b,底片冲洗后 a,b 变为两条透光缝,照明光透过它们发生衍射。沿原方向

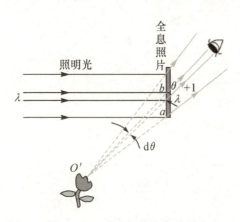

图 13.19　全息照片虚像的形成

前进的光波不产生成像效果,只是强度受到照片的调制而不再均匀。沿原来物体上 O 点发出的物光方向的那两束衍射光,其光程差一定也是 λ。这两束光被人眼汇聚后,就会使人眼感到在原来 O 所在处有一发光点 O'。物体上所有发光点在全息照片上产生的透光条纹对入射照明光的衍射,就会使人眼看到一个在原来位置处的一个原物的完整的立体虚像。注意,这个立体虚像真正是立体的,其突出特征是:当人眼换一个位置时,可以看到物体的侧面像,原来被挡住的地方这时也显露出来了。

全息照片还有一个重要特征是通过其一部分,例如一块残片,也可以看到整个物体的立体像。这是因为拍摄照片时,物体上任一发光点发出的物光在整个底片上各处都与参考光发生干涉,因而在底片上各处都有该发光点的记录。故用一小块仍可再现物体的像,不过小块的全息照片上包含的光信息的容量有所减少。

本 章 小 结

1. 惠更斯－菲涅耳原理

波在传播的过程中,同一波阵面上各点都可以认为是发射球面子波的波源,空间任一点的光振动是所有这些子波在该点的相干叠加。

2. 单缝夫琅禾费衍射

可用半波带法分析。单色光垂直照射时,明暗条纹条件为

$$\Delta = a\sin\theta = \begin{cases} 0 & k=0 & \text{中央明纹} \\ \pm 2k\dfrac{\lambda}{2}, & k=1,2,3,\cdots & \text{暗纹} \\ \pm(2k+1)\dfrac{\lambda}{2}, & k=1,2,3,\cdots & \text{明纹} \end{cases}$$

中央明纹的半角宽度: $\theta_0 = \dfrac{\lambda}{a}$

中央明纹的线宽度: $l_0 \approx 2f\dfrac{\Delta\theta_0}{2} = 2f\dfrac{\lambda}{a}$

3. 光栅衍射

衍射图样的特点:细而明亮的条纹;缝数越多,条纹越细且明亮;有缺级现象。

光栅方程: $d\sin\theta = (a+b)\sin\theta = \pm k\lambda, \quad k=0,1,2,\cdots$

缺级级次: $k = \pm\dfrac{a+b}{a}k', \quad k'=1,2,3,\cdots$

4. 圆孔夫琅禾费衍射

艾里斑半角宽度: $\theta_0 = 1.22\dfrac{\lambda}{D}$

光学仪器的分辨本领: $R = \dfrac{1}{\delta\theta} = \dfrac{D}{1.22\lambda}$

5. X 射线在晶体中的衍射

晶体的点阵结构可看成三维光栅,能使波长极短的 X 射线产生衍射,其衍射极大值满足布拉格方程:

$$2d\sin\theta = \pm k\lambda, \quad k=1,2,3,\cdots$$

习　　题

一、选择题

13.1　在单缝夫琅禾费衍射实验中,波长为λ的单色光垂直入射到宽度为 $a=4\lambda$ 的单缝上,对应于衍射角 30° 的方向,单缝处波阵面可分成的半波带数目为(　　)。

A. 2　　　　B. 4　　　　C. 6　　　　D. 8

13.2　在如图所示的单缝夫琅禾费衍射实验中,将单缝 K 沿垂直于光的入射方向(在图中的 x 方向)稍微平移,则屏幕上的衍射图样(　　)。

A. 向上平移　　B. 向下平移

C. 不动　　　　D. 条纹间距变大

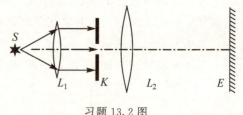

习题 13.2 图

13.3　波长为 600nm 的单色光垂直入射到光栅常数为 2.5×10^{-3} mm 的光栅上,光栅的刻痕与缝宽相等,则光谱上呈现的全部级数为(　　)。

A. $0,\pm1,\pm2,\pm3,\pm4$　　　　B. $0,\pm1,\pm3$

C. $\pm1,\pm3$　　　　D. $0,\pm2,\pm4$

13.4　设光栅平面、透镜均与屏幕平行,则当入射的平行单色光从垂直于光栅平面入射变为斜入射时,能观察到的光谱线的最高级数 k(　　)。

A. 变小　　B. 变大　　C. 不变　　D. 改变无法确定

13.5　测量单色光的波长时,下列方法中哪一种方法最为准确?(　　)。

A. 双缝干涉　　B. 牛顿环　　C. 单缝衍射　　D. 光栅衍射

二、填空题

13.6　如果单缝夫琅禾费衍射的第一级暗纹发生在衍射角为 30° 的方位上,所用单色光波长 $\lambda=5\times10^3$ Å,则单缝宽度为 _____ m。

13.7　平行单色光垂直入射于单缝上,观察夫琅禾费衍射。若屏上 P 点处为第二级暗纹,则单缝处波面相应地可划分为 _____ 个半波带,若将单缝宽度减小一半,P 点将是 _____ 级 _____ 纹。

13.8　天空中两颗星相对一望远镜的角距离为 3.50×10^{-6} rad,它们都发出波长 $\lambda=560$ nm 的光,要能分辨出这两颗星,望远镜的口径至少为 _____ mm。

13.9　为测定一个光栅的光栅常数,用波长为 632.8nm 的光垂直照射光栅,测得第一级主极大的衍射角为 18°,则光栅常数 $d=$ _____,第二级主

极大的衍射角 θ = _____。

三、计算题

13.10 某种单色平行光垂直入射在单缝上，单缝宽 $a = 0.15\text{mm}$。缝后放一个焦距 $f = 400\text{mm}$ 的凸透镜，在透镜的焦平面上，测得中央明条纹两侧第三级暗条纹之间的距离为 8.0mm，求入射光的波长。

13.11 用橙黄色的平行光垂直照射一宽为 $a = 0.60\text{mm}$ 的单缝，缝后凸透镜的焦距 $f = 40.0\text{cm}$，观察屏幕上形成的衍射条纹，若屏上离中央明条纹中心 1.40mm 处的 P 点为一明条纹，求：(1) 入射光的波长；(2) P 点处条纹的级数；(3) 从 P 点看，对该光波而言，狭缝处的波面可分成几个半波带？

13.12 一双缝两缝间距为 0.1mm，每缝宽为 0.02mm，用波长为 4800Å 的平行单色光垂直入射双缝，双缝后放一焦距为 50cm 的透镜。试求：(1) 透镜焦平面上单缝衍射中央明条纹的宽度；(2) 单缝衍射的中央明条纹包迹内有多少条双缝衍射明条纹？

13.13 波长 600nm 的单色光垂直入射在一光栅上，第二级主极大在 $\sin\theta = 0.20$ 处，第四级缺级，试问：(1) 光栅上相邻两缝的间距 $(a+b)$ 有多大？(2) 光栅上狭缝可能的最小宽度 a 有多大？(3) 按上述选定的 a,b 值，试问在光屏上可能观察到的全部级数是多少？

13.14 一直径为 2mm 的氦氖激光束射向月球表面，其波长为 632.8nm，月球和地面的距离为 3.84×10^5 km。试求：(1) 在月球上得到的光斑的直径有多大？(2) 如果这束激光经扩束器扩展成直径为 2m 的光束，在月球表面得到的光斑的直径将为多大？在激光测距仪中，通常都采用激光扩束器，这是为什么？

13.15 如图所示，入射 X 射线束不是单色的，而是含有由 0.095nm 到 0.130nm 这一波段中的各种波长。晶体的晶格常量 $a_0 = 0.275\text{nm}$，问：与图中所示的晶面族相联系的衍射的 X 射线束是否会产生？

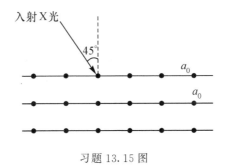

习题 13.15 图

第14章 光的偏振

光的干涉和衍射现象揭示了光的波动性,而光的偏振现象则进一步说明了光是横波。本章讨论光的偏振现象和各种偏振光的产生与检验方法,偏振光的干涉及应用。

14.1 光的偏振性 马吕斯定律

14.1.1 偏振光和自然光

光是一种横波,光矢量 E 的振动方向总是与光的传播方向垂直,即光矢量的横向振动状态,相对于传播方向不具有对称性,这种光矢量的振动相对于传播方向的不对称性,称为光的偏振性。在与传播方向垂直的平面内,光矢量 E 可以有各种不同的振动状态。如果光矢量始终只在一个固定平面内,沿某一个固定方向振动,这种光称为**线偏振光**,又称为**平面偏振光**。如图 14.1 所示,短线表示振动方向平行于纸面的线偏振光,而圆点表示振动方向垂直于纸面的线偏振光。

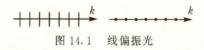

图 14.1 线偏振光

普通光源发出的自然光包含了大量持续时间很短的波列,尽管每一个波列都具有确定的偏振方向,但这些波列在振幅、振动方向和相位上都是互不相关、无规则和随机变化的。平均来说,在垂直于光的传播方向的平面内,光矢量的振动在各个方向上的分布是对称的,没有哪一个方向占优势,各方向光振动的幅度相等,是非偏振的。任何一束自然光,在垂直于传播方向的平面内,我们总可以将各个方向的光矢量都分解到两个互相垂直的方向上,从而得到两个互相垂直、振幅相等、彼此独立的光振动,如图 14.2(a) 所示。也就是说,自然光可以看做是由两束相互垂直的线偏振光组成,它们的振幅相等,没有确定的相位关系,且各自占自然光总光强的一半。自然光可用图 14.2(b) 表示,图中的短线和圆点等距离地交错、均匀地画出,分别表示在纸面内和垂直于纸面的光振动。

图 14.2 自然光

自然光经过反射、折射或吸收后,可能造成各个振动方向上的强度不等,某一方向上的光振动比其他方向占优势,这种光叫做**部分偏振光**。部分偏振光是偏振态介于自然光和线偏振光之间的光,两垂直方向光振动之间无固定的相位关系。部分偏振光可用数目不等的短线和圆点表示,如图 14.3 所示。

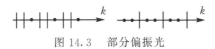

图 14.3 部分偏振光

从普通光源发出的自然光中获得偏振光的方法主要有以下三种:
(1) 由二向色性产生偏振光;
(2) 由反射与折射产生偏振光;
(3) 由双折射产生偏振光。

14.1.2 偏振片 起偏与检偏

从自然光获得偏振光的过程称为**起偏**,能产生起偏作用的光学元件称为**起偏器**。偏振片是一种常用的起偏器,它能对入射光的光矢量在某方向上的分量有强烈的吸收,而对与该方向垂直的分量吸收很少。因此,偏振片只能透过沿某个方向的光矢量或光矢量振动沿该方向的分量。这个特定的透光方向称为**偏振片的偏振化方向**或**透振方向**,一般用"↕"表示。

自然光通过偏振片后成为线偏振光,线偏振光的振动方向与偏振片的偏振化方向一致,在这里偏振片起着起偏器的作用。偏振片还可用做检偏器,用来检验某一束光是否为偏振光。如图 14.4 所示,自然光通过偏振片 P_1 后成为线偏振光,强度等于入射自然光强度 I_0 的 $1/2$,P_1 此时用作起偏器。再让该线偏振光通过检测偏振片 P_2,若以入射光线为轴旋转偏振片 P_2,则可看到出射光强逐渐变

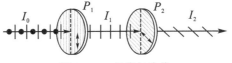

图 14.4 起偏与检偏

化。当转到两偏振片偏振化方向正交时,透射光强为零,出现消光现象;而当两偏振片的偏振化方向平行时,透射光强为最大。

将检测偏振片 P_2 旋转一周时,透射光强出现两次最强,两次消光,就可断定入射到 P_2 上的为线偏振光。如果被测光是自然光,在旋转偏振片的过程中透射光强不变。如果被测光是部分偏振光,在旋转偏振片的过程中透射光强也会发生变化,但不会出现消光的情况。

14.1.3 马吕斯定律

自然光通过偏振片后成为线偏振光,强度等于入射自然光强度的一半。那么强度为 I_0 的线偏振光通过偏振片后,其强度又如何呢?

如图 14.5 所示,设入射线偏振光光矢量的振幅为 E_0,光矢量的振动方向与检偏器 P 的偏振化方向之间的夹角为 α。只有平行于偏振片透振方向的振动分量可以通过,透射光光矢量的振幅

$$E = E_0 \cos\alpha$$

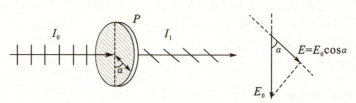

图 14.5　马吕斯定律

因而透射光强

$$I = E^2 = E_0^2 \cos^2\alpha$$

即
$$I = I_0 \cos^2\alpha \tag{14.1}$$

这就是**马吕斯定律**,强度为 I_0 的线偏振光通过检偏器后,出射光的强度为 $I_0 \cos^2\alpha$。

由上式可知,当 $\alpha = 0$ 或 π 时,$I = I_0$,透射光强度最大;当 $\alpha = \dfrac{\pi}{2}$ 时,$I = 0$,透射光强度最小;当 α 为其他角度时,透射光的强度介于 $0 \sim I_0$ 之间。

例 14.1　自然光垂直射到互相平行的两个偏振片上,若透射光强为透射光最大光强的三分之一,则这两个偏振片的偏振化方向的夹角为多少?

解　设自然光的光强为 I_0,通过第一个偏振片以后,光强为 $I_0/2$,因此通过第二个偏振片后的最大光强为 $I_0/2$。根据题意和马吕斯定律有

$$\frac{I_0}{2} \cos^2\alpha = \frac{1}{3} \frac{I_0}{2}$$

解得 $\alpha = \pm 54°44'$。

14.2 反射光和折射光的偏振

自然光在两种媒质的分界面上发生反射和折射时,反射光和折射光一般都是部分偏振光;在一定的条件下,反射光有可能成为线偏振光。

14.2.1 布儒斯特定律

当自然光入射到两种媒质的分界面上时,在一般情况下,反射光是以垂直于入射面的光振动为主的部分偏振光,而折射光是以平行于入射面的光振动为主的部分偏振光,如图 14.6 所示。

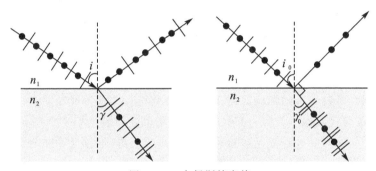

图 14.6 布儒斯特定律

1812 年,布儒斯特从实验中发现,反射光的偏振化程度与入射角 i 有关,若入射光从折射率为 n_1 的媒质射向折射率为 n_2 的媒质,当入射角满足

$$\tan i_0 = \frac{n_2}{n_1} \tag{14.2}$$

时,反射光成为只有垂直于入射面振动的线偏振光,而折射光仍为部分偏振光。这个规律称为**布儒斯特定律**,其中 i_0 叫做**起偏角**或**布儒斯特角**。

当入射角为 i_0 时,折射角为 γ_0,根据折射定律,应有

$$n_1 \sin i_0 = n_2 \sin \gamma_0$$

将这个关系代入式(14.2),得

$$\sin \gamma_0 = \cos i_0$$

即

$$i_0 + \gamma_0 = \frac{\pi}{2}$$

这表示,当入射角为布儒斯特角时,反射光与折射光互相垂直。如果自然光从空气射到折射率为 1.50 的玻璃片上,根据布儒斯特定律,可以求得起偏角为

56.3°,此时的折射角为33.7°。

例 14.2 已知某材料在空气中的布儒斯特角 $i_0 = 58°$,求它的折射率。若将它放在水中(水的折射率为1.33),求此时的布儒斯特角。

解 设该材料的折射率为 n,空气的折射率为1.0,根据布儒斯特定律

$$\tan i_0 = \frac{n}{1.0} = \tan 58° = 1.599 \approx 1.6$$

若放在水中,则对应有

$$\tan i_0' = \frac{n}{n_\text{水}} = \frac{1.6}{1.33} = 1.2$$

所以 $i_0' = 50.3°$。

14.2.2 玻璃堆和布儒斯特窗

自然光以布儒斯特角入射到两种介质的界面时,虽然能在反射方向获得线偏振光,但光强很弱,通常更多地使用透射光。对于单独一个玻璃面来说,透射光是部分偏振光。为了获得高度偏振的透射光,把许多互相平行的玻璃片叠成玻璃片堆,如图14.7所示。自然光以布儒斯特角入射到玻璃片堆时,光在各层玻璃上反射和折射,垂直于入射面的光振动不断被反射掉,使得折射光中垂直于入射面的光振动成分逐次减少,最后透射出来的光几乎就只有平行于入射面光振动的线偏振光了。偏振分光计就是按这种设想制成的仪器,不过为了减少对透射光的吸收,用多层媒质膜代替了玻璃片堆。

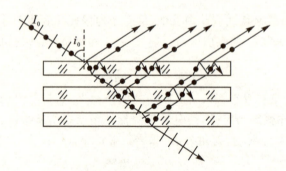

图 14.7 玻璃堆

为了获得偏振激光,可以在激光器中加布儒斯特窗。图14.8所示的是一种外腔式激光器,在谐振腔中装有使激光束以布儒斯特角 i_0 入射的透明镜片 B。当激光在两镜 MM' 之间来回反射而以布儒斯特角 i_0 通过 B 时,垂直于入射面的振动分量因窗口反射损耗太大不能起振,而平行于入射面的振动分量则基本上无窗口反射损耗,可以在管内形成稳定的振荡,并从一个反射镜中输出线偏振的激光。

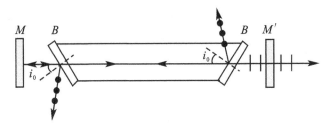

图 14.8 布儒斯特窗

14.3 光的双折射

14.3.1 光的双折射

一束光从一种媒质进入另一种媒质时,折射光通常只有一条,并遵守折射定律。但是,当一条光线射到光学各向异性的晶体物质上时,在晶体中将产生两条折射光线,它们沿不同的方向传播,这种现象称为**双折射**。图 14.9 表示了光线在方解石晶体内的双折射情况,双折射产生的两条光线中,有一条折射线遵守通常的折射定律,折射光线总在入射面内,这条光线称为**寻常光**,简称 o 光;另一条光线不遵守通常的折射定律,折射光线也可能不在入射面内,这条光线称为**非常光**,简称 e 光。当入射光垂直于晶体表面入射时,o 光沿原方向前进,而 e 光一般不沿原方向前进。这时如果把方解石晶体旋转,将发现 o 光不动,而 e 光却随着晶体的旋转而绕 o 光转动起来。

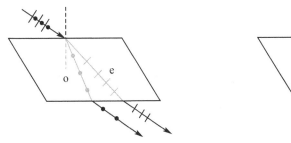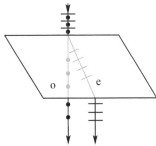

图 14.9 双折射

实验发现,在晶体内,存在着特殊的方向,光在晶体中沿这个方向传播时,o 光和 e 光不再分开,不产生双折射现象,这一方向称为晶体的**光轴**。

光在晶体中传播时,其传播方向与光轴方向所组成的平面叫做该光线的主平面。实验表明,当自然光射入双折射晶体时,两束折射光 o 光和 e 光都是线偏振光。o 光的光振动方向垂直于自己的主平面,而 e 光的光振动方向平行于自己的主平面,并且它们的振动面通常接近于互相垂直。

产生双折射现象的原因是由于 o 光和 e 光在双折射晶体内有不同的传播速率。o 光在晶体中各个方向上的传播速率相同,在晶体中任意一点引起的子波波面是球面;e 光在晶体中各个方向上的传播速率不同,在晶体中同一点引起的子波波面是旋转椭球面。两束光在沿光轴方向上的传播速率相等,这两组波面在光轴上彼此相切,如图 14.10 所示。

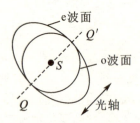

图 14.10　双折射晶体的子波面

根据折射率的定义,晶体对 o 光的折射率 $n_o = \dfrac{c}{v_o}$ 是由晶体材料决定的常数;对于 e 光,各方向的传播速率不同,不存在普通意义的折射率,通常把真空中的光速 c 与 e 光沿垂直于光轴方向的传播速率 v_e 之比,称为 e 光的主折射率,即 $n_e = \dfrac{c}{v_e}$。e 光在其他方向的折射率介于 n_o 和 n_e 之间,表 14.1 列出了几种晶体的 n_o 和 n_e。

表 14.1　几种双折射晶体的 n_o 和 n_e(对波长为 **589.3 nm** 的光)

晶 体	方解石	电气石	白云石	石英	冰
n_o	1.6584	1.669	1.6811	1.5443	1.309
n_e	1.4864	1.638	1.500	1.5534	1.313

根据上述子波面的概念,应用惠更斯作图法,可求得双折射现象中的 o 光和 e 光的传播方向。当平行自然光入射到晶体的表面时,自晶体各点向晶体内发出的波面有球面和椭球面两种,于是折射光将分成两束,如图 14.11 所示。由球面的包络面形成 o 光,由椭球面的包络面形成 e 光。o 光是遵从折射定律的;e 光不

遵从折射定律,而且 e 光的传播方向与波阵面也不垂直,这是在各向异性媒质中才发生的现象。如果自然光垂直入射到晶体表面并恰好与光轴重合,这时两种波面的包络面相重合,o 光和 e 光相重合,不发生双折射现象。

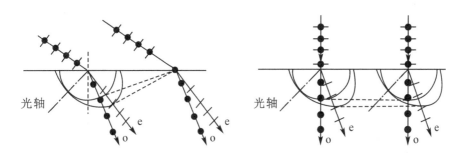

图 14.11　双折射惠更斯作图法

14.3.2　尼科耳棱镜

利用晶体的双折射可从自然光获得 o 光和 e 光,如果能将 o 光与 e 光分开,就可以利用双折射晶体由自然光获得线偏振光。通常采用的一种方法是使 o 光或 e 光经过全反射而偏转到一侧,另一束光则无偏转地由晶体出射,尼科耳棱镜就是利用这个道理获得线偏振光的。

图 14.12 表示了一个尼科耳棱镜的示意图,它是由两块方解石直角棱镜用特种树胶(折射率介于方解石的 n_o 和 n_e 之间)粘合而成的斜方柱型棱镜。自然光由左端面入射后分为 o 光和 e 光,o 光射到树胶层,因其入射角超过临界角而产生全反射,然后被涂黑的侧面吸收;e 光则穿越整个棱镜从右端面射出,这样就得到了线偏振光。

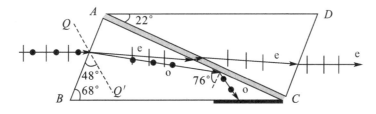

图 14.12　表示了一个尼科耳棱镜

光在晶体中的双折射现象除了能用于获得线偏振光外,还有其他广泛的用途。例如,可用于应力分析、电光调制、激光倍频、参量振荡等技术中。

14.4 偏振光的干涉 人为双折射

自然光通过双折射物质后,所产生的振动面相互正交的两束偏振光是不相干的。因为在自然光中,不同振动面上的光振动是由光源中不同的原子(或分子)产生的,相互之间没有恒定的相位关系,不能产生干涉现象。但一束偏振光通过双折射物质后,所产生的两束偏振光却可能是相干的。

14.4.1 偏振光的干涉

图 14.13 是产生偏振光干涉的实验图,P_1,P_2 是两个偏振片,在它们之间插入一个光轴与晶面平行的双折射晶片 C。自然光经过 P_1 后成为线偏振光,垂直射入 C 后分成振动面相互垂直的 o 光和 e 光,这两束光在晶片 C 中虽沿同一方向传播,但具有不同的速率,因此两束光透过晶片之后,已有一定的相位差。这两束光再经过 P_2 后,两者在 P_2 透振方向上的分振动是相干的,可以产生干涉现象。显然,这两束相干光是对光束进行分振幅的结果。

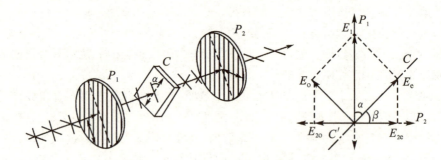

图 14.13 偏振光的干涉

以图 14.13 为例,偏振片 P_2 与 P_1 放在偏振化方向相互垂直的位置,设 α 是 P_1 偏振化方向与晶片光轴 CC' 的夹角,E_1 是通过 P_1 后的线偏振光振幅,则通过晶片 C 后分成的 o 光和 e 光振幅为

$$E_o = E_1 \sin\alpha, \quad E_e = E_1 \cos\alpha$$

这两束光线经过 P_2 时,只有和 P_2 透振方向平行的分振动可以透过,通过 P_2 后,

$$E_{2o} = E_o \cos\alpha = E_1 \sin\alpha\cos\alpha, \quad E_{2e} = E_e \sin\alpha = E_1 \sin\alpha\cos\alpha$$

由此可知,透过偏振片 P_2 的光,是由透过 P_1 的线偏振光所产生的振动方向相同、振幅相等、有恒定相位差的两束相干光。而且透过 P_2 的两分振动的振幅矢量 E_{2e} 和 E_{2o} 的方向相反,相当于除与晶片厚度 d 有关的相位差 $\frac{2\pi}{\lambda}(n_o - n_e)d$ 外,还有一附加的相位差 π。因此总的相位差

$$\Delta\varphi = \frac{2\pi}{\lambda}(n_o - n_e)d + \pi \tag{14.3}$$

当 $\Delta\varphi = 2k\pi, k = 1,2,3,\cdots$ 时,干涉相长,通过 P_2 的光强有最大值,视场最亮;当 $\Delta\varphi = (2k+1)\pi, k = 0,1,2,3,\cdots$ 时,干涉最弱,视场最暗。由此可见,由于两束偏振光的干涉,当晶片 C 的厚度均匀时,从 P_2 射出的光是强还是弱由晶片的厚度决定。但若晶片 C 的厚度不均匀,则在 P_2 后的屏上就会有干涉条纹出现。

如果所用的是白光光源,对各种波长的光来讲,干涉最强和最弱的条件也各不相同。当正交偏振片之间的晶片厚度一定时,视场将出现一定的色彩,这种现象称为**色偏振**。

色偏振现象有着广泛的应用。例如,根据不同晶体在起偏器和检偏器之间形成不同的干涉彩色图像,可以精确地鉴定矿石的种类,研究晶体的内部结构;在地质和冶金工业中有重要应用的偏光显微镜,就是在通常用的显微镜上附加起偏器和检偏器而制成。

*14.4.2 人为双折射

用人工的方法,也可使某些各向同性媒质变成各向异性,从而呈现双折射现象,称为人为双折射。

1. 克尔效应

有些各向同性的透明媒质在外加强电场的作用下,会显示出各向异性,从而能产生双折射现象,这就是**克尔效应**。克尔效应的产生主要是由于这些各向同性的媒质,分子却是各向异性的,在电场中要沿电场方向做定向排列,因而获得类似于晶体的各向异性的特性。它的光轴与外电场的方向一致。

克尔效应的延迟时间极短(约 10^{-9} s),利用克尔效应制成的弛豫时间极短的"电控光开关",已广泛应用于高速摄影、测距以及激光通信等许多领域。

2. 光弹效应

有些各向同性的透明材料(如玻璃、塑料等),如果内部存在应力,也会变成各向异性并产生双折射现象,这就是光弹效应。在存在应力的透明媒质中,$(n_o - n_e)$ 与应力分布有关。厚度均匀应力不同的地方,由于 $(n_o - n_e)$ 不同会引起 o 光、e 光间不同的相位差,于是在观察干涉图像的屏幕上就会呈现反应应力差别情况的干涉条纹。因此,可以通过检测干涉条纹来分析材料中是否存在应力。材料中某处应力越大,则该处材料的各向异性越厉害,干涉条纹也就越细密。图 14.14 所示的是一个工件的塑料模型施加外力作用力后产生的干涉图样,图中的黑色条纹表示有应力存在,条纹越密的地方应力越集中。

利用非晶体在外力作用下能产生双折射的性质,在工业设计上可以制成各种工件的透明塑料模型,按实际情形对模型施力,通过检测模型显示的干涉条

图 14.14 光弹效应

纹,分析实际工件内部的应力分布,以改进设计,这种方法称为光弹性方法。

14.5 旋光现象

偏振光通过某些透明物质后,其振动面将以光的传播方向为轴旋转一定的角度,这就是**旋光现象**。能产生旋光现象的物质称为旋光物质,如石英晶体、松节油、糖溶液和酒石酸溶液等都是旋光性较强的物质。

旋光现象可用图 14.15 所示的装置进行观测,当旋光物质 C 放在偏振化方向正交的偏振片 P_1 和 P_2 之间时,可看到视场由原来的黑暗变为明亮。将偏振片 P_2 以光的传播方向为轴旋转某一角度 θ,视场又变为黑暗。这说明线偏振光透过旋光物质 C 后仍为线偏振光,只是振动面旋转了 θ 角。

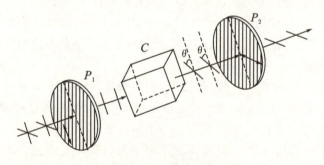

图 14.15 旋光现象

实验证明,振动面旋转的角度取决于旋光物质的性质、厚度以及入射光的波长等。对于固体旋光物质,振动面转过的角度 θ 正比于光在旋光物质内通过的距离 l

$$\theta = \alpha l \tag{14.4}$$

式中，α 是比例系数，称为物质的旋光率，与旋光物质自身的性质及入射光的波长有关。如厚度为 1mm 的石英晶片，可使波长为 589nm 的黄光的振动方向旋转 $21.7°$，使波长为 405nm 的紫光的振动方向旋转 $45.9°$。

对于液体旋光物质，振动面转过的角度 θ 除了与光在液体中通过的距离 l 有关外，还与溶液的浓度 c 成正比，即

$$\theta = \alpha c l \tag{14.5}$$

在化学、化工和生物学研究中，常利用上式来测定溶液的浓度。糖量计就是利用这个道理来测定糖溶液浓度的仪器。

旋光物质使光振动面的旋转有右旋和左旋两种，前者叫右旋物质，后者叫左旋物质。实验表明，蔗糖溶液是左旋物质，而葡萄糖溶液是右旋物质。

用人工的方法也可以产生旋光现象，其中最重要的是磁致旋光。外加一定强度的磁场，可以使某些不具有旋光性的物质产生旋光现象。实验表明：对于给定的样品，光振动面的旋转的角度 θ 与样品的透光长度 l 和样品内的磁感应强度 B 成正比

$$\theta = V l B \tag{14.6}$$

比例系数 V 称为韦尔代常量，一般物质的韦尔代常量都很小。

本 章 小 结

1. 光的偏振性：自然光、偏振光、部分偏振光
2. 马吕斯定律：$I = I_0 \cos^2 \alpha$
3. 反射光和折射光的偏振

当入射角等于起偏角时，反射光为振动方向垂直于入射面的线偏振光，折射光为以平行于入射面的光振动为主的部分偏振光。

布儒斯特定律：$\tan i_0 = \dfrac{n_2}{n_1}$

4. 双折射现象

光线射入晶体后，在晶体内分为 o 光和 e 光，o 光和 e 光都是线偏振光，其中 o 光的振动方向垂直于自己的主平面，而 e 光的振动方向平行于自己的主平面。

5. 偏振光的干涉

在两个正交偏振片之间夹一个晶片，可以从自然光中获得相干的偏振光。

6. 旋光现象

在晶体类旋光物质中，振动面旋转角度为 $\theta = \alpha l$；

在液体类旋光物质中，振动面旋转角度为 $\theta = \alpha c l$，c 为液体的浓度。

习　题

一、选择题

14.1　一束光强为 I_0 的自然光垂直穿过两个偏振片,且此两偏振片的偏振化方向成 $45°$ 角,若不考虑偏振片的反射和吸收,则穿过两个偏振片后的光强 I 为(　　)。

A. $\sqrt{2}I_0/4$　　　　B. $I_0/4$　　　　C. $I_0/2$　　　　D. $\sqrt{2}I_0/2$

14.2　使一光强为 I_0 的平面偏振光先后通过两个偏振片 P_1 和 P_2。P_1 和 P_2 的偏振化方向与原入射光光矢量振动方向的夹角分别是 α 和 $90°$,则通过这两个偏振片后的光强 I 是(　　)。

A. $\dfrac{1}{2}I_0\cos^2\alpha$　　B. $\dfrac{1}{4}I_0\sin^2(2\alpha)$　　C. $\dfrac{1}{4}I_0\sin^2\alpha$　　D. 0

14.3　自然光以 $60°$ 的入射角照射到不知其折射率的某一透明表面时,反射光为线偏振光,则知(　　)。

A. 折射光为线偏振光,折射角为 $30°$

B. 折射光为部分偏振光,折射角为 $30°$

C. 折射光为线偏振光,折射角不能确定

D. 折射光为部分偏振光,折射角不能确定

14.4　一束自然光从空气投射到折射率为 $n=1.60$ 的釉质平板上,如果测得反射光是完全偏振光,则此时光的入射角和折射角分别是(　　)。

A. $58°$ 和 $42°$　　　B. $38°$ 和 $52°$　　　C. $58°$ 和 $32°$　　　D. $42°$ 和 $58°$

14.5　$ABCD$ 为一块方解石的一个截面,AB 为垂直于纸面的晶体平面与纸面的交线,光轴方向在纸面内且与 AB 成一锐角 θ,如图所示。一束平行的单色自然光垂直于 AB 端面入射,在方解石内折射光分解为 o 光和 e 光,o 光和 e 光的(　　)。

A. 传播方向相同,电场强度的振动方向互相垂直

B. 传播方向相同,电场强度的振动方向不互相垂直

C. 传播方向不同,电场强度的振动方向互相垂直

D. 传播方向不同,电场强度的振动方向不互相垂直

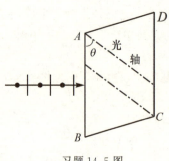

习题 14.5 图

二、填空题

14.6 要使一束线偏振光通过偏振片之后，振动方向转过 90° 角，至少需要_____块理想偏振片。在此情况下，透射光强最多是原来光强的_____倍。

14.7 线偏振的平行光，在真空中波长为 589nm，垂直入射到方解石晶体上，晶体的光轴和表面平行。已知方解石晶体对此单色光的折射率为 $n_o = 1.658, n_e = 1.486$，则在晶体中的寻常光的波长 $\lambda_o = $ _____，非寻常光的波长 $\lambda_e = $ _____。

三、计算题

14.8 将三个偏振片叠放在一起，第二个与第三个的偏振化方向分别与第一个的偏振化方向成 45° 和 90° 角。

(1) 强度为 I_0 的自然光垂直入射到这一堆偏振片上，试求经每一个偏振片后的光强和偏振状态；

(2) 如果将第二个偏振片抽走，情况又如何？

14.9 自然光入射到两个重叠的偏振片上，如果透射光强为：(1) 透射光最大强度的三分之一，(2) 入射光强的三分之一，则这两个偏振片透光轴方向间的夹角为多少？

14.10 如图所示，三种透明介质 Ⅰ、Ⅱ、Ⅲ 的折射率分别为 $n_1 = 1.00$，$n_2 = 1.43$ 和 n_3。Ⅰ、Ⅱ 和 Ⅱ、Ⅲ 的界面互相平行。一束自然光由介质 Ⅰ 射入，若在两界面上的反射光都是线偏振光，则：(1) 入射角 i 是多大？(2) 折射率 n_3 是多大？

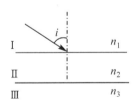

习题 14.10 图

14.11 将厚度为 1mm 且垂直于光轴切出的石英晶片放在两平行的偏振片之间，对某一波长的光波，经过晶片后振动面旋转了 20°。则石英晶片的厚度变为多少时，该波长的光将完全不能通过？

第15章 几何光学

几何光学,也称光线光学,它以几何定律和某些基本实验规律为基础,利用光线研究光在透明媒质中的传播和成像等问题。本章在几何光学基本实验定律的基础上,得到近轴光线的单球面折射公式。并以此为出发点,研究光在球面上的折射、反射及成像规律和光在平面上的折射、反射及成像规律。最后讨论薄透镜和成像光学仪器的成像规律。

15.1 几何光学的基本定律

光在传播过程中遵守直线传播定律、光的独立传播定律以及光的反射和折射定律等基本定律和原理,它们是几何光学的基础,也是各种光学仪器设计的理论根据。

15.1.1 几何光学的基本实验定律

1. 光的直线传播定律

光在均匀媒质中是沿直线传播的。常用一条直线代表一束光,这样的直线叫做光线。在非均匀媒质中,光线会因折射发生弯曲,这种现象在大气中经常发生。如在海边或沙漠地区有时会出现的海市蜃楼幻景,就是因为光线通过当地密度不均匀的大气产生折射而形成的。

2. 光的独立传播定律

光在传播过程中与其他光束相遇时,各光束都各自独立传播而不改变其原来的传播方向。

3. 光的反射和折射定律

一般情况下,光入射到两种媒质分界面上时,其传播方向发生改变,一部分被反射,另一部分折射,如图15.1所示。实验表明:

(1) 反射光线和折射光线都位于入射光线和界面法线所组成的入射面内;

(2) 反射角等于入射角:

$$i = -i' \tag{15.1}$$

(3) 入射角 i 的正弦和折射角 γ 的正弦之比与入射角无关,等于折射光线所在媒质的折射率 n_2 和入射光线所在媒质的折射率 n_1 之比,即

$$\frac{\sin i}{\sin \gamma} = \frac{n_2}{n_1} = n_{21} \tag{15.2}$$

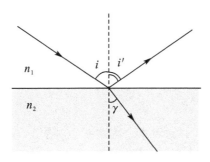

图 15.1 光的反射和折射

以上规律称为**光的反射和折射定律**。在式(15.2)中,若令 $n_2 = -n_1$,可得

$$i = -\gamma$$

与式(15.1)形式相同,因此可把反射定律看做是折射定律在 $n_2 = -n_1$ 情况下的特例。

从式(15.2)可以看出,如果 $n_2 > n_1$,即光线从折射率较小的介质射向折射率较大的介质,那么入射角 i 将大于折射角 r,折射后的光线将向法线靠拢;如果 $n_2 < n_1$,即光线从折射率较大的介质射向折射率较小的介质,那么入射角 i 将小于折射角 γ,折射后的光线将偏离法线如图 15.2 所示,当光线从光密介质射向光疏介质时,可能会发生一种称为全反射的现象。增大入射角,折射角也相应增大,当入射角 i 等于某特定值 i_c 时

$$\sin \gamma = \frac{n_1}{n_2} \sin i_c = 1, \quad \gamma = \frac{\pi}{2}$$

$$i_c = \arcsin \frac{n_2}{n_1}$$

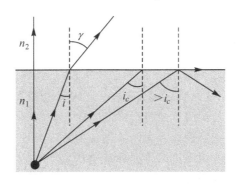

图 15.2 全反射

这表示,折射光线沿着两种介质的分界面传播。如果增大入射角 i 使 $i > i_c$,光线将不会进入第二种介质,而全部返回第一种介质,这就是**全反射**。i_c 称为**全反射临界角**。

物理沙龙:光纤

近代发展的光纤技术也是利用了全反射原理。光纤是一种圆柱形对称的介质光波导,它可以将光束约束在其内部,并引导光线沿着与轴线近于平行的方向传播。

光纤一般由内外两层折射率不同的玻璃拉制而成,芯层玻璃的折射率 n_1 较高,外敷层玻璃的折射率 n_2 较低。信号光线从玻璃光纤的一端射入,经多次全反射后从另一端射出,如图 15.3 所示。若光线由空气进入光纤,空气的折射率是 n_0

$$n_0 \sin i_M = n_1 \sin(90° - i_c) = n_1 \cos i_c$$

满足全反射时, $\sin i_c = \dfrac{n_2}{n_1}$。光线入射角 i_m 应当不大于

$$\sin i_m = \frac{n_1}{n_0} \cos I_c = \frac{1}{n_0}\sqrt{n_1^2 - n_2^2}$$

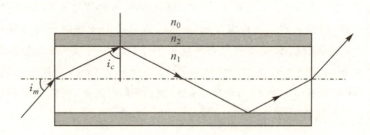

图 15.3 光线在光纤中的传输

光纤通信具有抗电磁干扰能力强、频带宽、容量大和保密性好等优点。

15.1.2 光路可逆原理

对于光在两种媒质的分界面上的反射和折射,当光线的方向逆转时,光线将沿着与原先反方向的同一路径传播,这一规律称为**光路可逆原理**。按照这一原理,如果光线逆着原来的反射线或折射线的方向入射,则它必定逆着原先的入射线的方向出射。光路可逆原理对于光的一切传播过程都是适用的。

在某些成像问题中,应用光路可逆原理会给我们带来方便。例如,在一个系统中,物和像是可以互换的。

15.1.3 费马原理

光从空间一点 A 到另一点 B 总是沿着光程为极值的路径传播,这称为**费马原理**,一般表述为

$$\int_A^B n\,dx = 极值 \tag{15.3}$$

由费马原理可导出光的直线传播定律和反射、折射定律。直线是两点之间最短的线,光在均匀媒质中的直线传播定律是费马原理的直接推论。同样可以证明,光在通过两种不同媒质的分界面时,所遵从的反射和折射定律也是费马原理的必然结论。

费马原理本身包含了光的可逆性。费马原理只涉及光的传播路径,而不管光沿哪个方向传播,光从 A 点传到 B 点或从 B 点传到 A 点,光程为极值的条件是相同的,因此,两种情况下光将沿同一路径传播。

费马原理概括了光线传播的规律,是几何光学的基本原理。

15.2 光在球面上的折射和反射

单独一个球面不仅仅是一个简单的光学系统,而且是组成光学仪器的基本元件。研究光经由球面的折射和反射,是一般光学系统成像的基础。

15.2.1 符号法则

如图 15.4 所示,折射率分别为 n_1 和 n_2 的两种透明媒质被曲率半径为 R 的球面 AOB 隔开,连接物点 P 和球面曲率中心 C 的直线称为主光轴。主光轴和球面的交点 O 称为球面的顶点。从主光轴上的物点 P 上发出的近轴光线,经球面反射或折射后相交于主光轴上的 P' 点,则 P' 点为 P 的像。从顶点 O 到物点 P 的距离称为**物距**,以 l_1 表示;从顶点 O 到像点 P' 的距离称为**像距**,以 l_2 表示。

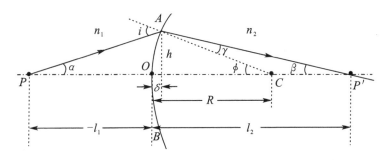

图 15.4 光在球面上的折射

为了求出物点和像点位置之间的关系,需要选择一定的基准以确定点的位置和光线的方向,并且还应对距离和角度的正负加以规定。我们采用笛卡儿符号规则:

(1) 轴向距离(物距、像距、焦距、曲率半径等)都从球面的顶点算起,到被考察点所形成线段的方向,顺着入射光方向为正,逆着入射光方向为负。垂直距离(物高、像高)在主轴上方为正,在下方为负。

(2) 光线方向的倾斜角度都从主光轴(或法线)算起,所有的角度都取锐角。

根据这个规则,我们可以得到:

(1) 物点若为实际物体时,物距一般取负值。

(2) 像距的符号决定于像的位置。像和物若处于折射面或反射面的同侧,像距取负值;像和物若处于折射面或反射面的异侧,像距取正值。但在折射和反射这两种情况下,对应于同样符号的像距,像的性质却不同。具体地说,在折射的情况下,正的像距代表实像,负的像距代表虚像;在反射的情况下,正的像距代表虚像,负的像距代表实像。

(3) 曲率半径的符号取决于曲率中心的位置。在凸状球面的情况下,曲率半径取正值;在凹状球面的情况下,曲率半径取负值。

15.2.2 光在球面上的折射

1. 近轴光线的单球面折射公式

在图 15.4 中,我们考察物点 P 和像点 P' 位置之间的关系。从入射光束中取一条近轴光线 PA,它到达球面的入射角为 i,其折射线 AP' 的折射角为 γ。由 $\triangle PAC$ 和 $\triangle P'AC$ 有

$$i = \phi + \alpha, \quad \gamma = \phi - \beta$$

根据折射定律

$$n_1 \sin i = n_2 \sin \gamma$$

考虑近轴光线,$\alpha, \beta, \phi, i, \gamma$ 都很小,有

$$n_1 i = n_2 \gamma$$

将 i 和 γ 代入上式得

$$n_1 \alpha + n_2 \beta = (n_2 - n_1)\phi$$

在近轴光线条件下,光线角度的正切值(或正弦值)近似等于角度的弧度值

$$\alpha \approx \tan\alpha = \frac{h}{-l_1 + \delta} \approx \frac{h}{-l_1}, \beta \approx \tan\beta = \frac{h}{l_2 - \delta} \approx \frac{h}{l_2}, \phi \approx \tan\phi = \frac{h}{R - \delta} \approx \frac{h}{R}$$

于是可得

$$\frac{n_2}{l_2} - \frac{n_1}{l_1} = \frac{n_2 - n_1}{R} \tag{15.4}$$

上式称为**近轴光线的单球面折射公式**。由这个公式可以看到,对于折射率为 n_1 和 n_2 的媒质以及给定的界面曲率半径 R,像点的位置只依赖于物点的位置。或者说,物点和像点之间存在一一对应关系。

式(15.4)对凸状球面和凹状球面都是适用的,但需根据符号法则调整球面曲率半径的符号。式(15.4)也可以用于描述光线在各种球面上的反射,这时除了应调整球面曲率半径的符号外,还需令 $n_2=-n_1$。式(15.4)还可以用于描述光线在平面上的折射和反射,因为平面可以认为是曲率半径无限大的球面。所以,近轴光线的单球面折射公式可以作为研究各种情况下折射和反射成像规律的基础。

2. 高斯公式

近轴光线的单球面折射公式还可写成高斯公式的形式。为此,需要引入焦点和焦距的概念。

当位于主光轴上的物点离开球面无限远,即入射光平行于主光轴时,所得的像点称为**像方焦点** F_2,由球面顶点到像方焦点的距离 f_2 称为**像方焦距**。由式(15.4)知,当 $l_1=-\infty$ 时

$$f_2 = l_2 \bigg|_{l_1=-\infty} = \frac{n_2}{n_2-n_1}R \tag{15.5}$$

当物点位于主光轴上某一点时,它发出的光束经球面折射后平行于主光轴,这一物点称为**物方焦点** F_1,由球面顶点到物方焦点的距离 f_1 称为**物方焦距**。由式(15.4)知,当 $l_2=\infty$ 时

$$f_1 = l_1 \bigg|_{l_2=\infty} = -\frac{n_1}{n_2-n_1}R \tag{15.6}$$

两个焦距之间有如下关系

$$\frac{f_2}{f_1} = -\frac{n_2}{n_1} \tag{15.7}$$

这说明,折射面的焦距取决于两种媒质的折射率和界面的曲率半径,焦距之比等于物像两方媒质的折射率之比。式(15.7)中的负号表示两个焦点总是位于折射面的异侧。

焦点有实焦点和虚焦点之分。若平行光线经折射后相交于一点,这个点就是**实焦点**;若平行光线经折射后并不相交,而其延长线相交于一点,这个点就是**虚焦点**。通过焦点所作的垂直于主光轴的平面,称为**焦平面**。如果近轴的平行光线并不平行于主光轴,则经球面折射后,焦点并不处于主光轴上,但总处于焦平面上。

用 $\dfrac{R}{n_2-n_1}$ 乘以式(15.4)两边,并将上述焦距公式代入,可得

$$\frac{f_1}{l_1} + \frac{f_2}{l_2} = 1$$

这就是**高斯公式**,与近轴光线的单球面折射公式(15.4)完全等效。

3. 球面折射成像的作图法

利用作图法可以很方便地确定像。我们已知从任一物点发出的所有近轴光线经球面折射后都将通过其像点,因此只要找出来自物点的任意两条光线的折射线(或其延长线)的交点,就可以将像点确定下来。对于单球面折射系统,下列三条特殊光线是容易画出的,如图 15.5 所示。

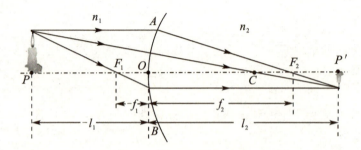

图 15.5 球面折射成像的作图法

(1) 平行于主光轴的光线,折射后通过像方焦点 F_2;
(2) 通过物方焦点 F_1 的光线,折射后平行于主光轴;
(3) 通过球面曲率中心 C 的光线,折射后不改变方向。

如果要求位于主光轴上的点物所成的像,此时上述三条可供选择的特殊光线互相重合,作图时应利用对主光轴倾斜的光线。如图 15.6 所示,从轴上的物点 P 引斜光线 PA,过物方焦点 F_1 引辅助光线 F_1B 平行于 PA,F_1B 经球面折射后成为平行于主光轴的光线,且与像方焦平面交于 Q,连接 AQ 与主光轴的交点 P' 即为物点 P 的像。同理,利用像方焦平面的特性作辅助线,也可求 P 的像点 P'。

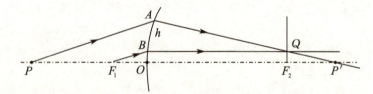

图 15.6 轴上物点成像作图法

4. 球面折射的横向放大率

若物体的高度为 h_1,经光学系统成像后像的高度为 h_2,则可定义像高与物

高之比为**光学系统的横向放大率**

$$m = \frac{h_2}{h_1}$$

由图 15.7 可求得横向放大率 m 的具体表达式。在 $\triangle h_1 PO$ 和 $\triangle h_2 P'O$ 中分别有

$$\tan i = \frac{h_1}{-l_1}, \quad \tan \gamma = \frac{-h_2}{l_2}$$

根据折射定律

$$n_1 \sin i = n_2 \sin \gamma$$

考虑近轴光线，i,γ 都很小，$\tan i \approx \sin i, \tan \gamma \approx \sin \gamma$，所以

$$m = \frac{h_2}{h_1} = \frac{\tan \gamma}{\tan i} \frac{l_2}{l_1} \approx \frac{\sin \gamma}{\sin i} \frac{l_2}{l_1} = \frac{n_1 l_2}{n_2 l_1} \tag{15.8}$$

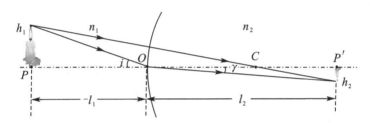

图 15.7　球面折射的横向放大率

对于单折射球面，上式不仅可以说明物像大小的比例，还可以说明像的虚实、倒正等性质。当 $m > 0$ 时，h_2 与 h_1 同号，物正立时像也是正立的。而且此时 l_2 与 l_1 也必然具有相同的符号，物是实物时，像是虚像；反之，当物是虚物时，像是实像。同理可知，当 $m < 0$ 时，物和像的虚实相同。

15.2.3　光在球面上的反射

描述光在球面上的反射规律的球面镜公式可由近轴光线的单球面折射公式 (15.4) 中令 $n_2 = -n_1$ 得到

$$\frac{1}{l_1} + \frac{1}{l_2} = \frac{2}{R} \tag{15.9}$$

上式称为**球面镜公式**，表明球面反射成像情况与所处的媒质无关，对于几何性质一定的反射球面，像距 l_2 唯一由物距 l_1 决定。球面反射镜的两个焦点 F 相重合，位于从镜面顶点到曲率中心的中点

$$f = f_1 = f_2 = \frac{R}{2} \tag{15.10}$$

光在球面上的反射规律也可以用高斯公式来描述,这时高斯公式成为下面的形式

$$\frac{1}{l_1} + \frac{1}{l_2} = \frac{1}{f} \tag{15.11}$$

将 $n_2 = -n_1$ 的条件代入式(15.8),可以得到球面反射成像的横向放大率

$$m = \frac{h_2}{h_1} = \frac{n_1 l_2}{n_2 l_1}\bigg|_{n_2=-n_1} = -\frac{l_2}{l_1} \tag{15.12}$$

球面镜有凸面镜和凹面镜两种。凸面镜总是成正立、缩小的虚像;对于凹面镜,像一般是倒立的实像,只有当物点处于焦点到镜面之间时,才成正立的虚像。

15.2.4　光在平面分界面上的折射和反射

令 $R = \infty$,可以由光在球面上的折射和反射结论推得在平面分界面上的折射和反射规律。当 $R = \infty$ 时,折射球面就变为平面,式(15.4)变为

$$l_2 = \frac{n_2}{n_1} l_1 \tag{15.13}$$

上式表明,虚像 P' 到界面的距离是物点 P 到界面距离的 $\frac{n_2}{n_1}$ 倍。例如,从空气中垂直观察水中的物体时,因为 $n_1 = 4/3, n_2 = 1$,所以水中物体的表现深度是实际深度的 3/4,如图 15.8 所示。

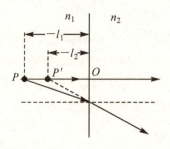

图 15.8　平面折射成像

将 $R = \infty$ 代入球面镜公式(15.9),可得到平面镜反射成像的规律

$$l_2 = -l_1, \quad m = -\frac{l_2}{l_1} = 1 \tag{15.14}$$

这表示平面镜所成的像总是与物等大的正立的虚像,像与物镜面对称。

15.2.5　光连续在几个球面上的折射

大多数实际的光学仪器是由多个单球面组成的共轴球面系统。在近轴光线

的情况下,求解共轴球面系统的成像问题,可以使用逐个球面成像法。前一个球面所形成的像,看做是后一个球面的物,依次对各个球面成像,最后就能求出物体通过整个光学系统所成的像。对于每一个球面应用物像公式时,都要重新考虑各量的正负号法则。

共轴球面系统的横向放大率等于各个球面放大率的乘积,即

$$m = m_1 m_2 m_3 \cdots \tag{15.15}$$

在采用逐个球面成像法求像的过程中,值得注意的是:对于某个球面应用物像公式时,公式中的物距和像距都必须从这个球面的顶点算起。在图 15.9 中,第一个球面形成的像 P_1,它作为第二个折射球面的物时,相应的物距和像距都应从 O_2 算起。

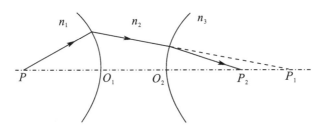

图 15.9 光连续在几个球面上的折射

光束通过前一个球面所成的像对于下一个球面来说,可被看做物,无论这个像是实像还是虚像。若光束在到达下一个球面之前是发散的,直接把像看做是物就可以了,它到下一个球面顶点之间的距离即为物距。特别要注意这样的情况,光从前一个球面出射后是汇聚的,应该是实像,但光束尚未到达汇聚点时,就遇到下一个球面,如图 15.9 中的第二个球面。这种汇聚光对下一个球面来说,就是入射光束,故仍应将这个实像看做是物。不过这只能算作虚物,应以该入射光束原应汇聚点作为虚物的位置计算物距。对于虚物,其物距应取正值。

例 15.1 如图所示,一玻璃棒($n = 1.50$)长 50cm,两端面为半球面,半径分别为 5cm 和 10cm,一小物高 0.1cm,垂直位于左端球面顶点之前 20cm 处的轴线上。

求:(1) 小物经玻璃棒成像在何处;

(2) 整个玻璃棒的横向放大率为多少。

解 (1) 小物经第一个球面折射成像,由球面折射成像公式

$$\frac{n_2}{l_2} - \frac{n_1}{l_1} = \frac{n_2 - n_1}{R}$$

有 $\quad \dfrac{1.50}{l_2} - \dfrac{1.00}{-20} = \dfrac{1.50 - 1.00}{5}$,得 $l_2 = 30\text{cm}$

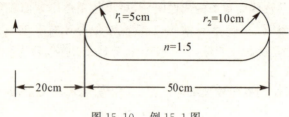

图 15.10 例 15.1 图

横向放大率 $\quad m_1 = \dfrac{n_1 l_2}{n_2 l_1} = \dfrac{1.00 \times 30}{1.50 \times (-20)} = -1$

再经第二个球面折射成像，由 $l_1' = l_2 - d = 30 - 50 = -20(\text{cm})$

有 $\quad \dfrac{1.00}{l_2'} - \dfrac{1.50}{-20} = \dfrac{1.00 - 1.50}{-10}$

得 $l_2' = -40 \text{cm}$，即小物经玻璃棒成像于距第二个球面顶点处水平向左 40 cm 处。

横向放大率 $\quad m_2 = \dfrac{n_1 l_2'}{n_2 l_1'} = \dfrac{1.50 \times (-40)}{1.00 \times (-20)} = 3$

(2) 整个玻璃棒的横向放大率 $m = m_1 m_2 = -3$。

15.3 薄 透 镜

薄透镜是最简单的共轴光学系统，是两个球面为分界面的厚度很薄的光学元件。薄透镜分为凸透镜和凹透镜两种，凸透镜的中央部分比边缘部分厚，对光线有汇聚作用，又称为汇聚透镜。凹透镜的中央部分比边缘部分薄，对光线有发散作用，又称为发散透镜。图 15.11 画出了几种不同类型的透镜。在薄透镜中，两球面的主光轴重合，两球面顶点 O_1, O_2 的距离很小，可视为重合在一点 O，称为薄透镜的光心。通过光心 O 的近轴光线不发生偏折，沿直线传播。分别用图 15.11 中的 (a) 和 (b) 表示薄凸透镜和薄凹透镜。

图 15.11 薄透镜的符号

我们以双凸透镜为例,推导薄透镜的成像公式。如图15.12所示,折射率为 n 的薄透镜处于折射率为 n_1 的媒质中。R_1 和 R_2 分别为第一球面和第二球面的曲率半径。主光轴上的物点 P 发出的光线经过透镜后透射光成像于 P_2 点。显然,P 发出的光线先在凸球面上折射,再在凹球面上折射,是两次成像的过程。

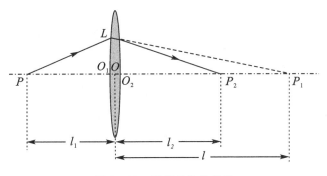

图 15.12　透镜的物像关系

如果 P 经第一个球面折射后成像于 P_1,设物距为 l_1,像距为 l,则根据近轴光线的球面折射公式(15.4),得

$$\frac{n}{l} - \frac{n_1}{l_1} = \frac{n - n_1}{R_1}$$

像点 P_1 是第二次折射的物点,对于第二个球面而言,l 就是物距。P_1 的像点为 P_2,用 l_2 表示像距,则有

$$\frac{n_1}{l_2} - \frac{n}{l} = \frac{n_1 - n}{R_2}$$

以上两式相加得

$$n_1 \left(\frac{1}{l_2} - \frac{1}{l_1} \right) = (n - n_1) \left(\frac{1}{R_1} - \frac{1}{R_2} \right) \tag{15.16}$$

上式即为**薄透镜的成像公式**,式中各量的符号仍按照前面的规定给出。通常透镜是放在空气中的,$n_1 = 1$,这时成像公式可以写成

$$\frac{1}{l_2} - \frac{1}{l_1} = (n - 1) \left(\frac{1}{R_1} - \frac{1}{R_2} \right) \tag{15.17}$$

对于薄透镜,也可以引入焦点和焦距的概念。处于主光轴上并离光心无限远的物点,发出的平行光线经透镜折射后成像于像方焦点 F_2。而物方焦点 F_1,是像在无限远处时物点的位置。薄透镜的两个焦点分居于透镜两侧,并与透镜光心等距离

$$f = \frac{1}{(n-1)\left(\dfrac{1}{R_1} - \dfrac{1}{R_2}\right)} \tag{15.18}$$

定义光焦度等于焦距的倒数

$$\Phi = \frac{1}{f} = (n-1)\left(\frac{1}{R_1} - \frac{1}{R_2}\right)$$

凸透镜的焦点是实焦点,焦距 $f>0$;凹透镜的焦点是虚焦点,焦距 $f<0$。引入焦距后,薄透镜的成像公式(15.16)可以写成高斯公式的形式

$$\frac{1}{l_2} - \frac{1}{l_1} = \frac{1}{f} \tag{15.19}$$

可见,对于给定的薄透镜,像距 l_2 完全由物距 l_1 确定。我们可以根据这个公式分析像的位置和像的性质。

与单球面折射一样,也可引入**薄透镜的横向放大率**

$$m = \frac{h_2}{h_1} = \frac{l_2}{l_1}$$

即薄透镜的横向放大率等于像距和物距之比。

薄透镜是最简单的光学系统之一,广泛用于各种光学仪器中,使用普遍的眼镜片和放大镜都属于薄透镜。

例 15.2 两个薄透镜紧密接触构成一透镜组(仍可视为薄透镜),试证明该透镜组的焦距 f 与这两个薄透镜焦距 f_1, f_2 之间满足: $\frac{1}{f} = \frac{1}{f_1} + \frac{1}{f_2}$

证明 设平行于主轴的光线入射到第一个薄透镜上,成像为 $l_1' = f_1$,这也是第二个薄透镜的物距 l_2,所以对第二个薄透镜应用高斯公式,有

$$\frac{1}{l_2'} - \frac{1}{f_1} = \frac{1}{f_2}$$

这时 l_2' 就是透镜组的焦距 f,所以公式 $\frac{1}{f} = \frac{1}{f_1} + \frac{1}{f_2}$ 成立。

*15.4 成像光学仪器的基本原理

利用几何光学原理制造的各类成像光学仪器,主要有放大镜、显微镜、望远镜、照相机等。各种成像光学仪器都是人眼功能的扩展,可以帮助提高人眼的视力。

15.4.1 眼睛

人眼的结构非常复杂,为了讨论问题的简便,常把人眼简化为一个单球面折射系统,如图 15.13 所示。其中主要部分是晶状体,它的曲率通过睫状肌来调节。正常视力的眼睛,当睫状肌完全松弛的时候,无穷远处的物体成像在视网膜上。为了观察较近的物体,睫状肌压缩晶状体,使它的曲率增大,焦距缩短,因而眼睛有调焦的能力。眼睛睫状肌完全松弛和最紧张时所能清楚看到的点,分别称为调

焦范围的远点和近点。一般人眼对 $l_0 = 25\text{cm}$ 处的物体看得是最舒适的,这个距离称为明视距离。

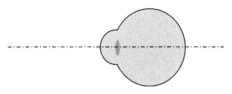

图 15.13　简化眼

患有近视眼的人,当睫状肌完全松弛时,无穷远处的物体成像在视网膜之前,它的远点在有限远的位置。矫正的方法是戴凹透镜的眼镜,凹透镜的作用是将无限远处的物体先成一虚像在近视眼的远点处,然后由晶状体成像在视网膜上,如图 15.14(a) 所示。

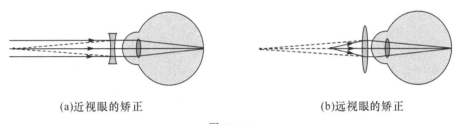

(a)近视眼的矫正　　　　　　　　　(b)远视眼的矫正

图 15.14

患有远视眼的人,无穷远处的物体成像在视网膜之后,它的近点一般离眼较远。矫正的方法是戴凸透镜的眼镜。凸透镜的作用是近点以内一定范围的物体先成一虚像在近点处,然后由晶状体成像在视网膜上,如图 15.14(b) 所示。

物体在视网膜上成像的大小,正比于它对眼睛所张的角度 —— 视角。所以物体越近,它在视网膜上的像也就越大,越容易分辨它的细节。但是在到达明视距离后,再前移,视角虽然增大,但眼睛看起来可能费力,甚至看不清。

15.4.2　放大镜

最简单的放大镜就是一个焦距很短($f < l_0$)的凸透镜。物体 PQ 放在明视距离处,眼睛直接观察时,视角 θ_0 近似等于

$$\theta_0 \approx \frac{h}{l_0}$$

式中 h 为物体的长度。使用放大镜时,将放大镜置于眼前,物体 PQ 放在凸透镜的物方焦点附近,靠近透镜的一侧。则在明视距离附近成一正立、放大的虚像,如图 15.15 所示。此放大虚像对人眼所张的视角

$$\theta \approx \frac{h}{f}$$

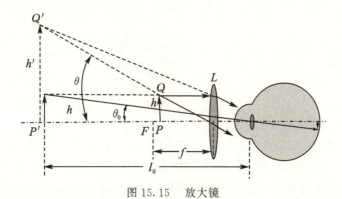

图 15.15 放大镜

放大镜的作用是放大视角,引入**视角放大率**的概念,它定义为

$$M = \frac{\theta}{\theta_0} = \frac{l_0}{f} \tag{15.20}$$

从上式可知,f 越小,放大镜的视角放大率 M 越大。实际上,f 太小时,球面的曲率太大,眼睛所能观察到的视场范围很小,观察不方便。并且曲率越大,透镜的像差现象也越显著。所以一般放大镜的放大率只有几倍。如果要获得更高的放大倍数,则需要采用复合透镜。显微镜和望远镜中的目镜,就是复合透镜组合的放大镜。

15.4.3 显微镜和望远镜

为了进一步提高放大本领,常用显微镜和望远镜来帮助人眼观察微小和远处的物体,它们都是由物镜与目镜构成的。

显微镜的原理光路如图 15.16 所示,它是在放大镜(目镜 L_E)前加一个焦距极短的物镜 L_O 组成。物体放在物镜的物方焦点外侧附近,其成的像位于目镜的物方焦点邻近并靠近目镜一侧,通过目镜最后成一倒立放大的虚像。

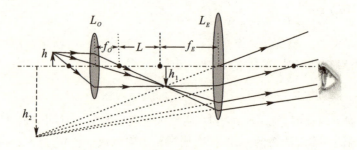

图 15.16 显微镜的原理光路

显微镜的视角放大率可分为两部分,对于物镜,其放大率

$$M_O = \frac{L}{f_O}$$

式中,L 为物镜的像方焦点与目镜的物方焦点之间的距离,常称为显微镜的光学筒长;f_O 为物镜的焦距。对于目镜,其放大率为

$$M_E = \frac{l_0}{f_E}$$

显微镜的视角放大率为两者的乘积

$$M = M_O M_E = \frac{l_0 L}{f_O f_E} \tag{15.21}$$

上式表明,物镜和目镜的焦距越短,光学筒长越长,显微镜的放大倍数就越高。为此,在显微镜的物镜和目镜上分别刻上"5×"、"7×"等字样,以便我们由其乘积得知所用显微镜的放大倍数。

望远镜用于观察远处的大物体。根据望远镜系统的组成特点,可分为开普勒望远镜和伽利略望远镜两种类型。望远镜的原理光路如图 15.17 所示,物镜的像方焦点和目镜的物方焦点重合。从远处物体上一点射出的平行光束经物镜后成像于目镜的物方焦平面 Q,Q 点发出的光线经目镜折射后又成为平行光束。眼睛靠近目镜,接收目镜出射的平行光并将其成像于视网膜上。

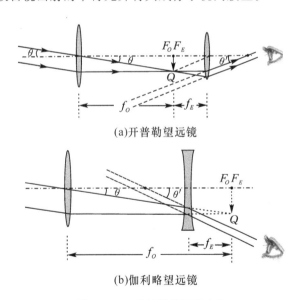

(a) 开普勒望远镜

(b) 伽利略望远镜

图 15.17 望远镜的原理光路

望远镜的视角放大率定义为最后像对目镜所张的视角 θ' 与物体本身对目镜所张的视角 θ 之比,即

$$M = \frac{\theta'}{\theta} = \frac{f_O}{f_E} \tag{15.22}$$

由此可见，望远镜的放大率与物镜的焦距 f_O 成正比，与目镜的焦距 f_E 成反比。一般民用望远镜的物镜直径不大于 25mm，其放大率为 10 倍左右。哈勃望远镜的物镜直径为 5m，其放大率可达 2000 倍以上。

本 章 小 结

1. 几何光学的基本定律：光的直线传播定律、光的独立传播定律以及光的反射和折射定律

2. 光在球面上的折射和反射

(1) 符号规则

(2) 光在球面上的折射

近轴光线的单球面折射公式：$\dfrac{n_2}{l_2} - \dfrac{n_1}{l_1} = \dfrac{n_2 - n_1}{R}$

高斯公式：$\dfrac{f_1}{l_1} + \dfrac{f_2}{l_2} = 1$

光学系统的横向放大率：$m = \dfrac{h_2}{h_1} = \dfrac{n_1 l_2}{n_2 l_1}$

(3) 光在球面上的反射

球面镜公式：$\dfrac{1}{l_1} + \dfrac{1}{l_2} = \dfrac{2}{R}$

横向放大率：$m = \dfrac{h_2}{h_1} = \dfrac{n_1 l_2}{n_2 l_1}\bigg|_{n_2 = -n_1} = -\dfrac{l_2}{l_1}$

(4) 光在平面分界面上的折射和反射

光在平面分界面上的折射：$l_2 = \dfrac{n_2}{n_1} l_1$

光在平面分界面上的反射：$l_2 = -l_1, \quad m = -\dfrac{l_2}{l_1} = 1$

(5) 光连续在几个球面上的折射：逐个球面成像法

3. 薄透镜

薄透镜的成像公式：$\left(\dfrac{1}{l_2} - \dfrac{1}{l_1}\right) = (n - n_1)\left(\dfrac{1}{R_1} - \dfrac{1}{R_2}\right)$

高斯公式：$\dfrac{1}{l_2} - \dfrac{1}{l_1} = \dfrac{1}{f}$

薄透镜的横向放大率：$m = \dfrac{h_2}{h_1} = \dfrac{l_2}{l_1}$

4.成像光学仪器

(1) 眼睛:近视眼用戴凹透镜眼镜的方法矫正,远视眼用戴凸透镜眼镜的方法矫正

(2) 放大镜的作用是放大视角,视角放大率 $M = \dfrac{\theta}{\theta_0} = \dfrac{l_0}{f}$

(3) 显微镜的视角放大率

$$M = M_O M_E = \dfrac{l_0 L}{f_O f_E}$$

望远镜的视角放大率

$$M = \dfrac{\theta'}{\theta} = \dfrac{f_O}{f_E}$$

习 题

一、选择题

15.1 如图所示,水平地面与竖直墙面的交点为 O 点,质点 A 位于离地面高 NO、离墙远 MO 处,在质点 A 的位置放一点光源 S,后来,质点 A 被水平抛出,恰好落在 O 点。不计空气阻力,那么在质点在空中运动的过程中,它在墙上的影子将由上向下运动,其运动情况是(   )。

A. 相等的时间内位移相等

B. 自由落体

C. 初速度为零的匀加速直线运动,加速度 $a < g$

D. 变加速直线运动

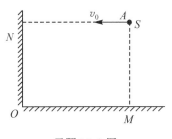

习题 15.1 图

15.2 水的折射率为 $\dfrac{4}{3}$,在水面下有一点光源,在水面上看到一个圆形透光面,若看到透光面圆心位置不变而半径不断减少,则下面正确的说法是(   )。

A. 光源上浮　　　B. 光源下沉　　　C. 光源静止　　　D. 以上都不对

15.3　一块正方形玻璃砖的中间有一个球形大气泡。隔着气泡看玻璃后的物体,看到的是(　　)。

A. 放大正立的像　　　　　　　B. 缩小正立的像

C. 直接看到原物体　　　　　　D. 等大的虚像

15.4　显微镜的目镜焦距为 2cm,物镜焦距为 1.5cm,物镜与目镜相距 20cm,最后成像于无穷远处。当把两镜作为薄透镜处理时,标本应放在物镜前的距离是(　　)。

A. 1.94cm　　　B. 1.84cm　　　C. 1.74cm　　　D. 1.64cm

15.5　一架物镜焦距为 40cm 的伽利略望远镜,其放大本领为 5×,则目镜像方焦距为(　　)。

A. −5cm　　　B. 5cm　　　C. 8cm　　　D. −8cm

15.6　测绘人员绘制地图时,常常需要从高空飞机上向地面照相,称航空摄影。若使用照相机镜头焦距为 50mm,则底片与镜头距离为(　　)。

A. 100mm 以外　B. 恰为 50mm　C. 50mm 以内　D. 略大于 50mm

二、填空题

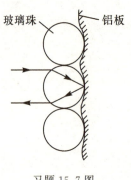

习题 15.7 图

15.7　现在高速公路上的标志牌都用"回归反光膜"制成,夜间行车时,它能把车灯射出的光逆向返回,标志牌上的字特别醒目。这种"回归反光膜"是用球体反射元件制成的,如图所示,反光膜内均匀分布着直径为 $10\mu m$ 的细玻璃珠,所用玻璃的折射率为 $n=\sqrt{3}$。为使入射的车灯光线经玻璃珠折射 → 反射 → 再折射后恰好和入射光线平行,那么第一次入射的入射角应为_____。

15.8　一曲率半径为 20cm 的凹面镜,放在折射率为 1.00 的空气中时的焦距为_____,放在折射率为 1.33 的水中时的焦距为_____。

15.9　一双凸薄透镜的两表面半径均为 50mm,透镜材料折射率 $n=1.5$,该透镜位于空气中的焦距为_____。

三、计算题

15.10　如图所示的一凹球面镜,曲率半径为 40cm,一小物体放在离镜面顶点 10cm 处。试作图表示像的位置、虚实和正倒,并计算出像的位置和垂轴放大率。

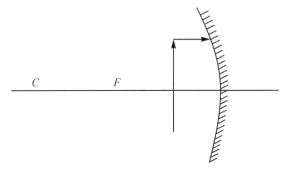

习题 15.10 图

15.11 一竖立玻璃板的折射率为 1.5,厚度为 10cm,观察者在玻璃板后 10cm 处,沿板的法线方向观察置于玻璃板前方同一法线上 10cm 处的一个小物体时,它距离观察者有多远?

15.12 远处有一物点发出的平行光束投射到一个空气中的实心玻璃球上。设玻璃的折射率为 $n=1.50$,球的半径为 $r=4$cm,求像的位置。

15.13 为下列情况选择光焦度合适的眼镜:
(1) 一位远视患者的近点为 80.0cm;
(2) 一位近视患者的远点为 60.0cm。

第6篇　量子物理初步

量子力学是研究微观世界物质结构及其基本规律的理论。量子力学给我们提供了新的关于自然界的表述方法和思考方法。量子力学是近代和现代物理学的理论支柱。

在19世纪末,物理学似乎已经征服了世界。这时的物理学主要由牛顿力学、麦克斯韦电磁理论、热力学三大理论体系所构成。它的力量控制着一切人们所知的现象。更令人惊奇的是,这一切都彼此相符而互相包容,形成了一个经典物理的大同盟。经典力学、经典电动力学和经典热力学与统计物理学形成了物理世界的三大支柱。它们紧紧地结合在一起,构筑起了一座华丽而雄伟的殿堂。就当人们认为物理学似乎没有多少事情要做了,有的只是修修补补时,一些不能用经典物理学来解释的物理现象被发现和注意到了,这其中包括黑体辐射、光电效应、康普顿效应、氢原子光谱等。这些物理现象的解释要用到一个经典物理无法包容的全新的物理概念——量子,从而导致了量子力学的诞生。

量子概念是1900年由普朗克首先提出的,距今已有一百多年的历史。其间,经过爱因斯坦、玻尔、德布罗意、玻恩、海森伯、薛定谔、狄拉克等许多物理大师的创新努力,到20世纪30年代就建立了一套完整的量子力学理论。

当今,量子力学已渗透到物理学的各个分支中,得到了科学界广泛的认同和使用。如果还有谁不了解量子力学,他将不会理解现代物理学。

本篇介绍量子力学理论中最基本的一些概念、定律、原理和理论。全篇由两章构成。第16章介绍量子物理学的实验基础以及量子概念的形成。第17章介绍量子物理学中最基本的现代量子理论。

第 16 章 早期量子论

本章介绍早期量子论,着重阐述经典物理学在解释黑体辐射、光电效应、康普顿效应、氢原子光谱等物理现象时所遇到的困惑,进而分析引进量子概念的必要性。

16.1 热辐射 普朗克的量子假说

黑体的热辐射问题是量子论对牛顿力学的首次冲击。该问题最终以普朗克的量子假说得以完美解决。

16.1.1 黑体热辐射问题

任何物体其温度只要高于绝对零度,就会以电磁波的形式向外辐射能量,这种现象称为物体的热辐射。在一定时间内,物体向外辐射电磁波的总能量(辐射能)以及该能量按波长的分布都与物体的温度密切相关。

物理学中常用单色辐出度来描述物体的热辐射本领。

单色辐出度是热辐射的物体在单位面积上、单位时间内,波长在 λ 附近单位波长间隔内辐射的电磁能量,用 $M(\lambda,T)$ 表示,单位:W/m^2。单色辐出度 $M(\lambda,T)$ 与波长 λ 和温度 T 有关。

如果已知单色辐出度,可利用下式来计算包括各种波长热辐射的总辐出度:

$$M(T) = \int_0^\infty M(\lambda,T)\mathrm{d}\lambda \tag{16.1}$$

物体除了会发出热辐射外还能吸收热辐射。研究物体吸收热辐射的物理量有吸收比和反射比。

入射到物体上的热辐射能量一部分被物体吸收,另一部分被物体透射和反射。物体吸收能量与入射能量之比称为吸收比 $\alpha(T)$,物体反射能量与入射能量之比称为反射比 $r(T)$。当入射能量的波长在 $\lambda \sim \lambda + \mathrm{d}\lambda$ 内时,则 $\alpha(\lambda,T)$,$r(\lambda,T)$ 分别称为单色吸收比和单色反射比。

对不透明的物体:$\alpha(\lambda,T) + r(\lambda,T) = 1$

在研究物体的热辐射规律时,黑体辐射的研究占有重要地位。黑体是一种能全部吸收照射到它上面的各种波长电磁波辐射的物体,它的吸收比 $\alpha(\lambda,T) = 1$,反射比 $r(\lambda,T) = 0$。黑体辐射的重要性可由基尔霍夫辐射定律看出。基尔霍夫辐射定律指出,在同样的温度下,各种不同物体对相同波长的单色辐出度与单色吸收比之比值都相等,并等于该温度下黑体对同一波长的单色辐出度。对于物体 1,单色辐出度为 $M_1(\lambda,T)$,单色吸收比为 $\alpha_1(\lambda,T)$;对于物体 2,单色辐出度为 $M_2(\lambda,T)$,单色吸收比为 $\alpha_2(\lambda,T)$……则基尔霍夫辐射定律可表示为:

$$\frac{M_1(\lambda,T)}{\alpha_1(\lambda,T)} = \frac{M_2(\lambda,T)}{\alpha_2(\lambda,T)} = \cdots = \frac{M_B(\lambda,T)}{\alpha_B(\lambda,T)} = M_B(\lambda,T) \qquad (16.2)$$

式中,$M_B(\lambda,T)$ 为黑体单色辐射出射度,$\alpha_B(\lambda,T)$ 为黑体单色吸收比,且 $\alpha_B(\lambda,T) = 1$。

从基尔霍夫辐射定律可看出,$\alpha(\lambda,T)$ 大,$M(\lambda,T)$ 必定大,即是说物体的热辐射本领和热吸收本领成正比;对黑体来说,由于 $\alpha_B(\lambda,T)$ 最大,因此 $M_B(\lambda,T)$ 最大,也就是说黑体的热辐射本领最强;只要已知黑体的单色辐出度 $M_B(\lambda,T)$,就能知道一般物体的辐射情况。

实验室中常用带有一个小孔的空心金属球来实现理想黑体,如图 16.1 所示。由于进入金属球小孔的辐射,经过金属球内空腔多次反射、吸收,很少能再从金属球小孔射出,因而金属球的小孔部分非常接近于黑体。当金属球空腔受热时,空腔壁会发出热辐射,极小部分通过小孔逸出,而这近似于黑体辐射。

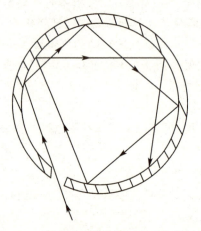

图 16.1 用空腔上的小孔近似地代替黑体

另外,空腔内存在电磁波的辐射场。小孔处单色辐出度相当于小孔处单一频率电磁波的能流密度,它和腔内对应频率的能量密度有如下关系:

$$M(\lambda,T) = cw(\lambda,T) \qquad (16.3)$$

式中,c 为光速。

黑体辐射的核心问题是研究黑体热辐射中各波长电磁波能量所占的比例,即黑体单色辐出度 $M_B(\lambda,T)$ 的具体函数形式。

16.1.2 黑体热辐射的实验研究

1. 黑体辐射单色辐出度实验曲线

由相关的黑体辐射实验可获得如图 16.2 所示的 $M_B(\lambda,T)$ 随波长和温度变化之曲线。

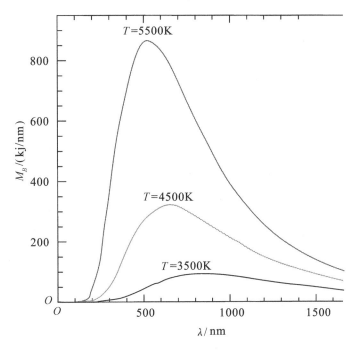

图 16.2 黑体辐射实验结果

2. 斯特藩-玻尔兹曼定律

黑体辐射实验结果表明:一个黑体表面单位面积在单位时间内辐射出的总能量,即黑体的总辐射度 $M_B(T)$ 与黑体本身的热力学温度 T 的四次方成正比,即

$$M_B(T) = \sigma T^4 \tag{16.4}$$

上述结论称为**斯特藩-玻尔兹曼定律**。式中,比例系数 σ 称为斯特藩-玻尔兹曼常数或斯特藩常量。它可由自然界其他已知的基本物理常数算得,因此它不是一个基本物理常数。该常数的值为 $\sigma = 5.6704 \times 10^{-8} \mathrm{W \cdot m^{-2} \cdot K^{-4}}$。

3. 维恩位移定律

黑体辐射实验结果表明：在一定温度下，与绝对黑体最大辐出度值相对应的波长 λ_m 和绝对温度 T 的乘积为一常数，即

$$T\lambda_m = b \tag{16.5}$$

上述结论称为**维恩位移定律**。式中，$b = 2.897 \times 10^{-3}$ m·K，称为维恩常量。由维恩位移定律可以看出，当绝对黑体的温度升高时，辐射本领的最大值向短波方向移动。

例 16.1 天狼星呈紫色。经测天狼星单色辐出度的峰值所对应的波长为 257nm，试计算天狼星表面的温度和单位面积辐射的功率。

解 由维恩位移定律计算天狼星的温度

$$T = \frac{b}{\lambda_m} = \frac{2.897 \times 10^{-3} \text{ m·K}}{2.57 \times 10^{-7} \text{ m}} = 11259 \text{K}。$$

根据斯特藩-玻尔兹曼定律计算天狼星单位面积辐射的功率

$$M = \sigma T^4 = 5.6704 \times 10^{-8} \text{W·m}^{-2}\text{·K}^{-4} \times (11259\text{K})^4$$
$$= 8.0931 \times 10^4 \text{W·m}^{-2}。$$

16.1.3 黑体辐射实验结果的经典物理解释

历史上有很多人尝试用经典物理来解释黑体辐射的实验结果。比较典型和有代表性的是维恩公式和瑞利-金斯公式。

1. 维恩公式

1896 年维恩设想了一个黑体辐射模型，假设黑体辐射是由一些服从麦克斯韦速率分布的分子发射出来的，分子的运动速率决定辐射出来的电磁波长 λ，从而得到了一个黑体的单色辐出度计算公式

$$M_B(\lambda, T) = C_1 \lambda^{-5} e^{-C_2/\lambda T} \tag{16.6}$$

此即**维恩公式**。式中，C_1 和 C_2 为常量，T 为黑体平衡时的热力学温度。

2. 瑞利-金斯公式

瑞利(1900) 和 J.H. 金斯(1905) 研究密封空腔中的电磁场，认为是一个由许多振子组成的系统，每个振子的能量由动能和势能组成，按能均分定理总能量应为 kT，由此得到了空腔黑体单色辐出度的瑞利-金斯公式：

$$M_B(\lambda, T) = \frac{2\pi c}{\lambda^4} kT \tag{16.7}$$

式中，k 是玻耳兹曼常数，c 是真空中光速，T 是热力学温度。

为了评判维恩公式和瑞利-金斯公式的正确性，我们将它们的曲线和实验数据线画在一起，如图 16.3 所示。

从图 16.3 中看出，维恩公式在短波波段与实验符合得很好，但在长波波段与实验有明显的偏离。瑞利-金斯公式在长波端与实验结果一致，但在短波端能

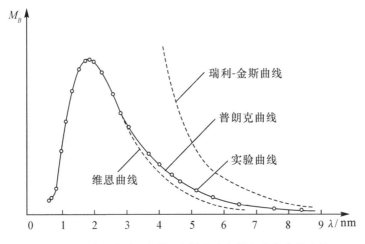

图 16.3　维恩公式、瑞利－金斯公式和普朗克公式的比较

量密度迅速地单调上升,与实验结果矛盾,在物理学史上称作**"紫外灾难"**。

以上两公式虽然与实验不符,使经典物理陷入严重的危机,但它暴露了经典物理学的缺陷,深刻揭露了经典物理的困难,从而也推动了辐射理论和近代物理学的发展。

16.1.4　黑体辐射实验结果的量子论解释　普朗克公式

考虑一个边长为 L,体积为 $V=L^3$,充满了电磁波辐射的立方体空腔,如图 16.4 所示。由于空腔的封闭性,立方体内电磁波必成驻波。驻波由波腹和波节组成,波节是不动点,而波腹可视为电谐振子。因此,可将所讨论的空腔看成是充满了电谐振子的立方体。这些电谐振子不断发射和吸收各种频率的电磁波。当达到平衡时,各电谐振子的能量保持恒定。

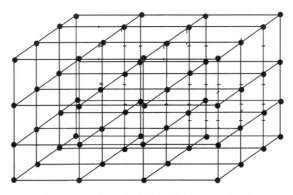

图 16.4　普朗克黑体辐射电谐振子模型

假设这些电谐振子能量 ε 是量子化的，即按能量大小分级，各级的能量只能取一些分立值：

$$\varepsilon_0, 2\varepsilon_0, 3\varepsilon_0, \cdots, n\varepsilon_0, \cdots$$

n 为正整数。而 ε_0 与基准电谐振子频率 ν_0 相关。进一步假设电谐振子能量 ε 和电谐振子频率 ν 之间有如下关系：

$$\varepsilon = h\nu \tag{16.8}$$

式中，$h = 6.63 \times 10^{-34} \text{J} \cdot \text{s}$，称为普朗克常数。则第 0 级和第 n 级电谐振子的能量为

$$\varepsilon_0 = h\nu_0, \varepsilon_n = h\nu_n = nh\nu_0$$

假设这些电谐振子能量满足麦克斯韦 - 玻尔兹曼分布律，则必可推出如下的普朗克公式：

$$M_B(\lambda, T) = \frac{2\pi hc^2}{\lambda^5} \frac{1}{\exp(hc/\lambda kT) - 1} \tag{16.9}$$

式中，λ 为电谐振子所辐射电磁波的波长，c 为真空中光速，T 为空腔内的热力学温度。

如图 16.2 所示，普朗克公式与实验数据非常完美地相符。普朗克公式在高频范围 $hc/\lambda kT \gg 1$ 的极限条件下，过渡到维恩公式。普朗克公式在低频 $hc/\lambda kT \ll 1$ 的极限条件下，过渡到瑞利 - 金斯公式，这正是以经典统计理论为基础的能量均分的结果。

普朗克（Max Karl Ernst Ludwig Planck, 1858—1947）通过对黑体辐射的深刻研究而建立起来的公式成功解释了黑体辐射现象，是物理学的一个重大突破。他首次提出的量子论，开创了理论物理学发展的新纪元。

物理沙龙：普朗克公式推导

先来看电谐振子平均能量的计算方法。

可以认为能量为 ε_n 的电谐振子数 N_{ε_n} 按麦克斯韦 - 玻尔兹曼分布律，即有

$$N_{\varepsilon_n} \propto \exp\left(-\frac{\varepsilon_n}{kT}\right)$$

则可按下式计算电谐振子的平均能量 $\bar{\varepsilon}$：

$$\bar{\varepsilon} = \frac{\sum_n \varepsilon_n \exp\left(-\frac{\varepsilon_n}{kT}\right)}{\sum_n \exp\left(-\frac{\varepsilon_n}{kT}\right)}$$

令 $\beta = \frac{1}{kT}$，上式可做如下推导：

$$\bar{\varepsilon} = \frac{\sum_n n\varepsilon_0 \exp(-n\varepsilon_0 \beta)}{\sum_n \exp(-n\varepsilon_0 \beta)} = -\frac{\partial}{\partial \beta}\left[\ln \sum_n \exp(-n\varepsilon_0 \beta)\right] = -\frac{\partial}{\partial \beta}\left(\ln \frac{1}{1 - e^{-\varepsilon_0 \beta}}\right)$$

$$= \frac{\partial}{\partial \beta}\ln(1-e^{-\varepsilon_0\beta}) = \frac{\varepsilon_0 e^{-\varepsilon_0\beta}}{1-e^{-\varepsilon_0\beta}} = \frac{\varepsilon_0}{e^{\varepsilon_0\beta}-1} = \frac{h\nu_0}{e^{h\nu_0/kT}-1}$$

由上式可得更一般的函数关系式

$$\bar{\varepsilon}(\nu,T) = \frac{h\nu}{e^{h\nu/kT}-1} \qquad ①$$

再来计算立方体内频率在 $\nu \sim \nu + d\nu$ 之间的电谐振子数。

由于驻波要求，电磁波在立方体两相对面间传播时，例如在 x 轴向上两相对面间的传播，其波长 λ_x 必须能整除 $2L$，则 $2L/\lambda_x$ 为波数 n_x，即

$$n_x = \frac{2L}{\lambda_x}$$

其他方向上的两相对面间情况也一样。同理有：

$$n_y = \frac{2L}{\lambda_y}, n_z = \frac{2L}{\lambda_z}$$

考虑到是三维空间，则总的波数，也就是电谐振子数应为

$$N = n_x n_y n_z = \frac{8L^3}{\lambda_x \lambda_y \lambda_z}$$

注意到频率、波长、波速三者之间的关系 $c = \nu\lambda$ 及 $L^3 = V$，有

$$N(\nu) = \frac{8V}{c^3}\nu_x \nu_y \nu_z$$

而频率在 $\nu_x \sim \nu_x + d\nu_x, \nu_y \sim \nu_y + d\nu_y, \nu_z \sim \nu_z + d\nu_z$ 之间的电谐振子数 $dN(\nu)$ 为

$$dN(\nu) = \frac{8V}{c^3} d\nu_x d\nu_y d\nu_z \qquad ②$$

式中，$d\nu_x d\nu_y d\nu_z$ 可视为频率 ν 空间的体积元。在球面坐标系中，该体积元可视为 ν 空间中一个球壳 $4\pi\nu^2 d\nu$。由于 ν_x,ν_y 和 ν_z 均要求大于 0，有效的只有球壳的第一象限的部分，故频率球壳空间大小为

$$\frac{1}{8} \cdot 4\pi\nu^2 d\nu$$

因此，式 ② 改写为

$$dN(\nu) = \frac{4\pi}{c^3}\nu^2 d\nu \cdot V$$

考虑到电波有两个独立的偏振态，电谐振子数应多一倍，为

$$dN(\nu) = \frac{8\pi}{c^3}\nu^2 d\nu \cdot V \qquad ③$$

结合式 ① 和式 ③，可算出 V 空腔内频率在 $\nu \sim \nu + d\nu$ 的电磁能量密度

$$w(\nu,T)d\nu = \frac{1}{V}\bar{\varepsilon}(\nu,T)dN(\nu) = \frac{8\pi}{c^3}\frac{\nu^3}{\exp(h\nu/kt)-1}d\nu \qquad ④$$

由辐出度和能量密度的关系 $M = cw$，可算出黑体辐出度为

$$M_B(\nu, T) = \frac{8\pi}{c^2} \frac{\nu^3}{\exp(h\nu/kt) - 1}$$

此即为**普朗克公式**。普朗克公式还可用波长的方式写成如下形式:

$$M_B(\lambda, T) = \frac{2\pi hc^2}{\lambda^5} \frac{1}{\exp(hc/\lambda kt) - 1}。$$

16.2 光电效应 爱因斯坦的光子理论

光照射到某些物质上,引起物质的电性质发生变化。这类光致电变的现象被人们统称为光电效应。光电效应用经典物理学是无法完美解释的。光电效应是继黑体辐射现象后又一个对经典物理学进行冲击的量子现象。爱因斯坦于 1905 年提出了光子假设,并利用这一量子论的概念成功解释了光电效应而获得 1921 年诺贝尔物理学奖。

16.2.1 光电效应的实验规律

在光电效应实验中,当光照射在金属表面时,金属中有电子逸出。所逸出的电子叫光电子,所形成的电流称为光电流。光电实验最主要的器件是光电管,一般由抽成真空内封金属做成阴阳两极的玻璃泡组成。实验装置如图 16.5 所示。实验时用光照射光电管中的阴极金属,在光的照射下,一些电子便会跑出金属表面,在阴极附近形成电子云。如果通过电路在阳极和阴极之间加一适当电压,则可看到电路中有电流形成。这说明阴极附近的电子云飞到阳极来了。实验的目的是研究光照射金属形成电流的规律。利用光电效应的实验数据可绘制图 16.6。

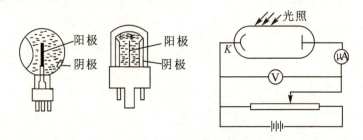

图 16.5 光电管与光电实验装置

从图 16.6 中曲线看出:

(1) 用单一频率光照射阴极 K 时,由于阴极 K 上单位时间内逸出的电子数是有限的,当 U 足够大时,这些逸出的电子全部被阳极 A 吸收,电流不会再随电压的增加而增加,而进入饱和状态。饱和状态下的电流值称为饱和电流 I_s。I_s 与

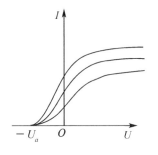
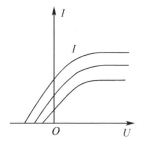
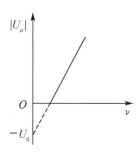

(1) 入射光的频率不变时的伏安特性曲线　　(2) 入射光的强度不变时的伏安特性曲线　　(3) 遏止电压U_a与入射光的频率ν之间的关系

图 16.6　光电效应的相关实验数据图线

入射光强成正比。这说明单位时间内从阴极逸出的光电子数与入射光的强度成正比。

(2) 从实验数据曲线中发现,当电压为 0 时电路中也有电流,这说明部分光电子有初动能,因而在没有外加电场的情况下也能从阴极飞到阳极形成电流。因这种原因所产生的电流甚至当加有反向电场时也存在,光电流完全截止时的反向电压称为**遏止电压**,对应于电子逸出的最大初动能

$$\frac{1}{2}mv_m^2 = e|U_a| \tag{16.10}$$

遏止电压$|U_a|$与入射光强度无关,只与入射光的频率ν有关,即

$$|U_a| = K\nu - U_0 \tag{16.11}$$

式中,K,U_0为取正值的常数,U_0为与金属有关的恒量,K是普适恒量。

(3) 分析与实验得,当$\nu \geqslant \dfrac{U_0}{K}$时,电子逸出的最大初动能$\dfrac{1}{2}mv_m^2 \geqslant 0$。这里,$\nu_0 = \dfrac{U_0}{K}$,称为光电效应的**红限频率**。对于一定的金属,存在一红限ν_0,当光的$\nu < \nu_0$时,不论光强如何,照射时间多长,均无光电子。不同的金属ν_0也不同。

(4) 当$\nu > \nu_0$时,即使光强度很微弱,在$\Delta t < 10^{-9}$秒内即可有光电子产生。

16.2.2　光的波动说的缺陷

按照经典波动理论,光的强度指的是能流密度,即在单位时间内通过传播方向上单位截面的能量。依据这一点在解释光电效应时主要有三点困难:

(1) 光电子初动能应正比于入射光强;
(2) 不应存在红限ν_0,只要光强足够大,就可有光电子;

(3) 辐射能连续分布在被照射的空间并以光速传播,所以从光照射到有光电子出现,需要一段积累时间,且入射光越弱,时间越长。

16.2.3 爱因斯坦光子理论

为了解释光电效应,爱因斯坦(Albert Einstein,1879—1955)于1905年提出了光子学说。他认为光是一种在真空中以速度 c 传播的粒子流。他称这种粒子为光量子(光子),并认为每个光子能量为

$$\varepsilon = h\nu \tag{16.12}$$

式中,ν 为光子的频率,而 h 为普朗克常数。

按光子的概念,当频率为 ν 的光束照射在金属表面上时,光子与金属中的电子相互作用,其能量被电子所吸收,使电子获得能量 $h\nu$。当 ν 足够高时,可以使电子具有足够的能量从金属表面逸出。按功能原理有

$$-A = \frac{1}{2}mv^2 - h\nu \tag{16.13}$$

或

$$h\nu = \frac{1}{2}mv^2 + A \tag{16.14}$$

这就是爱因斯坦光电效应方程。式中,v 是光电子离开金属表面后的速度,m 是电子的质量,$\frac{1}{2}mv^2$ 是光电子离开金属表面后的动能,A 是光电子在脱离金属表面时金属对电子的吸引力所做功的绝对值,称为逸出功。

按爱因斯坦的光子理论我们可以这样来解释光电效应:

(1) 显然,单位时间内所产生的光电子数正比于单位时间内照射在金属表面上的光子数,而饱和电流 I_s 正比于单位时间内所产生的光电子数。因此,饱和电流 I_s 正比于单位时间内照射在金属表面上的光子数。根据光强的定义,单位时间内照射在金属表面上的光子数与光强成正比,因而饱和电流 I_s 正比于入射光强。

(2) 照射光的频率 ν 越大,光电子脱离金属表面后的动能 $\frac{1}{2}mv^2$ 就越大。

(3) 要使有光电子产生,必须满足条件 $\frac{1}{2}mv^2 \geqslant 0$。这就要求 $h\nu \geqslant A$,即 $\nu \geqslant \nu_0 = \frac{A}{h}$,存在红限。

(4) 电子和光子相互作用时,电子能一次全部吸收光子能量。

16.2.4 光子理论与光的本质认识

历史上,物理学家对光的本性一直有粒子说和波动说两种争论。牛顿根据

他长期研究的结果,认为光由粒子组成,而同时期的荷兰科学家惠更斯(Huyghens)的实验证明光由光波组成,但因牛顿名气很大,科学界没有重视惠更斯的学说。

1801 年,托马斯·杨(Thomas Young)发现,光穿过两条狭缝会发生衍射现象。光的这种衍射现象强烈地支持光是波的理论,但那时光波性质仍未被充分认同。

1864 年数学家麦克斯韦(Clerk Maxwell)从理论上证明光是一种电磁波;1887 年,赫兹(Hertz)在实验室中成功地用震荡电路放射出电磁波,证实了麦克斯韦的理论。此后,欧洲大陆的科学家才接受了光的电磁理论,牛顿的光粒子学说被认为是错误的,光波学说得到公认。

然而爱因斯坦的光子理论对光电效应的成功解释又对光波学说提出严重挑战。

按照爱因斯坦的光子理论,光是由一个个光子组成,光子的能量为 $\varepsilon = h\nu$。根据爱因斯坦相对论中的质能方程

$$\varepsilon = mc^2$$

我们还能算出光子的质量

$$m = \frac{\varepsilon}{c^2} = \frac{h\nu}{c^2} \tag{16.15}$$

从相对论中的质量计算公式来看

$$m = \frac{m_0}{\sqrt{1-\frac{v^2}{c^2}}}$$

光子的速度 $v = c$,而 m 是有限的,故光子的静止质量 $m_0 = 0$。

我们还可以根据动量的定义 $p = mc$ 来计算光子的动量。注意到 $\varepsilon = mc^2$,$\varepsilon = h\nu$,以及 $\lambda\nu = c$,有

$$p = \frac{h}{\lambda} \tag{16.16}$$

通过式(16.12)和式(16.16),我们可以看出,光子既可以用粒子的方式来描述,也可用波的形式来描述,光既是粒子又是波。光在传播时表现出波动性,在与物质相互作用时表现出粒子性的一面。

例 16.2 钨的逸出功是 4.52 eV,钡的逸出功是 2.50 eV,分别计算钨和钡的截止频率。哪一种金属可以用做可见光范围内的光电管阴极材料?

解 根据爱因斯坦光电效应方程 $h\nu = \frac{1}{2}mv^2 + A$,与光电子速度 $v = 0$ 所对应的光子的频率 ν 即为截止频率 ν_0,故有 $h\nu_0 = A$。对于钨,逸出功 $A_1 = 4.52$ eV,而对于钡,逸出功 $A_2 = 2.50$ eV,故有

钨的截止频率 $\nu_{01} = \dfrac{A_1}{h} = \dfrac{4.52\text{eV} \cdot 1.6 \times 10^{-19}\text{C/e}}{6.63 \times 10^{-34}\text{J} \cdot \text{s}} = 1.09 \times 10^{15}\text{Hz}$

钡的截止频率 $\nu_{02} = \dfrac{A_2}{h} = \dfrac{2.50\text{eV} \cdot 1.6 \times 10^{-19}\text{C/e}}{6.63 \times 10^{-34}\text{J} \cdot \text{s}} = 0.63 \times 10^{15}\text{Hz}$

对照可见光的频率范围可知，钡的截止频率 ν_{02} 正好处于该范围内，而钨的截止频率 ν_{01} 大于可见光的最大频率，因而钡可以用于可见光范围内的光电管材料。

例 16.3 钾的截止频率为 4.62×10^{14} Hz，今以波长为 435.8 nm 的光照射，求钾放出的光电子的初速度。

解 根据光电效应的爱因斯坦方程

$$h\nu = \frac{1}{2}mv^2 + A$$

其中，$A = h\nu_0$，$\nu = c/\lambda$。可得电子的初速度

$$v = \left[\frac{2h}{m}\left(\frac{c}{\lambda} - \nu_0\right)\right]^{\frac{1}{2}}$$

$$= \left[\frac{2 \times 6.63 \times 10^{-34}\text{J} \cdot \text{s}}{9.1 \times 10^{-31}\text{kg}}\left(\frac{3 \times 10^8 \text{m/s}}{435.8 \times 10^{-9}\text{m}} - 4.62 \times 10^{14}\text{Hz}\right)\right]$$

$$= 5.74 \times 10^5 \text{m} \cdot \text{s}^{-1}$$

由于逸出金属的电子的速度 $v \ll c$，故式中 m 取电子的静止质量。

16.3 康普顿效应

16.3.1 康普顿实验

光束在不均匀媒质中传播时，部分光束将偏离原来方向而分散传播，形成光的散射现象。

实验发现，当波长很短的光（电磁波），如 X 射线、γ 射线等通过不含杂质的均匀媒质（如金属、石墨等）时，也会产生散射现象，且一反常态，在散射光中除有与原波长相同的射线外，还有比原波长大的射线出现。这现象首先由美国物理学家康普顿（Arthur Holly Compton，1892—1962）于 1922—1923 年间发现，并做出理论解释，故称**康普顿效应**。

康普顿散射实验装置如图 16.7 所示。由 X 射线源发出的 X 射线，经铅屏上的小孔准直后射向作为散射体的石墨，而 X 射线谱仪用来接收经散射后沿某一角度射出的 X 射线并能测量其波长和强度。

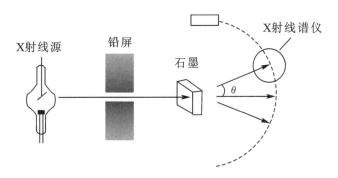

图 16.7 康普顿散射实验装置

实验结果由图 16.8 给出。图中横坐标和纵坐标分别是散射后的 X 射线的波长和相对强度,它们表示的是在不同条件下的 X 射线频谱图。小圆圈是由实验数据绘制的,曲线是由实验数据拟合成的,左图是用石墨做散射体在不同的散射角的方向所测得的频谱分布。右图是用不同的材料做散射体在同一散射角下所测得的频谱分布。

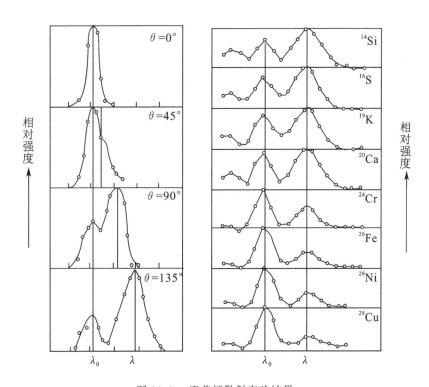

图 16.8 康普顿散射实验结果

从实验结果图可以看出：

（1）散射射线中除了与入射线波长 λ_0 相同的射线外，也有 $\lambda > \lambda_0$ 的射线。λ 称为康普顿波长，$\Delta\lambda = \lambda - \lambda_0$ 称为康普顿位移。康普顿位移仅与散射角（散射线与入射线之间的夹角）有关，且当散射角增大时，也随之增大，而与作为散射体是何种物质无关。

（2）对于不同元素的散射物质，在同一散射角下，波长为 λ 的散射光强度随散射物原子序数的增加而减少。

16.3.2　经典波动观点的困难

用经典波动理论对康普顿散射实验似乎可作这样的解释：频率为 ν 的 X 射线作用于散射体中的电子，电子以频率 ν 受迫振动，再向周围空间各个方向辐射频率 ν 的 X 射线。但这种解释无法说明康普顿散射，即无法说明散射中比原波长要长的散射射线出现的原因。

16.3.3　康普顿效应的光子理论解释

康普顿效应可用光子理论来解释。将 X 射线视为光子，则康普顿效应是光子与固体中的自由电子发生弹性碰撞的结果。

固体中与原子核联系较弱的电子可以看成是自由电子。由于自由电子的热运动平均速度和光子碰撞后的速度比要小很多，故可认为碰撞前自由电子的速度为 0。

从碰撞前后的动量来考虑：入射光子的动量为 $h\nu_0/c$，电子的动量为 0。光子与静止电子碰撞后，一定会把一部分动量传给电子，于是光子动量成为 $h\nu/c$，而电子发生了反冲，此时电子的动量为 $m\boldsymbol{v}$。设光子入射方向上的单位矢量为 $\boldsymbol{n}_0$，散射方向上的单位矢量为 $\boldsymbol{n}$。系统在碰撞前后动量守恒，有

$$\frac{h\nu_0}{c}\boldsymbol{n}_0 = \frac{h\nu}{c}\boldsymbol{n} + m\boldsymbol{v} \qquad (16.17)$$

从碰撞前后的能量来考虑：碰撞前，光子的能量为 $h\nu_0$，电子的能量为 m_0c^2。电子与光子发生弹性碰撞后，电子获得光子的一部分能量而反弹，能量变为 mc^2，失去部分能量的光子则从另一方向飞出，其能量为 $h\nu$。整个过程中总能量守恒，有

$$h\nu_0 + m_0c^2 = h\nu + mc^2 \qquad (16.18)$$

由于电子的运动速率非常大，应考虑相对论效应

$$m = \frac{m_0}{\sqrt{1 - v^2/c^2}} \qquad (16.19)$$

式中，m_0 为电子的静止质量。

如图 16.9 所示，可根据式(16.17)、(16.18)、(16.19) 推出

$$\Delta\lambda = \frac{2h}{m_0 c}\sin^2\left(\frac{\theta}{2}\right) \tag{16.20}$$

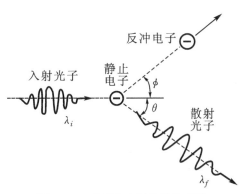

图 16.9　光子和电子的弹性碰撞

上式称为康普顿散射公式。式中 $\dfrac{h}{m_0 c}$ 具有波长量纲，称为电子的康普顿波长，以 λ_c 表示，

$$\lambda_c = \frac{h}{m_0 c} = 0.0024263\text{nm}$$

物理沙龙：康普顿散射公式的推导

据图 16.9，由式(16.17)可得

$$(mv)^2 = \left(\frac{h\nu}{c}\right)^2 + \left(\frac{h\nu_0}{c}\right)^2 - 2\frac{h\nu}{c}\frac{h\nu_0}{c}\cos\theta \tag{16.21}$$

将式(16.19)代入式(16.21)，消掉 m 后有

$$\frac{m_0^2 v^2 c^2}{1 - v^2/c^2} = h^2\nu^2 + h^2\nu_0^2 - 2h^2\nu\nu_0\cos\theta$$

或

$$m_0^2 c^4\left(\frac{1}{1 - v^2/c^2} - 1\right) = h^2\nu^2 + h^2\nu_0^2 - 2h^2\nu\nu_0\cos\theta \tag{16.22}$$

将式(16.21)写成

$$\frac{m_0 c^2}{\sqrt{1 - v^2/c^2}} = h(\nu_0 - \nu) + m_0 c^2 \tag{16.23}$$

将式(16.30)两边平方，再和式(16.29)相减，以消掉 v，有

$$-m_0^2 c^4 = 2h^2\nu\nu_0(1 - \cos\theta) - m_0^2 c^4 - 2h(\nu_0 - \nu)m_0 c^2$$

化简后得

$$\frac{\nu_0 - \nu}{\nu\nu_0} = \frac{h}{m_0 c^2}(1 - \cos\theta)$$

考虑到频率 ν 和波长 λ 的关系，有

$$\Delta\lambda = \lambda - \lambda_0 = \frac{h}{m_0 c}(1-\cos\theta)$$

上式亦可写成(16.20)式。

康普顿散射公式可以解释为什么散射射线中有 $\lambda > \lambda_0$ 的射线,且散射波长改变量 $\Delta\lambda = \lambda - \lambda_0$ 仅与散射角有关,且当散射角增大时,也随之增大,而与作为散射体是何种物质无关。

在散射 X 射线中波长不变的成分可以用内层电子散射来解释。内层电子不能当成自由电子。如果光子和这种电子碰撞,相当于和整个原子相碰,碰撞中光子传给原子的能量很小,几乎保持自己的能量不变。这样散射光中就保留了原波长。由于内层电子的数目随散射物原子序数的增加而增加,所以波长为 λ_0 的散射光强度随之增强,而其他波长的散射光强度随之减弱。

康普顿散射可以在任何物质中发生。光子能量范围在 0.5 至 3.5eV 时比较容易观测到。能量过高的光子,则可能弹出电子而发生光电效应。而能量过低的光子,如可见光,其波长 $l \sim 10^{-7}$m,散射波长改变量 $\Delta\lambda$ 的数量级为 10^{-12}m,由于 $\Delta\lambda \ll 1$,所以观察不到康普顿效应。

康普顿效应的发现,以及理论分析和实验结果的一致,不仅有力地证实了光子假说的正确性,并且证实了微观粒子的相互作用过程中,也严格遵守能量守恒和动量守恒定律。

例 16.4 一具有 1.0×10^4 eV 能量的光子,与一静止的自由电子相碰撞,碰撞后,光子的散射角为 $60°$。试问:(1) 光子的波长、频率和能量各改变多少?(2) 碰撞后,电子的动能、动量和运动方向又如何?

解 (1) 入射光子的频率和波长分别为

$$\nu_0 = \frac{E}{h} = 2.41 \times 10^{18}\,\text{Hz}, \lambda_0 = \frac{c}{\nu_0} = 0.124\ \text{nm}$$

散射前后光子波长、频率和能量的改变量分别为

$$\Delta\lambda = \lambda_0(1-\cos\theta) = 1.22 \times 10^{-3}\,\text{nm}$$

式中负号表示散射光子的频率要减小,与此同时,光子也将失去部分能量。

(2) 由能量守恒可知,反冲电子获得的动能,就是散射光子失去的能量

$$E_{ke} = h\nu_0 - h\nu = |\Delta E| = 95.3\,\text{eV}$$

由相对论中粒子的能量动量关系式以及动量守恒定律在 Oy 轴上的分量式(图 16.10)可得

$$E_e^2 = E_{0e}^2 + p_e^2 c^2 \qquad ①$$

$$E_e = E_{0e} + E_{ke} \qquad ②$$

$$\frac{h\nu}{c}\sin\theta - p_e\sin\varphi = 0 \qquad ③$$

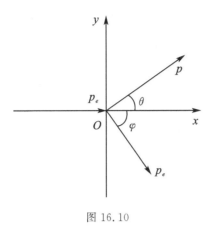

图 16.10

由式 ① 和式 ② 可得电子动量

$$p_e = \frac{\sqrt{E_{ke}^2 + 2E_{0e}E_{ke}}}{c} = 5.27 \times 10^{-24}\,\text{kg}\cdot\text{m}\cdot\text{s}^{-1}$$

将其代入 ③ 式可得电子运动方向

$$\varphi = \arcsin\left(\frac{h\nu}{p_e c}\sin\theta\right)$$
$$= \arcsin\left(\frac{h(\nu_0 + \Delta\nu)}{p_e c}\sin\theta\right) = 59°32'$$

16.4　氢原子光谱　玻尔的氢原子理论

16.4.1　光谱分析与原子理论研究

  光谱是复色光经过色散系统（如棱镜、光栅）分光后，被色散开的单色光按波长（或频率）大小而依次排列的图案，全称为光学频谱。光波是由原子内部运动的电子产生的，各种物质的原子内部电子的运动情况不同，所以它们发射的光波也不同，这种原子内部发出的光波所形成的光谱，称为原子光谱。其必然携带有原子内部的各种信息，可用于原子理论的研究。

  人们对光谱的研究已有一百多年的历史了。1666 年，牛顿把通过玻璃棱镜的太阳光分解成了从红光到紫光的各种颜色的光谱，他发现白光是由各种颜色的光组成的。这可算是最早对光谱的研究。

  到 1802 年，渥拉斯顿观察到了光谱线，而在 1814 年夫琅禾费也独立地发现了光谱线。在 1814—1815 年之间，夫琅禾费公布了太阳光谱中的许多条暗线，并以字母来命名,其中有些命名沿用至今。此后便把这些线称为夫琅禾费暗线。

实用光谱学是由基尔霍夫与本生在 19 世纪 60 年代发展起来的,他们证明光谱学可以用做定性化学分析的新方法,并利用这种方法发现了几种当时还未知的元素,并且证明了太阳里也存在着多种已知的元素。

从 19 世纪中叶起,氢原子光谱一直是光谱学研究的重要课题之一。在试图说明氢原子光谱的过程中,所得到的各项成就对量子力学法则的建立起了很大促进作用。图 16.11 就是记录氢原子光谱的原理示意图。

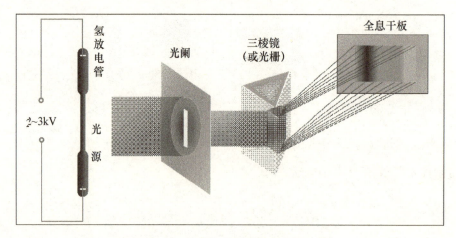

图 16.11　记录氢原子光谱原理示意图

16.4.2　氢原子光谱的规律性

在所有的原子中,氢原子是最简单的,其光谱也是最简单的。在可见光范围内容易观察到氢原子光谱的四条谱线,这四条谱线分别用 $H_\alpha, H_\beta, H_\gamma$ 和 H_δ 表示,如图 16.12 所示。

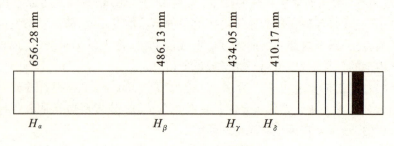

图 16.12　氢原子光谱图

1885 年从某些星体的光谱中观测氢谱线已达 14 条,瑞士科学家巴耳末(J. J. Balmer)发现有简单规律:

$$\lambda = B \frac{n^2}{n^2-4}, \quad n = 3,4,5,\cdots \qquad (16.24)$$

其中,$B = 3645.6\text{Å}$ 称为巴耳末常数。所对应的一组谱线称为巴耳末系。当 $n \to \infty$ 时,$\lambda \to B$,这个波长为巴耳末系波长的极限值。

令 $\tilde{\nu} = \frac{1}{\lambda}$,称为波数,巴耳末公式还可写成如下的形式:

$$\tilde{\nu} = \frac{1}{\lambda} = \frac{1}{B}\frac{n^2-4}{n^2} = \frac{4}{B}\left(\frac{1}{2^2}-\frac{1}{n^2}\right) = R\left(\frac{1}{2^2}-\frac{1}{n^2}\right) \qquad (16.25)$$

其中,$R = 1.0967758 \times 10^7 \text{m}^{-1}$,称为氢原子的里德伯常数。

在氢原子光谱中,除了可见光范围的巴耳末线系以外,在紫外区、红外区和远红外区分别有赖曼(T. Lyman)系、巴耳末系、帕邢(F. Paschen)系、布喇开(F. S. Brackett)系和普芳德(A. H. Pfund)系。这些线系中的谱线的波数也都可以用与式(16.25)相似的形式表示:

赖曼系:$\tilde{\nu} = R\left(\frac{1}{1^2}-\frac{1}{n^2}\right), \quad n = 2,3,4,\cdots$

巴耳末系:$\tilde{\nu} = R\left(\frac{1}{2^2}-\frac{1}{n^2}\right), \quad n = 3,4,5,\cdots$

帕邢系:$\tilde{\nu} = R\left(\frac{1}{3^2}-\frac{1}{n^2}\right), \quad n = 4,5,6,\cdots$

布喇开系:$\tilde{\nu} = R\left(\frac{1}{4^2}-\frac{1}{n^2}\right), \quad n = 5,6,7,\cdots$

普芳德系:$\tilde{\nu} = R\left(\frac{1}{5^2}-\frac{1}{n^2}\right), \quad n = 6,7,8,\cdots$

可见,氢原子光谱的五个线系所包含的几十条谱线遵从相似的规律。我们可以将上述五个公式综合为一个公式:

$$\tilde{\nu} = R\left(\frac{1}{k^2}-\frac{1}{n^2}\right), k = 1,2,3,\cdots,n = k+1,k+2,k+3,\cdots \qquad (16.26)$$

也可以写为

$$\tilde{\nu} = T(K) - T(n) \qquad (16.27)$$

式中,$T(k) = \frac{R}{k^2}$,$T(n) = \frac{R}{n^2}$,称为光谱项。

氢原子光谱具有以下三个特点:
(1) 线光谱,谱线位置确定,且彼此分立;
(2) 谱线间有一定关系,谱线构成各谱线系,不同系的谱线有关系;
(3) 每一谱线的波数都可以表达为二光谱项之差。

例 16.5 计算氢原子光谱中赖曼系的最短和最长波长,并指出是否为可见光。

解 赖曼系的谱线满足 $\frac{1}{\lambda} = R\left(\frac{1}{1^2} - \frac{1}{n^2}\right)$,令 $n = 2$,得该谱系中最长的波长 $\lambda_{\max} = 121.5 \text{nm}$,令 $n \to \infty$,得该谱系中最短的波长 $\lambda_{\min} = 91.2 \text{nm}$。对照可见光波长范围($400 \sim 760 \text{ nm}$),可知赖曼系中所有的谱线均不是可见光,它们处在紫外线部分。

16.4.3 玻尔氢原子理论

1. 经典理论的困难

1911 年卢瑟福提出了原子结构的行星模型,认为原子是由带正电的原子核和绕核旋转的带负电荷的电子所组成。这一模型后经 α 粒子散射实验所证实。

根据这一模型,可以很合理地假设电子绕核是做圆周运动,所需向心力由电子和核之间的库仑力提供。因此电子有一个向心加速度,做加速运动。由电磁理论可知,凡是加速运动的带电粒子均会向外连续辐射电磁波。这样一来,卢瑟福的行星模型面临以下两个经典理论无法解释的困难:

(1) 由于电子连续辐射能量,能量下降,其轨道半径会减小,最后会落到原子核上;

(2) 原子光谱应是连续谱。

2. 玻尔氢原子理论(1913 年)

玻尔(Niels Henrik David Bohr, 1885—1962)坚信卢瑟福的原子行星模型,认为只需要在这模型基础上做一些量子假设就能很好地克服这一模型在经典理论下的困难。

玻尔的基本假设:

(1) 定态假设:原子中电子的轨道不是任意的,只能取分立的几个,在以上轨道运动的电子不辐射电磁波,原子处于相应的所谓"定态"。

(2) 量子跃迁假设:当电子从能量较高定态 E_n 跃迁到另一能量较低的定态 E_k 时,则原子将放出一个频率为 ν,能量为 $h\nu = E_n - E_k$ 的光子;反之,当原子吸收频率为 ν,能量为 $h\nu = E_n - E_k$ 的光子时,电子从能量较低定态 E_k 激发到另一能量较高的定态 E_n。

(3) 轨道角动量量子化假设:处于定态的电子,轨道角动量(动量矩)也是量子化的:

$$L = n\frac{h}{2\pi} = n\hbar$$

式中,h 为普朗克常数,$\hbar = h/2\pi$,$n = 1, 2, 3, \cdots$ 称为量子数。

在上述假设的基础上,玻尔从原子发光的角度成功地解释了氢原子光谱。

设原子核静止,对于电子,由牛顿第二定律可得

$$m\frac{v^2}{r} = \frac{1}{4\pi\varepsilon_0}\frac{e^2}{r^2} \tag{16.28}$$

又由轨道角动量量子化假设可得

$$mvr = n\hbar, \quad n = 1, 2, \cdots \tag{16.29}$$

由以上两式可以解得

$$r_n = \frac{4\pi\varepsilon_0 n^2 \hbar^2}{me^2} \tag{16.30}$$

可见,轨道半径只能取一系列分立值。对应 $n=1$ 称为基态,半径

$$r_1 = \frac{4\pi\varepsilon_0 \hbar^2}{me^2} = 0.529 \times 10^{-10} \text{m} = 0.529 \text{Å}$$

称为玻尔半径。由下式计算电子的能量:

$$E = \frac{1}{2}mv^2 - \frac{1}{4\pi\varepsilon_0}\frac{e^2}{r}$$

注意到式(16.29)和式(16.30),有

$$E_n = -\frac{me^4}{8\varepsilon_0^2 h^2}\frac{1}{n^2} \tag{16.31}$$

当 $n=1$ 时,对应基态能量为 $E_1 = \frac{me^4}{8\varepsilon_0^2 h^2}\frac{1}{n^2} = -2.18 \times 10^{-18} \text{J} = -13.6 \text{eV}$。

现在我们来考察氢原子发射光子的情形。根据量子跃迁假设,电子从能量较高定态 E_n 跃迁到另一能量较低的定态 E_k 时,则原子将放出一个光子,其频率由下式计算:

$$\nu = \frac{E_n - E_k}{h}$$

则

$$\widetilde{\nu} = \frac{\nu}{c} = \frac{1}{hc}(E_n - E_k)$$

注意到式(16.31),有

$$\widetilde{\nu} = \frac{me^4}{8\varepsilon_0^2 h^3 c}\left(\frac{1}{k^2} - \frac{1}{n^2}\right) \tag{16.32}$$

比较式(16.26),显然有

$$R = \frac{me^2}{8\varepsilon_0^2 h^3 c} = 1.0973731 \times 10^7 \text{m}^{-1}。$$

这一理论上给出的德伯常数与实验符合得很好。

图 16.13 显示了氢原子能级分布的大致情况。

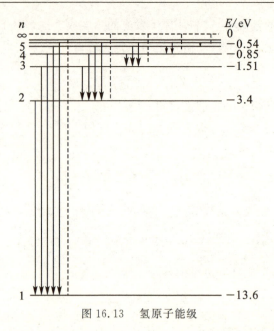

图 16.13 氢原子能级

例 16.6 如用能量为 12.6eV 的电子轰击氢原子,将产生哪些谱线?

解 根据跃迁假设和波数公式有

$$\Delta E = E_k - E_n = \frac{E_1}{k^2} - \frac{E_1}{n^2} \qquad ①$$

$$\frac{1}{\lambda} = R\left(\frac{1}{k^2} - \frac{1}{n^2}\right) \qquad ②$$

将 $E_1 = -13.6\text{eV}$, $k = 1$ 和 $\Delta E = 13.6\text{eV}$(这是受激氢原子可以吸收的最多能量)代入式①,可得 $n = 3.69$,取整 $n = 3$,即此时氢原子处于 $n = 3$ 的状态。

由式②可得氢原子回到基态过程中的三种可能辐射,所对应的谱线波长分别为 102.6nm,657.9nm 和 121.6nm。如图 16.14 所示。

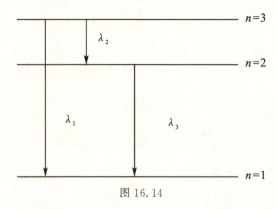

图 16.14

16.4.4 玻尔氢原子理论改进及其局限

玻尔的氢原子理论在处理氢原子(及类氢离子)的光谱问题上取得了成功：能从理论上算出里德伯常数；理论上能定量地解释氢原子光谱的实验规律。他首先指出经典物理学对原子内部现象不适用，提出了原子系统能量量子化的概念和角动量量子化的概念。玻尔创造性地提出了定态假设和能级跃迁决定谱线频率的假设。

玻尔理论也有很大的局限性。它只能计算氢原子谱线的频率，无法计算光谱的强度、宽度、偏振等问题，对稍复杂的原子(例如氦原子)的光谱不能计算。它虽然指出经典物理不适用于原子内部，但未能完全脱离经典物理的影响，仍采用经典物理的思想和处理方法。玻尔理论是半经典半量子的混合物。

本 章 小 结

1. 热辐射的总辐出度：$M(T) = \int_0^\infty M(\lambda, T) d\lambda$

2. 基尔霍夫辐射定律：$\dfrac{M_1(\lambda, T)}{\alpha_1(\lambda, T)} = \dfrac{M_2(\lambda, T)}{\alpha_2(\lambda, T)} = \cdots = \dfrac{M_B(\lambda, T)}{\alpha_B(\lambda, T)} = M_B(\lambda, T)$

3. 斯特藩-玻尔兹曼定律：$M_B(T) = \sigma T^4$

4. 维恩位移定律：$T\lambda_m = b$

5. 普朗克公式：$M_B(\lambda, T) = \dfrac{2\pi h c^2}{\lambda^5} \dfrac{1}{\exp(hc/\lambda kT) - 1}$

6. 爱因斯坦光电效应方程：$h\nu = \dfrac{1}{2}mv^2 + A$

7. 康普顿散射公式：$\Delta\lambda = \dfrac{2h}{m_0 c} \sin^2(\dfrac{\theta}{2})$

8. 氢原子光谱中各谱线波数的计算

赖曼系：$\tilde{\nu} = R\left[\dfrac{1}{1^2} - \dfrac{1}{n^2}\right]\ n = 2, 3, 4, \cdots$

巴耳末系：$\tilde{\nu} = R\left[\dfrac{1}{2^2} - \dfrac{1}{n^2}\right]\ n = 3, 4, 5, \cdots$

帕邢系：$\tilde{\nu} = R\left[\dfrac{1}{3^2} - \dfrac{1}{n^2}\right]\ n = 4, 5, 6, \cdots$

布喇开系：$\tilde{\nu} = R\left[\dfrac{1}{4^2} - \dfrac{1}{n^2}\right]\ n = 5, 6, 7, \cdots$

普芳德系：$\tilde{\nu} = R\left[\dfrac{1}{5^2} - \dfrac{1}{n^2}\right]\ n = 6, 7, 8, \cdots$

9. 玻尔的氢原子理论中对氢原子电子轨道及能级的计算

轨道半径：$r_n = \dfrac{4\pi\varepsilon_0 n^2 \hbar^2}{me^2}$

能级：$E_n = -\dfrac{me^4}{8\varepsilon_0^2 h^2}\dfrac{1}{n^2}$

习　题

一、选择题

16.1　把表面洁净的紫铜块、黑铁块和白铝块放入同一恒温炉膛中加热达到热平衡，炉中这三块金属对某红光的单色辐出度（单色发射本领）和单色吸收比（单色吸收率）之比依次用 M_1/a_1、M_2/a_2 和 M_3/a_3 表示，则有（　　）。

A. $M_1/a_1 > M_2/a_2 > M_3/a_3$ 　　B. $M_1/a_1 = M_2/a_2 = M_3/a_3$

C. $M_3/a_3 > M_2/a_2 > M_1/a_1$ 　　D. $M_2/a_2 > M_1/a_1 > M_3/a_3$

16.2　用频率为 ν 的单色光照射某种金属时，逸出光电子的最大动能为 E_k，若改用频率为 2ν 的单色光照射此种金属，则逸出光电子的最大动能为（　　）。

A. $2E_k$　　　　B. $2h\nu - E_k$　　　　C. $h\nu - E_k$　　　　D. $h\nu + E_k$

16.3　若外来单色光把氢原子激发至第三激发态，则当氢原子跃迁回低能态时，可发出的可见光光谱线的条数是（　　）。

A. 1　　　　　B. 2　　　　　C. 3　　　　　D. 6

二、填空题

16.4　天狼星的温度大约是 11 000℃，由维恩位移定律计算其辐射峰值的波长为_____。

16.5　已知某金属的逸出功为 A，用频率为 ν_1 的光照射该金属能产生光电效应，则该金属的红限频率 $\nu_0 = $ _____（$\nu_1 > \nu_0$），且遏止电势差 $U_a = $ _____。

16.6　氢原子由定态 l 跃迁到定态 k 可发射一个光子，已知定态 l 的电离能为 0.85eV，又已知从基态使氢原子激发到定态 k 所需能量为 10.2eV，则在上述跃迁中氢原子所发射的光子的能量为_____eV。

三、计算题

16.7　太阳可看做是半径为 7.0×10^8 m 的球形黑体，试计算太阳的温度。设太阳射到地球表面上的辐射能量为 1.4×10^3 W·m^{-2}，地球与太阳间的距离为 1.5×10^{11} m。

16.8 在康普顿效应中,入射光子的波长为 3.0×10^{-3} nm,反冲电子的速度为光速的 60%,求散射光子的波长及散射角。

16.9 已知银的电子逸出功为 0.75×10^{-18} J,以波长 1.55×10^{-7} m 的紫外线照射,求从银表面逸出的光电子的最大速率。

16.10 在玻尔氢原子理论中,当电子由量子数 $n=5$ 的轨道跃迁到 $k=2$ 的轨道上时,对外辐射光的波长为多少?若再将该电子从 $k=2$ 的轨道跃迁到游离状态,外界需要提供多少能量?

第 17 章 量子力学初步

本章介绍量子力学的一些最基本理论,包括德布罗意波、薛定谔方程、波函数的解释和测不准原理等,并在此基础上介绍量子物理在能量势阱、谐振子、氢原子模型、原子电子层级结构等问题中的应用情况。

17.1 德布罗意假设

17.1.1 德布罗意波

1924 年,法国物理学家德布罗意(Louis Victor de Broglie,1892—1987)提出了"波粒二象性",他的论文在爱因斯坦的支持下发表了。德布罗意认为物体既具有粒子性又同时具有波动性,且这两种对物体的描述是等同的。这一假设为微观粒子的几率描述打开了方便之门。

在这一假设下,微观粒子的匀速直线运动既可看成是粒子的惯性运动,同时又可视为是一列平面单色波。对质量为 m 速度为 v 做惯性运动的粒子用能量 E 和动量 p 来描述,而平面单色波用频率 ν 和波长 λ 来描述,两者具有如下的对称关系:

$$\begin{cases} E = h\nu \\ p = h/\lambda \end{cases} \tag{17.1}$$

有时也表示成如下的对称关系:

$$\begin{cases} E = \hbar\omega \\ p = \hbar k \end{cases} \tag{17.2}$$

称这种与实物粒子相联系的波为德布罗意波或物质波。式中,h 即为普朗克常量,其值为 6.63×10^{-34} J·s,ν 和 λ 分别为德布罗意波的频率和波长,$\omega = 2\pi\nu$ 为德布罗意波的角频率,$k = 2\pi/\lambda$ 为德布罗意波的波矢量。

例 17.1 求温度为 27℃ 时,对应于方均根速率的氧气分子的德布罗意波的波长。

解 理想气体分子的方均根速率为 $\sqrt{\dfrac{3RT}{M}}$。其中,温度 $t = 27℃$,与之对

应的绝对温度为 $T=300\mathrm{K}$,而气体的普适常数 $R=8.31\mathrm{Pa\cdot dm^3\cdot mol^{-1}\cdot K^{-1}}$,氧气分子的摩尔质量为 $M=32\mathrm{g/mol}$。由此算出的气体分子的方均根速率为

$$v=\sqrt{\frac{3\times 8.31\times 10^{-3}\mathrm{Pa\cdot m^3\cdot mol^{-1}\cdot K^{-1}}\times 300\mathrm{K}}{32\times 10^{-3}\mathrm{kg/mol}}}\approx 15.29\mathrm{m/s}。$$

这个速度远小于光速。此时可按牛顿经典力学算出气体分子的动量为

$$p=mv$$

根据德布罗意波假设有

$$\lambda=\frac{h}{p}=\frac{h}{mv}=\frac{h}{(M/N_A)v}$$

$$=\frac{6.63\times 10^{-34}\mathrm{J\cdot s}}{(32\times 10^{-3}\mathrm{kg}/6.023\times 10^{23}\mathrm{mol^{-1}})\times 15.29\mathrm{m/s}}=2.58\times 10^{-2}\mathrm{nm}$$

很显然,气体分子的德布罗意波长非常小,其波动性非常不明显。

例 17.2 求动能为 $1.0\mathrm{eV}$ 的电子的德布罗意波的波长。

解 先估算一下电子运动的速度。电子的动能为 $E_k=1.0\mathrm{eV}$,按牛顿经典力学 $E_k=\frac{1}{2}mv^2$,可算出

$$v=\sqrt{\frac{2E_k}{m_e}}=\sqrt{\frac{2\times 1.6\times 10^{-9}\mathrm{J}}{9.1\times 10^{-31}\mathrm{kg}}}\approx 5.9\times 10^{10}\mathrm{m/s}$$

超过了光速,这是不可能的,但这说明 $1.0\mathrm{eV}$ 的电子运动速度非常快,接近光速,应按相对论的理论来计算高速运动的电子的波长。

由于电子的静能 $E_0=m_0c^2$,电子总的能量按下式计算:

$$E=E_0+E_k$$

又据相对论公式

$$E^2=c^2p^2+m_0^2c^4$$

从以上两式中消去总能量 E 后有

$$p=\frac{1}{c}\sqrt{(E_0+E_k)^2-m_0^2c^4}$$

$$=\frac{1}{c}\sqrt{2E_0E_k+E_k^2}$$

$$=\frac{1}{c}\sqrt{E_k(2E_0+E_k)}$$

即

$$p=\frac{1}{c}\sqrt{E_k(2m_0c^2+E_k)} \qquad (17.3)$$

由于本例题中,$E_0\gg E_k$,有

$$p \approx \sqrt{2m_0 E_k} \tag{17.4}$$

则其德布罗意波长为

$$\lambda = \frac{h}{p} = \frac{h}{\sqrt{2m_0 E_k}} = \frac{6.63 \times 10^{-34} \text{J} \cdot \text{s}}{\sqrt{2 \times 9.1 \times 10^{-31} \text{kg} \times 1.0 \times 1.6 \times 10^{-9} \text{J}}} = 1.23 \text{ nm}$$

这说明,高速运动的电子其德布罗意波长很短,接近原子晶格尺寸,其波动性在一定条件下是可以显现出来的。

如果静止电子 e 经电场 U 加速后,其动能为 $E_k = eU$,利用本题的计算结果有

$$\lambda = \frac{h}{p} = \frac{h}{\sqrt{2m_0 eU}}$$

利用电子质量 m_0,电子电量 e,普朗克常量 h 等已知量,上式可写成

$$\lambda = \frac{1.23 \times 10^{-9}}{\sqrt{U}} (\text{m}) \tag{17.5}$$

注意,此式仅在电子做低压加速时可用,此时有 $eU \ll m_0 c^2$。在高压加速时应用式(17.3)。

17.1.2 德布罗意波的实验验证

按照德布罗意理论,经过几千伏加速电压的电子束,其波长数量级为 10^{-10} m,这与 X 射线的波长是同一个数量级,因而可以用晶体对电子的衍射实验验证物质波。1927 年初,戴维森和革末在镍晶体对电子的衍射实验中证明了德布罗意公式的正确性。两个月后,英国的汤姆逊和雷德用高速电子穿透物质薄片的办法直接获得电子花纹。他们从实验测得电子波的波长与德布罗意波公式计算出的波长相吻合,证明了电子具有波动性,验证了德布罗意假设,成为第一批证实德布罗意假说的实验。以后,人们通过实验又观察到原子、分子等微观粒子都具有波动性。实验证明了物质具有波粒二象性,不仅使人们认识到德布罗意的物质波理论是正确的,而且为物质波理论奠定了坚实基础。

在戴维森-革末实验里,一个电子枪连续地射出一束电子,以与晶体平面之间成 φ 的角度入射在一个镍晶体的表面。这些电子经过位势差 U 的加速,获得动能 eU。在与镍晶体碰撞后,电子会朝各个方向散射出去。使用电子侦测器,可以测量出电子的散射强度与散射角度之间的数量关系。如图 17.1 和图 17.2 所示。

镍晶体对电子的衍射实验可与光栅衍射类比。只有当满足布拉格定律

$$2d\sin\varphi = n\lambda, n = 0,1,2,3,\cdots \tag{17.6}$$

时,才有最强烈的电子散射。式中,n 是非负整数,λ 是波长,d 是晶体表面原子与

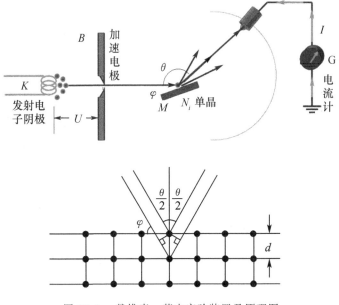

图 17.1　戴维森-革末实验装置及原理图

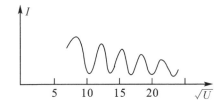

图 17.2　由衍射电子所产生的电流强度和加速电压的关系

原子之间的距离，φ 是入射线与晶体平面之间的角度，θ 是散射线与入射电子束之间的角度。

在散射角度 θ 为 $50°$ 的方向，戴维森与革末发现散射强度特别显著。设定 $U = 54\text{V}, n = 1, d = 0.091\text{nm}$。注意到 φ 与 θ 之间的关系，$\varphi = (180° - \theta)/2 = 65°$。我们可以按式(17.4)计算出波长是 $\lambda = 0.165\text{nm}$，而按式(17.3)算出的波长是 $\lambda = 0.167\text{nm}$，两者非常一致。由此，戴维森-革末实验验证了德布罗意波公式。

1927 年，G.P. 汤姆逊也独立完成了如图 17.3 所示的电子衍射实验。该实验说明电子束在穿过细晶体粉末或薄金属片后，也像 X 射线一样产生衍射现象，运动电子也具有波动性。G.P.汤姆逊电子衍射实验同样说明了德布罗意公式的正确性。

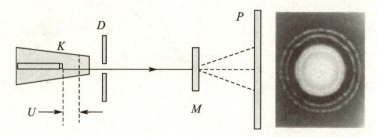

图 17.3　G.P.汤姆逊电子衍射实验

17.1.3　对氢原子量子化条件的解释

德布罗意认为当电子在某个圆轨道上绕核运动时,这一过程既可视为是粒子的运动过程,也可视为是一个波动过程。如果圆轨道长度恰好是电子德布罗意波长 λ 的正整数倍,则电子的波动过程可形成稳定的驻波,状态稳定,对应定态。

此时,

$$2\pi r = n\lambda, \quad n = 1, 2, \cdots \tag{17.7}$$

由 $\lambda = h/p, p = mv$,代入上式可自然得量子化条件

$$mvl = L = n\frac{h}{2\pi} = n\hbar \tag{17.8}$$

17.2　不确定性关系

经典力学中,某一时刻物体位置、动量以及粒子所在力场的性质确定后,物体以后的运动位置就可确定。因此可用轨道来描述粒子的运动。但微观粒子具有波动性,不能同时确定坐标和动量,而只能说出其可能性或者几率。我们不能用经典力学的方法来描述它。

以电子通过一缝后落于屏幕上为例,如图 17.4 所示。入射电子在 x 方向无动量,电子在单缝的何处通过是不确定的,只知是在宽为 a 的缝中通过,显然位置的不确定范围是 $\Delta x = a$(缝宽)。根据单缝衍射公式,其第一级的衍射角满足:

$$\sin\theta_1 = \frac{\lambda}{a} = \frac{\lambda}{\Delta x}$$

式中，θ_1 为第一级暗纹的衍射角。这表明，从 $-\theta_1$ 到 $+\theta_1$ 范围内都可能有电子的分布，即电子速度的方向将发生改变。大部分电子落在两个一级暗纹之间，动量在 x 方向不确定范围为 Δp_x。电子通过单缝后，动量在 x 方向上的分量 p_x 的大小为

$$0 \leqslant p_x \leqslant p\sin\theta_1$$

在 x 方向的动量的不确定量为

$$\Delta p_x = p\sin\theta_1 = \frac{p\lambda}{\Delta x}$$

根据德布罗意关系 $\lambda = \dfrac{h}{p}$，得出

$$\Delta p_x = \frac{h}{\Delta x}$$

即

$$\Delta x \cdot \Delta p_x = h$$

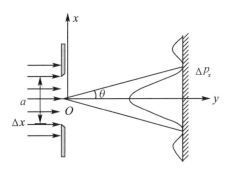

图 17.4　电子单缝衍射

考虑到更高级的衍射图样，则应有

$$\Delta x \cdot \Delta p_x \geqslant h \tag{17.9}$$

这个关系式叫做不确定关系，是由海森伯（Werner Heisenberg,1901—1976）于 1927 年提出的。不确定关系表明：对于微观粒子，不能同时用确定的位置和确定的动量来描述。

例 17.3　一质量为 40 g 的子弹以 1.0×10^3 m/s 的速率飞行，求：(1) 其德布罗意波的波长；(2) 若子弹位置的不确定量为 $0.10\,\mu$m，求其速率的不确定量。

解　(1) 子弹的德布罗意波长为

$$\lambda = \frac{h}{mv} = 1.66 \times 10^{-35} \,(\text{m})$$

(2) 由不确定关系式以及 $\Delta p_x = m\Delta v_x$ 可得子弹速率的不确定量为

$$\Delta v = \frac{\Delta p_x}{m} = \frac{h}{m\Delta x} = 1.66 \times 10^{-28} (\text{m} \cdot \text{s}^{-1})$$

由计算可知,由于 h 值极小,其数量级为 10^{-34},故不确定关系式只对微观粒子才有实际意义,对于宏观物体,其行为可以精确地预言。

不确定关系是由物质的波粒二象性引起的,是建立在波粒二象性基础上的一条基本客观规律,是波粒二象性的深刻反映,也是对波粒二象性的进一步描述。不确定关系是由物质本身固有的特性所决定的,而不是由于仪器或测量方法的缺陷所造成的。不论测量仪器的精度有多高,我们认识一个物理体系的精确度也要受到限制。不确定关系指明了宏观物理与微观物理的分界线:在某个具体问题中,粒子是否可作为经典粒子来处理,起关键作用的是普朗克常量 h 的大小。

17.3 几率波 薛定谔方程

17.3.1 波函数

在德布罗意假设中,任何粒子的运动都具有波动性。为了定量描述粒子运动时的这种波动性,量子力学中引入了波函数,并用 Ψ 表示。一般来讲,波函数是空间和时间的函数,并且采用复函数,即 $\Psi = \Psi(x,y,z,t)$。

为了得到波函数的具体表达式,我们来考察一个具有能量 E 和动量 p 的自由粒子。与这个粒子运动所对应的德布罗意波应是一个频率为 ν 和波长为 λ 的单色平面波,且按德布罗意波公式有

$$p = h/\lambda, \quad E = h\nu \tag{17.10}$$

在波动理论中,平面波函数可用下面的一维波动方程来表示:

$$y(x,t) = A\cos 2\pi\left(\nu t - \frac{x}{\lambda}\right)$$

或写成复数形式

$$y(x,t) = A e^{-i2\pi(\nu t - x/\lambda)}$$

对一维自由粒子的德布罗意波,类似地可将其波函数写成如下的复数形式:

$$\Psi(x,t) = \Psi_0 e^{-i2\pi(\nu t - x/\lambda)}$$

将上式中的频率 ν 和波长 λ 利用式(17.10)换为能量 E 和动量 p,则有

$$\Psi(x,t) = \Psi_0 e^{-\frac{i}{\hbar}(Et - p_x x)} \tag{17.11}$$

这就是一维自由粒子的德布罗意波函数。以上德布罗意波函数可推广到三维中

$$\Psi(r,t) = \Psi(x,y,z,t) = \Psi_0 e^{-\frac{i}{\hbar}(Et - \boldsymbol{p}\cdot\boldsymbol{r})} = \Psi_0 e^{-\frac{i}{\hbar}[Et - (p_x x + p_y y + p_z z)]} \tag{17.12}$$

17.3.2 波函数的统计解释

我们已给出了自由粒子的波函数的形式,但波函数有什么物理意义呢?为了

解释波函数,可先来看看机械波和电磁波。在机械波中,y 表示位移,其平方与机械波的能量密度成正比,可表示机械波的强度;在电磁波中,y 表示场强,而其平方和电磁波的能量密度成正比,可表示电磁波的强度。类似地,我们也可定义,波函数的平方亦表示德布罗意波的强度,只不过这一强度正比于粒子的概率密度,即在时刻 t,在点 (x,y,z) 附近单位体积内发现粒子的概率。波函数 Ψ 因此就称为几率波。

按波函数的统计解释,在 t 时刻 r 点周围单位体积内粒子出现的几率即几率密度 $\rho_p(\boldsymbol{r},t)$ 是

$$\rho_p(\boldsymbol{r},t) = \Psi^*(\boldsymbol{r},t)\Psi(\boldsymbol{r},t) = |\Psi(\boldsymbol{r},t)|^2 \tag{17.13}$$

t 时刻,粒子位于 $x \sim x+\mathrm{d}x$ 内的几率可按下式计算:

$$\mathrm{d}p = |\Psi(x,t)|^2\mathrm{d}x \tag{17.14}$$

一般情况下,粒子位于 $\mathrm{d}V = \mathrm{d}x\mathrm{d}y\mathrm{d}z$ 的几率由下式来确定:

$$\mathrm{d}p = |\Psi(\boldsymbol{r},t)|^2\mathrm{d}V = |\Psi(x,y,z,t)|^2\mathrm{d}x\mathrm{d}y\mathrm{d}z \tag{17.15}$$

由于粒子必存在于整个空间内,换句话说位于整个空间的概率为1,因而上式对整个空间积分应有下式成立:

$$\iiint_\infty |\Psi(x,y,z,t)|^2\mathrm{d}x\mathrm{d}y\mathrm{d}z = 1 \tag{17.16}$$

这称为波函数的归一化条件。另外,Ψ 必须是时空变量 x,y,z,t 的单值、有限、连续函数,称为 Ψ 的标准条件。

17.3.3 薛定谔方程

粒子的状态可用波函数来表示,粒子的运动规律则表现在波函数应满足的方程上。为了得到波函数方程我们仍然考察自由粒子的波函数这一特例

$$\Psi(x,t) = \Psi_0 \mathrm{e}^{-\frac{\mathrm{i}}{\hbar}(Et-p_x x)} \tag{17.17}$$

将上式对时间求一阶偏微分,

$$\frac{\partial \Psi}{\partial t} = -\frac{\mathrm{i}}{\hbar}E\Psi \tag{17.18}$$

再分别对 x 求二阶偏微分,

$$\frac{\partial^2 \Psi}{\partial x^2} = -\frac{p_x^2}{\hbar^2}\Psi \tag{17.19}$$

考虑到牛顿力学中

$$E = T + V = \frac{p_x^2}{2m} + V \tag{17.20}$$

将式(17.18)和式(17.19)代入式(17.20)中,有

$$-\frac{\hbar^2}{2m}\frac{\partial^2}{\partial x^2}\Psi(x,t) + V\Psi(x,t) = \mathrm{i}\hbar\frac{\partial}{\partial t}\Psi(x,t) \tag{17.21}$$

式(17.21)便是一维波函数要满足的微分方程,称为**一维薛定谔方程**。可由式(17.21)推广到更一般的三维情形,可得三维薛定谔方程:

$$-\frac{\hbar^2}{2m}\nabla^2\Psi(r,t)+V\Psi(r,t)=i\hbar\frac{\partial}{\partial t}\Psi(r,t) \tag{17.22}$$

式中,$\nabla^2=\frac{\partial^2}{\partial x^2}+\frac{\partial^2}{\partial y^2}+\frac{\partial^2}{\partial z^2}$,是拉普拉斯算符。

若粒子在势场中运动且 $V(r)$ 与时间无关,此时波函数可以分离空间变量和时间变量,即

$$\Psi(r,t)=\Psi(r)f(t) \tag{17.23}$$

代入式(17.21),有

$$-\frac{\hbar^2}{2m}\frac{1}{\Psi(r)}\nabla^2\Psi(r)+V(r)=i\hbar\frac{1}{f(t)}\frac{\partial}{\partial t}f(t)$$

上式要成立,方程两边必须都等于同一常量。设该常量为 E,则有

$$i\hbar\frac{d}{dt}f(t)=Ef(t) \tag{17.24}$$

$$-\frac{\hbar^2}{2m}\nabla^2\Psi(r)+V(r)\Psi(r)=E\Psi(r) \tag{17.25}$$

式(17.24)的解为

$$f(t)=Ce^{\frac{1}{\hbar}Et} \tag{17.26}$$

式中,C 为积分常量。式(17.25)称为定态薛定谔方程,也可简写为下式:

$$H\Psi(r)=E\Psi(r) \tag{17.27}$$

式中,

$$H=-\frac{\hbar^2}{2m}\nabla^2+V \tag{17.28}$$

称为哈密顿算符。该算符还可表示成

$$H=\frac{p^2}{2m}+V \tag{17.29}$$

而 p 为动量算符

$$p=-i\hbar\nabla \tag{17.30}$$

最后,波函数的解可写为

$$\Psi(r,t)=\Psi(r)e^{\frac{1}{\hbar}Et} \tag{17.31}$$

注意,定态解中,定态波函数 $\Psi(r)$ 和定态粒子的分布密度 $|\Psi(r)|^2$ 与时间无关,不随时间变化,因此,它们反映了粒子在空间中的分布特性。

薛定谔方程是由薛定谔(Erwin Schrodinger,1887—1961)于 1926 年提出的。

17.3.4 关于薛定谔方程若干问题的讨论

(1)薛定谔方程是通过波函数的二阶偏微分方程来描写粒子运动状态随时

间的变化,揭示出了微观世界中物质运动的基本规律。当粒子的波函数 $\Psi(r,t)$ 确定后,粒子的任何一个力学量的平均值、力学量观测值的概率分布以及它们随时间的变化也就完全确定了。

(2) 前面建立薛定谔方程是通过自由粒子运动和平面波的对应关系来着手的。但仅从形式上来看,真要找出用能量 E、动量 p 所表示的经典能量公式,如在势场 V 中运动的粒子满足方程

$$E = \frac{p^2}{2m} + V \tag{17.32}$$

在方程两边乘以波函数 $\Psi(r,t)$,再考虑如下物理量和算符之间的对应关系

$$E \to i\hbar\frac{\partial}{\partial t}, \quad p \to -i\hbar\nabla \tag{17.33}$$

用 E,p 所对应的算符置换 E,p 就能得到薛定谔方程式(17.22)了。值得注意的是,上述方法是建立薛定谔方程,而不是推导薛定谔方程。薛定谔方程实质上是一种基本假设,不能从其他更基本原理或方程推导出来,它的正确性由它解出的结果是否符合实验来检验。

(3) 薛定谔方程是非相对论的方程。

求解问题的思路:

① 写出具体问题中势函数 V 的形式并代入方程;

③ 求解方程;

③ 用归一化条件和边界条件确定积分常数;

④ 讨论解的物理意义。

例 17.4 已知一维运动粒子的波函数为

$$\psi(x) = \begin{cases} Axe^{-\lambda x}, & x \geqslant 0 \\ 0, & x < 0 \end{cases}$$

式中,$\lambda > 0$,试求:(1) 归一化常数 A 和归一化波函数;(2) 该粒子位置坐标的概率分布函数(又称概率密度);(3) 在何处找到粒子的概率最大。

解 (1) 由归一化条件 $\int_{-\infty}^{\infty} |\psi(x)|^2 dx = 1$,有

$$\int_{-\infty}^{0} 0^2 dx + \int_{0}^{\infty} A^2 x^2 e^{-2\lambda x} dx = \int_{0}^{\infty} A^2 x^2 e^{-2\lambda x} dx = \frac{A^2}{4\lambda^3} = 1,$$

$$A = 2\lambda\sqrt{\lambda} \left(\text{注:利用积分公式} \int_{0}^{\infty} y^2 e^{-by} dy = \frac{2}{b^3}\right)$$

经归一化后的波函数为

$$\psi(x) = \begin{cases} 2\lambda\sqrt{\lambda}\, x e^{-\lambda x}, & x \geqslant 0 \\ 0, & x < 0 \end{cases}$$

(2) 粒子的概率分布函数为

$$|\psi(x)|^2 = \begin{cases} 4\lambda^3 x^2 e^{-2\lambda x}, & x \geqslant 0 \\ 0, & x < 0 \end{cases}$$

(3) 令 $\dfrac{d(|\psi(x)|^2)}{dx} = 0$,有 $4\lambda^3(2xe^{-2\lambda x} - 2\lambda x^2 e^{-2\lambda x}) = 0$,得 $x = 0, x = \dfrac{1}{\lambda}$ 和 $x \to \infty$ 时,函数 $|\psi(x)|^2$ 有极值。由二阶导数 $\dfrac{d^2(|\psi(x)|^2)}{dx^2}\bigg|_{x=\frac{1}{\lambda}} < 0$ 可知,在 $x = \dfrac{1}{\lambda}$ 处,$|\psi(x)|^2$ 有最大值,即粒子在该处出现的概率最大。

17.4 势阱中的粒子

一维无限深势阱中的粒子是最简单的量子力学体系。

金属中的自由电子所受到的势场即符合这一模型。电子在金属内部可自由移动,电子在金属表面脱离金属时,电子的动能需要大于某值,以克服金属中带正电的晶格原子的引力,这相当于电子在金属表面处势能突然增大。由于金属是各向同性的,便可简化为电子在一维势阱中的运动。

为简单起见,我们现只考虑一维无限深势阱,其势能分布为:

$$V(x) = \begin{cases} 0, & 0 < x < a \\ \infty, & x \leqslant 0, x \geqslant a \end{cases} \tag{17.34}$$

式中,a 为势阱宽度。如图 17.5 所示。

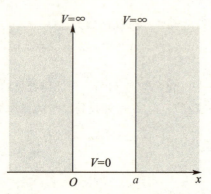

图 17.5 一维无限深势阱中势场分布

势阱中粒子的定态薛定谔方程可写为

$$-\frac{\hbar^2}{2m}\frac{d^2\Psi}{dx^2} = E\Psi, \tag{17.35}$$

将其换成另一写法:

$$\frac{\mathrm{d}^2\Psi}{\mathrm{d}x^2} + k^2\Psi = 0, k^2 = \frac{2mE}{\hbar^2} \tag{17.36}$$

其通解为

$$\Psi(x) = A\sin kx + B\cos kx \tag{17.37}$$

式中,A,B 为待定常数,可利用边值条件来确定。当 $x = 0$ 时,$\Psi(0) = 0$,即

$$A\sin 0 + B\cos 0 = 0$$

由上式确定,$B = 0$。此时,方程的解变为

$$\Psi(x) = A\sin kx$$

当 $x = a$ 时,$\Psi(a) = 0$,即

$$A\sin kx = 0$$

由于 A 取 0 时,波函数 $\Psi(x)$ 将恒为 0,此解无意义,所以只有

$$k = n\frac{\pi}{a}, n = 1,2,3,\cdots$$

式中,n 不能取 0,否则 $\Psi \equiv 0$。考虑到式(17.36),有

$$E_n = n^2\left(\frac{\pi^2\hbar^2}{2ma^2}\right), n = 1,2,3,\cdots \tag{17.38}$$

而方程的解为

$$\Psi_n(x) = A\sin\frac{n\pi}{a}x, \ 0 \leqslant x \leqslant a \tag{17.39}$$

对上式进行归一化

$$\int_{-\infty}^{\infty} |\Psi_n(x)|^2 \mathrm{d}x = 1$$

而

$$\int_{-\infty}^{\infty} |\Psi_n(x)|^2 \mathrm{d}x = \int_0^a A^2\sin^2\left(\frac{n\pi}{a}x\right)\mathrm{d}x = A^2\frac{a}{2}$$

有 $A = \sqrt{\frac{2}{a}}$。方程最后的解为

$$\Psi_n(x) = \sqrt{\frac{2}{a}}\sin\left(\frac{n\pi}{a}x\right), \ 0 \leqslant x \leqslant a \tag{17.40}$$

从一维无限深势阱定态薛定谔方程的解可以看出,势阱中粒子的能量呈现量子化,不同能量的粒子在空间分布的概率由 $|\Psi_n|^2$ 来确定,即

$$|\Psi_n(x)|^2 = \frac{2}{a}\sin^2\left(\frac{n\pi}{a}x\right) \tag{17.41}$$

图 17.6(a) 和 (b) 列出了 $n = 1,2,3,4$ 时四个能级的波函数和几率密度。

量子数(n)	节点数($n-1$)	波长 λ	$E_n / \dfrac{h^2}{8ma^2}$	$\Psi_n(x)$
1	0	$2a$	1	$\Psi_1 = \sqrt{\dfrac{2}{a}} \sin \dfrac{\pi}{a} x$
2	1	a	4	$\Psi_2 = \sqrt{\dfrac{2}{a}} \sin \dfrac{2\pi}{a} x$
3	2	$\dfrac{2a}{3}$	9	$\Psi_3 = \sqrt{\dfrac{2}{a}} \sin \dfrac{3\pi}{a} x$
4	3	$\dfrac{a}{2}$	16	$\Psi_4 = \sqrt{\dfrac{2}{a}} \sin \dfrac{4\pi}{a} x$

(a)

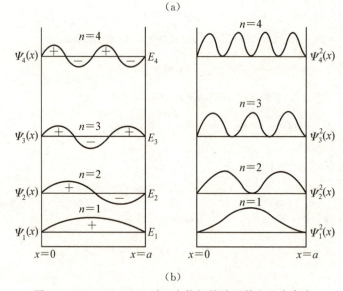

(b)

图 17.6 $n = 1, 2, 3, 4$ 时四个能级的波函数和几率密度

例 17.5 设有一电子在宽为 0.20 nm 的一维无限深的方势阱中。(1) 计算电子在最低能级的能量;(2) 当电子处于第一激发态($n = 2$) 时,在势阱中何处出现的概率最小?其值为多少?

解 (1) 一维无限深势阱中粒子的可能能量 $E_n = n^2 \dfrac{h^2}{8ma^2}$,式中 a 为势阱宽度。当量子数 $n = 1$ 时,粒子处于基态,能量最低。因此,电子在最低能级的能量为 $E_1 = \dfrac{h^2}{8ma^2} = 1.51 \times 10^{-18}\text{J} = 9.43 \text{eV}$。

(2) 粒子在无限深方势阱中的波函数为

$$\psi(x) = \sqrt{\dfrac{2}{a}} \sin \dfrac{n\pi}{a} x, \quad n = 1, 2, \cdots$$

当它处于第一激发态($n=2$)时,波函数为

$$\psi(x)=\sqrt{\frac{2}{a}}\sin\frac{2\pi}{a}x, \quad 0\leqslant x\leqslant a$$

相应的概率密度函数为

$$|\psi(x)|^2=\frac{2}{a}\sin^2\frac{2\pi}{a}x, \quad 0\leqslant x\leqslant a$$

令 $\dfrac{d(|\psi(x)|^2)}{dx}=0$,得

$$\frac{8\pi}{a^2}\sin\frac{2\pi x}{a}\cos\frac{2\pi x}{a}=0$$

在 $0\leqslant x\leqslant a$ 的范围内讨论可得,当 $x=0,\dfrac{a}{4},\dfrac{a}{2},\dfrac{3}{4}a$ 和 a 时,函数 $|\psi(x)|^2$ 取得极值。由 $\dfrac{d(|\psi(x)|^2)}{dx}>0$ 可知,函数在 $x=0,x=a/2$ 和 $x=a$(即 $x=0$,$0.10\mathrm{nm}$,$0.20\mathrm{nm}$)处概率最小,其值均为零。

*17.5 谐 振 子

在经典力学中,简谐振动是物体在线性回复力作用下发生的一种运动形式,回复力的大小总是和它偏离平衡位置的距离成正比,并且方向总是指向平衡位置。做简谐振动的物体称为谐振子。而任意粒子体系的微小振动都可以认为是一些相互独立无关的谐振子的集合的运动。在量子力学中,谐振子同样重要。谐振子问题是研究许多周期性运动的出发点,是一个重要的物理模型。诸如原子和分子的振动、黑体辐射、晶格振动以及量子场论中的场量子化等都可以用谐振子这一物理模型来处理。但对谐振子的描述是利用粒子运动的波函数来实现的。为简单起见,我们在这里只考虑一维谐振子。

在一维谐振子问题中,一个质量为 m 的粒子,受到场中位势为 $V(x)=\dfrac{1}{2}m\omega^2 x^2$ 的作用。$V(x)$ 图像如图 17.7 所示。

此粒子的哈密顿算符为

$$H=\frac{p^2}{2m}+\frac{1}{2}\omega^2 x^2 \tag{17.42}$$

其中,x 为位置算符,而 p 为动量算符。第一项代表粒子动能,而第二项代表粒子处在其中的位能。则一维谐振子中粒子的定态薛定谔方程可写为

$$H\Psi=E\Psi \tag{17.43}$$

即

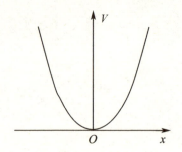

图 17.7 一维谐振子的位势 $V(x)$ 图

$$-\frac{\hbar^2}{2m}\nabla^2\Psi + \frac{1}{2}\omega^2 x^2 \Psi = E\Psi \tag{17.44}$$

上式推导中用到了式(17.25)。解方程可得到定态波函数

$$\Psi_n = \sqrt{\frac{1}{2^n n!}} \cdot \left(\frac{m\omega}{\pi\hbar}\right)^{1/4} \cdot \exp\left(-\frac{m\omega x^2}{2\hbar}\right) \cdot H_n\left(\sqrt{\frac{m\omega}{\hbar}}x\right), n = 0,1,2,\cdots \tag{17.45}$$

式中,函数 $H_n(x)$ 为厄米多项式

$$H_n(x) = (-1)^n e^{x^2} \frac{d^n}{dx^n} e^{-x^2} \tag{17.46}$$

注意,不要将 $H_n(x)$ 与哈密顿算符混淆,尽管哈密顿算符也写成 H。

相应的能级为

$$E_n = \hbar\omega\left(n + \frac{1}{2}\right) \tag{17.47}$$

值得注意的是能谱。首先,能量被"量子化",而只能有离散的值——即 $\hbar\omega$ 乘以 $1/2, 3/2, 5/2, \cdots$。这是许多量子力学系统的特征。再者,可有的最低能量(当 $n = 0$)不为零,而是 $\hbar\omega/2$,被称为"基态能量"或零点能量。

17.6 氢 原 子

氢原子拥有一个质子和一个电子,是一个简单的二体系统。描述这系统的薛定谔方程式有解析解。满足这薛定谔方程的波函数可以完全描述电子的量子行为。我们可以这样说,在量子力学里,没有比氢原子问题更简单、更实用,而又有解析解的问题了。所推演出来的基本物理理论,又可以用简单的实验来验证。所以,氢原子问题是个很重要的问题。

薛定谔方程也可以应用于更复杂的原子与分子。可是,大多数时候没有解析解,必须要通过计算机利用数值解的形式来计算与模拟。

17.6.1 氢原子的薛定谔方程

氢原子问题的定态薛定谔方程为

$$-\frac{\hbar^2}{2\mu}\nabla^2\Psi+V(r)\Psi=E\Psi \tag{17.48}$$

其中,$\hbar$ 是约化普朗克常数,μ 是电子与原子核的约化质量,ψ 是量子态的波函数,E 是能量,$V(r)$ 是库仑位势

$$V(r)=-\frac{e^2}{4\pi\varepsilon_0 r} \tag{17.49}$$

其中,ε_0 是真空电容率,e 是单位电荷量,r 是电子离原子核的距离。

采用球坐标 (r,θ,ϕ),将拉普拉斯算子展开,薛定谔方程变为:

$$-\frac{\hbar^2}{2\mu r^2}\left\{\frac{\partial}{\partial r}\left(r^2\frac{\partial}{\partial r}\right)+\frac{1}{\sin^2\theta}\left[\sin\theta\frac{\partial}{\partial\theta}\left(\sin\theta\frac{\partial}{\partial\theta}\right)+\frac{\partial^2}{\partial\varphi^2}\right]\right\}\Psi-\frac{e^2}{4\pi\varepsilon_0 r}\Psi=E\Psi \tag{17.50}$$

式(17.50)的波函数解 $\Psi(r,\theta,\varphi)$ 可写成径向函数 $R(r)$ 与球谐函数 $Y(\theta,\varphi)$ 的乘积

$$\Psi(r,\theta,\varphi)=R(r)Y(\theta,\varphi) \tag{17.51}$$

r,θ,φ 变量如图 17.8 所示。

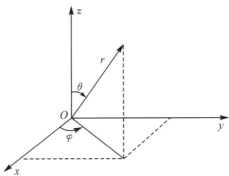

图 17.8 球面极坐标与直角坐标的关系

将式(17.51)代入式(17.50)中并进行必要的整理,得出

$$-\frac{1}{R}\frac{\hbar^2}{2\mu r^2}\frac{\partial}{\partial r}\left(r^2\frac{\partial}{\partial r}\right)R-\frac{e^2}{4\pi\varepsilon_0 r}+\frac{1}{Y}\frac{\hbar^2}{2\mu r^2}\frac{1}{\sin^2\theta}\left[\sin\theta\frac{\partial}{\partial\theta}\left(\sin\theta\frac{\partial}{\partial\theta}\right)+\frac{\partial^2}{\partial\varphi^2}\right]Y=E$$

利用分离变量法,设分离常数为 $l(l+1)$,则上述微分方程变为以下两个微分方程:

$$\left[-\frac{\hbar^2}{2\mu r^2}\frac{\mathrm{d}}{\mathrm{d}r}\left(r^2\frac{\mathrm{d}}{\mathrm{d}r}\right)+\frac{\hbar^2 l(l+1)}{2\mu r^2}-\frac{e^2}{4\pi\varepsilon_0 r}\right]R(r)=ER(r) \quad (17.52)$$

$$-\frac{1}{\sin^2\theta}\left[\sin\theta\frac{\partial}{\partial\theta}\left(\sin\theta\frac{\partial}{\partial\theta}\right)+\frac{\partial^2}{\partial\varphi^2}\right]Y(\theta,\varphi)=l(l+1)Y(\theta,\varphi) \quad (17.53)$$

径向部分解答：

相对于径向 r，满足径向部分方程式(17.52)。在数学上其解为

$$R_{nl}(r)=\sqrt{\left(\frac{2}{na_\mu}\right)^3\frac{(n-l-1)!}{2n[(n+l)!]}}\,\mathrm{e}^{-r/na_\mu}\left(\frac{2r}{na_\mu}\right)^l L_{n-l-1}^{2l+1}\left(\frac{2r}{na_\mu}\right) \quad (17.54)$$

其中，$a_\mu=\frac{4\pi\varepsilon_0\hbar^2}{\mu e^2}$，$L_{n-l-1}^{2l+1}\left(\frac{2r}{na_\mu}\right)$ 是伴随拉格耳多项式，定义为

$$L_i^j(x)=(-1)^j\frac{\mathrm{d}^j}{\mathrm{d}x^j}L_{i+j}(x) \quad (17.55)$$

而 $L_{i+j}(x)$ 是拉格耳多项式，可用罗德里格公式表示为

$$L_i(x)=\frac{\mathrm{e}^x}{i!}\frac{\mathrm{d}^i}{\mathrm{d}x^i}(x^i\mathrm{e}^{-x}) \quad (17.56)$$

为了保证方程有解，要求 n 和 l 为非负整数，且 $l<n$。

角部分解答：

相对于天顶角和方位角的球谐函数，满足角部分方程式(17.53)。在数学上其解为

$$Y_{lm}(\theta,\varphi)=j^{m+|m|}\sqrt{\frac{(2l+1)}{4\pi}\frac{(l-m)!}{(l+m)!}}P_{lm}(\cos\theta)\mathrm{e}^{jm\varphi} \quad (17.57)$$

其中，$j=\sqrt{-1}$ 为虚数单位，$P_{lm}(\cos\theta)$ 是伴随勒让德多项式，即

$$P_{lm}(x)=(1-x^2)^{|m|/2}\frac{\mathrm{d}^{|m|}}{\mathrm{d}x^{|m|}}P_l(x) \quad (17.58)$$

解中的常数 l 要求为非负整数，m 是满足 $-l\leqslant m\leqslant l$ 的整数。而 $P_l(x)$ 是 l 阶勒让德多项式，可用罗德里格公式表示为：

$$P_l(x)=\frac{1}{2^l l!}\frac{\mathrm{d}^l}{\mathrm{d}x^l}(x^2-1)^l \quad (17.59)$$

知道径向函数 $R_{nl}(r)$ 与球谐函数 $Y_{lm}(\theta,\varphi)$ 的形式，我们可以写出整个量子态的波函数，也就是薛定谔方程的整个解：

$$\Psi_{nlm}=R_{nl}(r)Y_{lm}(\theta,\varphi) \quad (17.60)$$

从氢原子的定态薛定谔方程解中，我们很自然地得到了一系列按整数取值的量 n,l,m。它们决定了电子波函数的量子化条件，所得结论与玻尔的氢原子理论一致。这说明了薛定谔方程的正确性。n,l,m 称为量子数。其中，n 称为主量子数；l 称为轨道角动量量子数；m 称为磁量子数。薛定谔方程从理论上以波的形式

完美地给出了氢原子中电子绕核运动的量子化条件,并能进一步计算电子在各轨道上运动的概率。

17.6.2 三个量子数

在解氢原子薛定谔方程时出现了三个子数,即主量子数 n、轨道角动量量子数 l 和磁量子数 m。

下面我们来看看这些量子数的物理意义。氢原子薛定谔方程的解是式(17.60)
$$\Psi_{nlm} = R_{nl}(r)Y_{lm}(\theta,\varphi)$$
从中可看出,波函数 Ψ 是与电子空间位置概率相关的函数,也可以说是描述电子轨道的函数,它由函数 R 和 Y 所组成;R 函数,其形式由量子数 n 和 l 决定,只与半径 r 相关,决定电子轨道的大小;Y 函数,其形式由量子数 l 和 m 决定,与角变量 θ 和 φ 相关,确定电子轨道的形状和方向。从具体解的函数形式来看,这些量子数有主从之分:n 为主量子数,l 的取值不能大于 n,而 m 的取值是在 ± 1 之间。由此我们可以看出,量子数 n 决定其他量子数的取值范围,是函数 R 的主要决定者,确定波函数 Ψ 所描述的电子轨道的大小,因而得名主量子数;量子数 l 是函数 Y 的主要决定者,确定波函数 Ψ 所描述的电子轨道的形状,由于它使角动量量子化,因而得名角量子数;量子数 m 是函数 Y 的次要决定者,确定波函数 Ψ 所描述的电子轨道的方向,由于原子在磁场中时,电子轨道的取向才显示出量子化,因而 m 被称为磁量子数。

现在我们将三个量子数总结如下:

(1) 主量子数 n

n 相同的电子为一个电子层。当 $n = 1,2,3,4,5,6,7$ 时,电子层符号分别为 K,L,M,N,O,P,Q。当主量子数增大,电子出现离核的平均距离也相应增大,电子的能量增加。例如氢原子中电子的能量完全由主量子数 n 决定
$$E_n = -\frac{1}{n^2}\left(\frac{me^4}{32\pi^2\varepsilon_0^2 \hbar^2}\right), n = 1,2,3,\cdots$$

(2) 角量子数 l

角量子数 l 确定原子轨道的形状,电子绕核运动,不仅具有一定的能量,而且也有一定的角动量,它的大小同原子轨道的形状有密切关系。

(3) 磁量子数 m

磁量子数 m 决定原子轨道在空间的取向。

磁量子数可以取值:
$$m = 0, \pm 1, \pm 2, \cdots, \pm l$$
$l = 0,1,2$ 时,电子角向几率密度分布 $|Y_{lm_l(\theta,\varphi)}|^2$ 如图 17.9 所示。

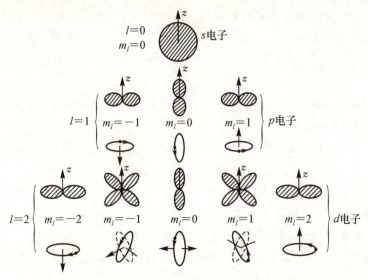

图 17.9 $l=0,1,2$ 时,电子角向几率密度分布

本 章 小 结

1. 德布罗意波:$\begin{cases} E = \hbar\omega \\ p = \hbar k \end{cases}$

2. 海森伯不确定关系:
$$\Delta p_x \cdot \Delta x \geqslant \hbar, \quad \Delta p_y \cdot \Delta y \geqslant \hbar, \quad \Delta p_z \cdot \Delta z \geqslant \hbar,$$
$$\Delta p_\varphi \cdot \Delta \varphi \geqslant \hbar, \quad \Delta E \cdot \Delta t \geqslant \hbar$$

3. 自由粒子德布罗意波函数:
$$\Psi(r,t) = \Psi(x,y,z,t) = \Psi_0 e^{-\frac{i}{\hbar}(Et-p\cdot r)} = \Psi_0 e^{-\frac{i}{\hbar}[Et-(p_x x + p_y y + p_z z)]}$$

4. 几率密度:$\rho_p(r,t) = \Psi^*(r,t)\Psi(r,t) = |\Psi(r,t)|^2$

5. 波函数的叠加原理:$\Psi = c_1\Psi_1 + c_2\Psi_2 + c_3\Psi_3 + \cdots = \sum c_i \Psi_i$

6. 薛定谔方程:$-\dfrac{\hbar^2}{2m}\nabla^2 \Psi(r,t) + V(r)\Psi(r,t) = i\hbar\dfrac{\partial}{\partial t}\Psi(r,t)$

习　　题

一、选择题

17.1 若 α 粒子(电量为 $2e$)在磁感应强度为 B 的均匀磁场中沿半径为 R 的

圆形轨道运动,则 α 粒子的德布罗意波长是( )。

A. $h/(2eRB)$ B. $h/(eRB)$ C. $1/(2eRBh)$ D. $1/(eRB)$

17.2 将波函数在空间各点的振幅同时增大 D 倍,则粒子在空间的分布几率将( )。

A. 增大 D^2 倍   B. 增大 $2D$ 倍   C. 增大 D 倍   D. 不变.

17.3 一维无限深势阱中,已知势阱宽度为 a,应用不确定关系估计势阱中质量为 m 的粒子的零点能量为( )。

A. $\hbar/(ma^2)$ B. $\hbar^2/(2ma^2)$ C. $\hbar^2/(2ma)$ D. $\hbar/(2ma^2)$

二、填空题

17.4 已知 α 粒子的静质量为 6.68×10^{-27} kg,则速率为 5000 km/s 的 α 粒子的德布罗意波长为_____。

17.5 若电子和光子的波长均为 0.20 nm,则它们的动量分别为_____,动能分别为_____。

17.6 电子位置的不确定量为 5.0×10^{-2} nm 时,其速率的不确定量为_____。

三、计算题

17.7 已知一维运动粒子的波函数为

$$\psi(x)=\begin{cases}Axe^{-\lambda x} & x\geqslant 0\\ 0 & x<0\end{cases}$$

式中 $\lambda>0$,试求:(1)归一化常数 A 和归一化波函数;(2)该粒子位置坐标的概率分布函数(又称概率密度);(3)在何处找到粒子的概率最大。

17.8 一电子被限制在宽度为 1.0×10^{-10} m 的一维无限深势阱中运动。(1)欲使电子从基态跃迁到第一激发态,需给它多少能量?(2)在基态时,电子处于 $x_1=0.090\times10^{-10}$ m 与 $x_2=0.110\times10^{-10}$ m 之间的概率为多少?(3)在第一激发态时,电子处于 $x_1'=0$ 与 $x_2'=0.25\times10^{-10}$ m 之间的概率为多少?

17.9 在描述原子内电子状态的量子数 n,l,m_l 中,(1)当 $n=5$ 时,l 的可能值是多少?(2)当 $l=5$ 时,m_l 的可能值为多少?(3)当 $l=4$ 时,n 的最小可能值是多少?(4)当 $n=3$ 时,电子可能状态数为多少?

习题参考答案

第 9 章　静电场

一、选择题

9.1　B　　9.2　C　　9.3　A　　9.4　A　　9.5　A

9.6　D　　9.7　A　　9.8　C　　9.9　D

二、填空题

9.10　$\dfrac{qd}{8\pi^2\varepsilon_0 R^3}$，方向水平向右；

9.11　$E \cdot \pi R^2$；

9.12　$\dfrac{\sigma}{2\varepsilon_0}$、水平向左，$\dfrac{3\sigma}{2\varepsilon_0}$、水平向左，$\dfrac{\sigma}{2\varepsilon_0}$、水平向右。

三、计算题

9.13　$\boldsymbol{E} = E_x\boldsymbol{i} + E_y\boldsymbol{j} = -\dfrac{\lambda}{8\varepsilon_0 R}\boldsymbol{j}$，$V = -\dfrac{\lambda}{4\pi\varepsilon_0}\displaystyle\int_0^\pi \mathrm{d}\theta = \dfrac{\lambda}{4\varepsilon_0}$。

9.14　电场强度分布：

$$E = \begin{cases} \dfrac{Qr}{4\pi\varepsilon_0 R^3} & (r<R) \\[2mm] \dfrac{Q}{4\pi\varepsilon_0 r^2} & (r>R) \end{cases}$$

电势分布：

$$V_1 = \int_r^\infty \boldsymbol{E}\cdot\mathrm{d}\boldsymbol{l} = \int_r^R E\cdot\mathrm{d}r + \int_R^\infty E\cdot\mathrm{d}r = \dfrac{Q(R^2-r^2)}{8\pi\varepsilon_0 R^3} + \dfrac{Q}{4\pi\varepsilon_0 R}$$

$$= \dfrac{3Q}{8\pi\varepsilon_0 R} - \dfrac{Qr^2}{8\pi\varepsilon_0 R^3} \quad (r<R)$$

$$V_2 = \int_r^\infty \boldsymbol{E}\cdot\mathrm{d}\boldsymbol{l} = \int_r^\infty E\cdot\mathrm{d}r = \dfrac{Q}{4\pi\varepsilon_0 r} \quad (r>R)$$

9.15 电场强度分布：

$$E = \begin{cases} 0 & (r < R) \\ \dfrac{\lambda}{2\pi\varepsilon_0 r} & (r > R) \end{cases}$$

电势分布：

$$V_1 = \int_P^{R_0} \boldsymbol{E} \cdot \mathrm{d}\boldsymbol{l} = \int_r^R E \cdot \mathrm{d}r + \int_R^{R_0} E \cdot \mathrm{d}r = \dfrac{\lambda}{2\pi\varepsilon_0}\ln\dfrac{R_0}{R} \quad (r < R)$$

$$V_2 = \int_P^{R_0} \boldsymbol{E} \cdot \mathrm{d}\boldsymbol{l} = \int_r^{R_0} E \cdot \mathrm{d}r = \dfrac{\lambda}{2\pi\varepsilon_0}\ln\dfrac{R_0}{r} \quad (r > R)$$

9.16 略。

9.17 电场分布：

$$E = \dfrac{D}{\varepsilon_0 \varepsilon_r} = \begin{cases} 0 & (r < R) \\ \dfrac{Q}{4\pi\varepsilon_0 \varepsilon_r r^2} & (r > R) \end{cases}$$

油面上的极化电荷：

$$q' = -\dfrac{\varepsilon_0(\varepsilon_r - 1)Q}{4\pi\varepsilon_0 \varepsilon_r R^2} \times \dfrac{4}{3}\pi R^3 = \left(\dfrac{1}{\varepsilon_r} - 1\right)Q。$$

第 10 章　稳恒电流的磁场

一、选择题

10.1　B　　10.2　C　　10.3　B　　10.4　C　　10.5　B　　10.6　D

二、填空题

10.7　$\mu_0(I_2 - 2I_1)$；　　10.8　nve，相同。

三、计算题

10.9　$B_a = \dfrac{1}{2} \times \dfrac{\mu_0 I}{2\pi a} = \dfrac{\mu_0 I}{4\pi a}$，$B_b = 3 \times \dfrac{\mu_0 I}{2\pi a}\left(\cos\dfrac{\pi}{6} - \cos\dfrac{2\pi}{3}\right) = \dfrac{3\sqrt{3}\mu_0 I}{2\pi a}$，

$B_c = -\dfrac{1}{2} \times \dfrac{\mu_0 I}{2\pi a} + \left(-\dfrac{1}{2}\dfrac{\mu_0 I}{2r}\right) - \dfrac{1}{2} \times \dfrac{\mu_0 I}{2\pi a} = -\dfrac{\mu_0 I}{2\pi a} - \dfrac{\mu_0 I}{4r}$，

$B_d = \dfrac{\mu_0 I}{2\pi r} - \dfrac{\mu_0 I}{2r}$，$B_e = \dfrac{\mu_0 I}{2\pi r} + \dfrac{\mu_0 I}{2r}$

10.10
$$B = \begin{cases} \dfrac{\mu_0 Ir}{2\pi R^2} & (r < R_1) \\ \dfrac{\mu_0 I}{2\pi r} & (R_1 < r < R_2) \\ \dfrac{\mu_0 I(R_3^2 - r^2)}{2\pi r(R_3^2 - R_2^2)} & (R_2 < r < R_3) \\ 0 & (r > R_3) \end{cases}$$

磁感应强度的方向沿各点所在圆的切向。

10.11 $B = \int dB = \int_0^R \dfrac{1}{2}\mu_0 \sigma\omega\, dr = \dfrac{1}{2}\mu_0 \sigma\omega R$。

10.12 $\Phi_m = \int_s \boldsymbol{B} \cdot d\boldsymbol{S} = \int_s B \cdot dS = \int_a^{a+b} \dfrac{\mu_0 I}{2\pi r} \cdot c\, dr = \dfrac{\mu_0 Ic}{2\pi}\ln\dfrac{a+b}{a}$。

10.13 靠近直导线的边受力大小为

$$F_1 = I_1 B_1 l = I_1 \cdot \dfrac{\mu_0 I}{2\pi a} \cdot c = \dfrac{\mu_0 c I I_1}{2\pi a},\text{方向水平向左,}$$

远离直导线的边受力大小为

$$F_2 = I_1 B_2 l = I_1 \cdot \dfrac{\mu_0 I}{2\pi(a+b)} \cdot c = \dfrac{\mu_0 c I I_1}{2\pi(a+b)},\text{方向水平向右,}$$

由于导线受力方向在线框平面内,所以力矩为零。

10.14 略。

10.15 磁场强度的大小为:

$$H = \begin{cases} \dfrac{Ir}{2\pi R^2} & (r < R_1) \\ \dfrac{I}{2\pi r} & (R_1 < r < R_2) \\ 0 & (r > R_2) \end{cases}$$

磁感应强度的大小为:

$$B = \mu_0 \mu_r H = \begin{cases} \dfrac{\mu_0 Ir}{2\pi R^2} & (r < R_1) \\ \dfrac{\mu_0 \mu_r I}{2\pi r} & (R_1 < r < R_2) \\ 0 & (r > R_2) \end{cases}$$

第 11 章 电磁感应

一、选择题

11.1　C　　11.2　D　　11.3　C　　11.4　A　　11.5　D

二、填空题

11.6 洛伦兹力,感生电场;

11.7 $\Psi_{12} = \Psi_{21}$。

三、计算题

11.8 感应电动势的大小为

$$|\varepsilon| = \frac{d\Phi_m}{dt} = \frac{\mu_0 I}{2\pi}\ln\frac{a+b}{a}\frac{dx}{dt} = \frac{\mu_0 Iv}{2\pi}\ln\frac{a+b}{a}$$

A 端电势高,B 端电势低。

11.9 感应电动势为

$$\varepsilon = -\frac{d\Phi_m}{dt} = -\frac{\mu_0 c}{2\pi}\ln\frac{a+b}{a}\frac{dI}{dt} = -\frac{\mu_0 c}{\pi}\ln\frac{a+b}{a}kt$$

"—"表示感应电流沿逆时针方向。

11.10 棒中的感应电动势为

$$\varepsilon_{AB} = \varepsilon - \varepsilon_{BO} - \varepsilon_{OA} = -\frac{1}{4}L\sqrt{4R^2 - L^2}\frac{dB}{dt}$$

"—"表示 B 点的电势高于 A 点的电势。

11.11 (1) 自感系数 $L = \frac{\Psi}{I} = \frac{N\Phi_m}{I} = \frac{\mu_0 N^2 h}{2\pi}\ln\frac{R_2}{R_1}$

(2) 互感系数 $M = \frac{\Psi_{21}}{I_1} = \frac{N\Phi_{m2}}{I_1} = \frac{\mu_0 Nh}{2\pi}\ln\frac{R_2}{R_1}$。

第 12 章 光的干涉

一、选择题

12.1 B   **12.2** C   **12.3** C   **12.4** B   **12.5** B

12.6 B   **12.7** A

二、填空题

12.8 $\frac{2\pi}{\lambda}(n-1)d, 4\times 10^4$;   **12.9** $\frac{D\lambda}{nd}$;

12.10 1.40;   **12.11** 5391Å。

三、计算题

12.12 $\lambda_1 = 400\text{nm}, \lambda_2 = 444.4\text{nm}, \lambda_3 = 500\text{nm}, \lambda_4 = 571.4\text{nm}, \lambda_5 = 666.7\text{nm}$ 这五种波长的光在所给观察点最大限度地加强。

12.13 $\lambda = 545\text{nm}, d \leqslant \dfrac{D\lambda}{\Delta x} = 0.27\text{mm}$。

12.14 $(1)\lambda = 480\text{nm}, (2)\lambda_1 = 600\text{nm}, \lambda_1 = 600\text{nm}$。

12.15 $2.95 \times 10^{-6}\text{m}$。

12.16 $1.5 \times 10^{-3}\text{mm}$。

12.17 $r_k = [(k\lambda - 2d_0)R]^{1/2}$ (k 为大于等于 $2d_0/\lambda$ 的整数)。

12.18 1.00029。

第 13 章　光的衍射

一、选择题

13.1 B　　**13.2** C　　**13.3** B　　**13.4** B　　**13.5** D

二、填空题

13.6 $1 \times 10^{-6}\text{m}$；　　**13.7** 4，第一，暗；

13.8 195mm；　　**13.9** 2.05mm, 38.2°。

三、计算题

13.10 500nm。

13.11 (1) $\lambda_3 = 6000\text{Å}, k = 3, 2k+1 = 7$ 个半波带
$\lambda_4 = 4700\text{Å}, k = 4, 2k+1 = 9$ 个半波带

(2) 若 $\lambda_3 = 6000\text{Å}$，则 P 点是第 3 级明纹；
若 $\lambda_4 = 4700\text{Å}$，则 P 点是第 4 级明纹。

(3) 当 $k = 3$ 时，单缝处的波面可分成 $2k+1 = 7$ 个半波带；当 $k = 4$ 时，单缝处的波面可分成 $2k+1 = 9$ 个半波带。

13.12 (1) 2.4cm, (2) $k = 0, \pm 1, \pm 2, \pm 3, \pm 4$ 共 9 条双缝衍射明条纹。

13.13 (1) $a + b = 6.0 \times 10^{-6}\text{m}$, (2) $1.5 \times 10^{-6}\text{m}$,
(3) $k = 0, \pm 1, \pm 2, \pm 3, \pm 5, \pm 6, \pm 7, \pm 9$ 共 15 条明条纹。

13.14 (1) $2.96 \times 10^5\text{m}$, (2) 296m,
使用激光扩束器可减小光束的发散，使光能集中，方向性更好，从而提高测

距精度。

13.15 会产生。

第14章 光的偏振

一、选择题

14.1 B　**14.2** B　**14.3** B　**14.4** C　**14.5** C

二、填空题

14.6 2,1/4;　**14.7** 355.2nm,396.4nm。

三、计算题

14.8 (1)$I_1 = I_0/2, I_2 = I_0/4, I_3 = I_0/8$, (2)$I_3 = 0; I_1 = I_0/2$。

14.9 $\alpha_1 = 54°44', \alpha_2 = 35°16'$。

14.10 (1)$i = 55.03°$, (2)$n_3 = 1.00$; 14.11 4.5mm。

第15章 几何光学

一、选择题

15.1 A　**15.2** A　**15.3** B　**15.4** D　**15.5** D　**15.6** D

二、填空题

15.7 60°;　**15.8** -10cm, -10cm;　**15.9** 50mm。

三、计算题

15.10 图略,20cm,2。

15.11 26.67cm。

15.12 像在球的右侧,离球的右边2cm处。

15.13 (1)$f = 36.36$cm,光焦度为 $\Phi = \dfrac{1}{f} = \dfrac{1}{0.3636\text{m}} = 2.75D$;

(2)$f = -60$cm,光焦度为 $\Phi = \dfrac{1}{f} = \dfrac{1}{-0.60\text{m}} = -1.67D$。

第 16 章　　早期量子论

一、选择题

　　16.1　B　　16.2　D　　16.3　D

二、填空题

　　16.4　257nm；　　16.5　$A/h, Kv-U_0$；　　16.6　2.55eV。

三、计算题

　　16.7　$T = \left(\dfrac{d^2 E}{R^2 \sigma}\right)^{1/4} = 5800\text{K}$。

　　16.8　散射光子的波长 $\lambda = \dfrac{4h\lambda_0}{4h - \lambda_0 m_0 c} = 4.35 \times 10^{-3}\text{nm}$，

　　　　散射角 $\theta = \arccos\left[1 - \dfrac{\lambda - \lambda_0}{\lambda_c}\right] = 1.1112$ 弧度。

　　16.9　$1.08 \times 10^6 \text{m} \cdot \text{s}^{-1}$。

　　16.10　略。

第 17 章　　量子力学初步

一、选择题

　　17.1　A　　17.2　A　　17.3　B

二、填空题

　　17.4　$1.99 \times 10^{-5}\text{nm}$；

　　17.5　$3.315 \times 10^{-24}\text{kg} \cdot \text{m/s}, 3.315 \times 10^{-24}\text{kg} \cdot \text{m/s}, 9.945 \times 10^{-17}\text{J}, 0.616 \times 10^{-17}\text{J}$；

　　17.6　$1.46 \times 10^7 \text{m} \cdot \text{s}^{-1}$。

三、计算题

　　17.7　(1)$A = 2\lambda\sqrt{\lambda}$，归一化波函数为 $\psi(x) = \begin{cases} 2\lambda\sqrt{\lambda}\, e^{-\lambda x} & x \geqslant 0 \\ 0 & x < 0 \end{cases}$

(2) 粒子的概率分布函数为

$$|\psi(x)|^2 = \begin{cases} 4\lambda^3 x^2 e^{-2\lambda x} & x \geqslant 0 \\ 0 & x < 0 \end{cases}$$

(3) 在 $x = \dfrac{1}{\lambda}$ 处粒子出现的概率最大。

17.8 (1) $\Delta E = E_2 - E_1 = n_2^2 \dfrac{h^2}{8ma^2} - n_1^2 \dfrac{h^2}{8ma^2} = 112\text{eV}$；

(2) 概率近似为 3.8×10^{-3}；

(3) 概率近似为 0.25。

17.9 (1) $n = 5$ 时，l 的可能值为 5 个，它们是 $l = 0,1,2,3,4$；
(2) $l = 5$ 时，m_l 的可能值为 11 个，它们是 $m_l = 0, \pm1, \pm2, \pm3, \pm4, \pm5$；
(3) $l = 4$ 时，因为 l 的最大可能值为 $(n-1)$，所以 n 的最小可能值为 5；
(4) $n = 3$ 时，电子的可能状态数为 $2n^2 = 18$。

附 录 一

(一)常用单位的换算因子和常用的物理常数

1. 平面角

	弧度	度	转
1 弧度(rad)	1	57.30	0.1572
1 度(°)	1.745×10^{-2}	1	2.778×10^{-3}
1 转	6.283	360	1

1 转 = 2π 弧度 = 360°

2. 立体角

1 个圆球 = 4π 球面度 = 12.57 球面度

3. 长度

	米	厘米	千米
1 米(m)	1	100	10^{-3}
1 厘米(cm)	10^{-2}	1	10^{-5}
1 千米(km)	1000	10^5	1

4. 面积

	平方米	平方厘米
1 平方米(m^2)	1	10^{-4}
1 平方厘米(cm^2)	10^{-4}	1

5. 体积

	立方米	立方厘米	升
1 立方米(m^3)	1	1^{-6}	1000
1 立方厘米(cm^3)	10^{-6}	1	1.000×10^{-3}
1 升(L)	1.000×10^{-3}	1000	1

6. 质量

	千克	克	原子质量单位
1 千克(kg)	1	1000	6.024×10^{26}
1 克(g)	0.001	1	6.024×10^{23}
1 原子质量单位(u)	1.660×10^{-27}	1.660×10^{-24}	1

7. 密度

	千克/立方米	克/立方厘米
1 千克/立方米(kg/m^3)	1	0.001
1 克/立方厘米(g/cm^3)	1000	1

8. 速度

	米/秒	厘米/秒	千米/小时
1 米/秒(m/s)	1	100	3.6
1 厘米/秒(cm/s)	0.01	1	3.6×10^{-2}
1 千米/小时(km/h)	0.2778	27.78	1

9. 压力

	牛顿/平方米	大气压	厘米0℃的汞
1 牛顿/平方米(N/m^2)	1	9.869×10^{-6}	7.501×10^{-4}
1 大气压(atm)	1.013×10^5	1	76
1 厘米0℃的汞① (cmHg)	1333	1.316×10^{-2}	1

10. 能量 功 热量

	焦耳	卡	千瓦·时	电子伏	兆电子伏
1 焦耳(J)	1	0.2389	2.778×10^{-7}	6.242×10^{18}	6.242×10^{-12}
1 卡(cal)	4.186	1	1.163×10^{-6}	2.613×10^{19}	2.613×10^{13}

---

① 取 $g = 9.80665$ 米/秒^2（cmHg/属废除单位）。

续表

	焦耳	卡	千瓦·时	电子伏	兆电子伏
1 千瓦·时 (kW·hr)	3.600×10^{6}	8.601×10^{5}	1	2.247×10^{15}	2.247×10^{10}
1 电子伏(eV)	1.602×10^{-19}	3.827×10^{-20}	4.450×10^{-26}	1	10^{-6}
1 兆电子伏(MeV)	1.602×10^{-13}	3.827×10^{-14}	4.450×10^{-20}	10^{6}	1

11. 功率

	瓦	千瓦
1 瓦（W）	1	0.001
1 千瓦（kW）	1000	1

12. 电阻

	欧	千欧	百万欧
1 欧（Ω）	1	0.001	10^{-6}
1 千欧（k 或 kΩ）	1000	1	10^{-3}
1 百万欧（M 或 MΩ）	10^{6}	1000	1

13. 电容

	法拉	微法拉	微微法拉
1 法（F）	1	10^{6}	10^{12}
1 微法（μF）	10^{-6}	1	10^{6}
1 微微法（pF）	10^{-12}	10^{-6}	1

14. 电感

	亨［利］	毫亨	微亨
1 亨［利］（H）	1	1000	10^{6}
1 毫亨（mH）	0.001	1	1000
1 微亨（μH）	10^{-6}	0.001	1

15. 磁感应强度

	特［斯拉］	高斯
1 特［斯拉］（T）	1	10^4
1 高斯（G）	10^{-4}	1

1 特［斯拉］＝1 韦［伯］/米^2

16. 常用的物理常数

	数　值	约　数
真空中的光速 c	$2.99792458(1.2)\times10^8$①	3.00×10^8 米/秒(m/s)
真空磁导率 μ_0	$4\pi\times10^{-7}$	1.26×10^{-6} 牛顿/安培(N/A)
真空介电常数 ε_0	$8.854187818(71)\times10^{-12}$	8.85×10^{-12} 库仑^2/牛顿·米^2 ($C^2/N\cdot m^2$)
电子电荷 e	$1.6021892(46)\times10^{-19}$	1.60×10^{-19} 库仑(C)
阿伏伽德罗常数 N_0	$6.022045(31)\times10^{23}$	6.02×10^{23} 摩尔$^{-1}$(mol^{-1})
电子静质量 n_e	$9.109534(47)\times10^{-31}$	9.11×10^{-31} 千克(kg)
质子静质量 μ_p	$1.6726485(86)\times10^{-27}$	1.67×10^{-27} 千克(kg)
电子荷质比 $(e/m)_e$	$1.7588047(49)\times10^{11}$	1.76×10^{11} 库仑/千克(C/kg)
引力常数 G	$6.6720(41)\times10^{-11}$	6.67×10^{-11} 牛顿·米^2/千克^2 ($N\cdot m^2/kg^2$)

---

① 表中数值后面括号内数字为最后位数中的一个标准偏差的不确定度。

(二)电磁学国际制(SI)单位

量的名称	单位名称	单位符号		备注
		中文	国际	
电量	库仑	库	C	
电场强度	伏特每米	伏/米	V/m	
电压电势电动势	伏特	伏	V	1伏=1瓦/安
电位移	库仑每平方米	库/米^2	C/m^2	
电通量	库仑	库	C	
电容	法拉	法	F	1法=1库/伏
介电常数电容率	法拉每米	法/米	F/m	
电阻	欧姆	欧	Ω	1欧=1伏/安
电阻率	欧姆米	欧·米	Ω·m	
电导	西门子	西	S	1西=1安/伏
电导率	西门子每米	西/米	S/m	
电流密度	安培每平方米	安/米^2	A/m^2	
磁场强度	安培每米	安/米	A/m	
磁通量	韦伯	韦	Wb	
磁感应强度	特斯拉	特	T	1特=1韦/米^2
电感自感互感	亨利	亨	H	1亨=1韦/安
磁导率	亨利每米	亨/米	H/m	

附 录 二

附表1　　基本物理常量

物理量	符号	数值
真空中光速	c	$299\ 792\ 458\ \text{m} \cdot \text{s}^{-1}$
真空磁导率	μ_0	$12.566\ 370\ 614 \times 10^{-7}\ \text{N} \cdot \text{A}^{-2}$
真空电容率	ε_0	$8.854\ 187\ 817 \times 10^{-12}\ \text{F} \cdot \text{m}^{-1}$
万有引力常量	G	$6.672\ 59 \times 10^{-11}\ \text{m}^3 \cdot \text{kg}^{-1} \cdot \text{s}^{-2}$
普朗克常量	h	$6.626\ 075\ 5 \times 10^{-34}\ \text{J} \cdot \text{s}$
元电荷	e	$1.602\ 177\ 33 \times 10^{-19}\ \text{C}$
磁通量子	Φ_0	$2.067\ 834\ 61 \times 10^{-15}\ \text{Wb}$
玻尔磁子	μ_B	$9.274\ 015\ 4 \times 10^{-24}\ \text{J} \cdot \text{T}^{-1}$
里德伯常量	R_∞	$10\ 973\ 731.534\ \text{m}^{-1}$
玻尔半径	a_0	$0.529\ 177\ 249 \times 10^{-10}\ \text{m}$
电子质量	m_e	$9.109\ 389\ 7 \times 10^{-31}\ \text{kg}$
电子磁矩	μ_e	$9.284\ 770\ 1 \times 10^{-24}\ \text{J} \cdot \text{T}^{-1}$
质子质量	m_p	$1.672\ 623\ 1 \times 10^{-27}\ \text{kg}$
质子磁矩	μ_p	$1.410\ 607\ 61 \times 10^{-26}\ \text{J} \cdot \text{T}^{-1}$
中子质量	m_n	$1.674\ 928\ 6 \times 10^{-27}\ \text{kg}$
中子磁矩	μ_n	$0.966\ 237\ 07 \times 10^{-26}\ \text{J} \cdot \text{T}^{-1}$
阿伏伽德罗常量	N_A	$6.022\ 136\ 7 \times 10^{23}\ \text{mol}^{-1}$
摩尔气体常量	R	$8.314\ 510\ \text{J} \cdot \text{mol}^{-1} \cdot \text{K}^{-1}$
玻耳兹曼常量	k	$1.380\ 658 \times 10^{-23}\ \text{J} \cdot \text{K}^{-1}$
斯特藩常量	σ	$5.670\ 51 \times 10^{-8}\ \text{W} \cdot \text{m}^{-2} \cdot \text{K}^{-4}$

附表2　　保留单位和标准值

物理量	符号	数值
电子伏特	eV	$1.602\ 177\ 33 \times 10^{-19}\ \text{J}$
原子质量单位	u	$1.660\ 540\ 2 \times 10^{-27}\ \text{kg}$
标准大气压	atm	$101\ 325\ \text{Pa}$
标准重力加速度	g_n	$9.806\ 65\ \text{m} \cdot \text{s}^{-2}$

附表3　　　　　　　　太阳系的基本数据（Ⅰ）[①]

星体	平均半径/m	质量/kg	自转周期/s
太阳	6.96×10^8	1.99×10^{30}	$(2.2\sim3.2)\times10^6$
水星	2.44×10^6	3.30×10^{23}	5.10×10^6
金星	6.05×10^6	4.87×10^{24}	2.1×10^7
地球	6.37×10^6	5.98×10^{24}	8.62×10^4
火星	3.39×10^6	6.42×10^{23}	8.86×10^4
木星	6.98×10^7	1.90×10^{27}	3.54×10^4
土星	5.82×10^7	5.68×10^{26}	3.68×10^4
天王星	2.37×10^7	8.70×10^{25}	3.85×10^4
海王星	2.24×10^7	1.03×10^{26}	5.69×10^4
冥王星	2.5×10^6	6.63×10^{23}	5.51×10^5
月球	1.74×10^6	7.36×10^{22}	2.36×10^6

附表4　　　　　　　　太阳系的基本数据（Ⅱ）

星体	轨道平均半径/m	轨道运动周期/s	轨道偏心率
水星	5.79×10^{10}	7.59×10^6	0.206
金星	1.08×10^{11}	1.94×10^7	0.0068
地球	1.496×10^{11}	3.156×10^7	0.0167
火星	2.28×10^{11}	5.95×10^7	0.0934
木星	7.78×10^{11}	3.75×10^8	0.0485
土星	1.43×10^{12}	9.34×10^8	0.0556
天王星	2.87×10^{12}	2.65×10^9	0.0472
海王星	4.50×10^{12}	5.21×10^9	0.0086
冥王星	5.90×10^{12}	7.81×10^9	0.252
月球	3.84×10^8	2.36×10^6	0.055

[①] 太阳的平均密度为 1.41×10^3 kg/m³，表面重力加速度为 274m/s²。地球的平均密度为 5.52×10^3 kg/m³，表面赤道和两极处重力加速度分别为 9.7804m/s² 和 9.8322m/s²。地球的平均轨道速度为 2.98×10^4 m/s，加速度为 5.93×10^{-3} m/s²。月球表面重力加速度为 1.67m/s²，月球的轨道数据是相对于地球的。

参 考 书 目

1. 教育部高等学校物理学与天文学教学指导委员会物理基础课程教学分指导委员会. 理工科类大学物理课程教学基本要求(2010年版). 北京:高等教育出版社,2011.

2. Frederick J. Keller,等. 经典与近代物理学. 高物,译. 北京:高等教育出版社,1997.

3. A. P. 韦伦奇. 狭义相对论. 张大卫,译. 北京:人民教育出版社,1979.

4. M. 玻恩,E. 沃耳夫. 光学原理. 杨葭荪,等,译校. 北京:科学出版社,1978.

5. R. 瑞斯尼克. 相对论和早期量子论中的基本概念(中译本). 上海:上海科学出版社,1978.

6. Hugh D. Young, Roger A. Freeman. Sears and Zemansky's University Physics: with Modern Physics(12th Ed), Pearson Addison-Wesley.

7. Raymond A. Serway, John W. Jewett. Physics for scientists and engineers (6 edition). Brooks Cole, 2003.

8. 倪光炯,王炎森. 文科物理——文科物理与人文精神的融合. 北京:高等教育出版社,2005.

9. 吴百诗. 大学物理. 西安:西安交通大学出版社,2008.

10. 赵近芳. 大学物理学. 北京:北京邮电大学出版社,2008.

11. 程守洙,江之永. 普通物理学. 北京:高等教育出版社,1998.

12. 张三慧. 大学物理学. 北京:清华大学出版社,1999.

13. 赵凯华. 新概念物理. 北京:高等教育出版社,2004.

14. 马文蔚,周雨青. 大学物理教程(第二版). 北京:高等教育出版社,2006.